CAD/CAM/CAE 基础与实践

UG NX 6.0 中文版基础教程

云杰漫步多媒体科技 CAX 设计教研室　编　著

清华大学出版社
北京

内 容 简 介

UG 是当前三维图形设计软件中使用最为广泛的应用软件之一，广泛应用于通用机械、模具、家电、汽车及航天等领域。2008 年，UG 软件的新东家 SIEMENS 公司推出了其最新版本的 UG SIEMENS NX 6.0，本书从实用的角度，介绍了 UG NX 6.0 中文版的基础使用，并结合实例介绍了其各功能模块的主要功能。全书从 UG NX 6.0 中文版的启动开始，详细介绍了 UG NX 6.0 中文版的基本操作、草图绘制、建立实体特征、特征操作、曲面设计、装配、工程图、模具和数控加工以及综合范例等内容。另外，本书还配备了交互式多媒体教学光盘，将案例制作过程制作为多媒体进行讲解，其讲解形式活泼，方便实用，便于读者学习使用。

本书结构严谨、内容翔实、知识全面、可读性强，设计实例实用性强，专业性强，步骤明确，多媒体教学光盘方便实用，主要针对使用 UG NX 6.0 中文版进行机械设计的广大初、中级用户，也可作为广大读者快速掌握 UG NX 6.0 的自学指导书，还可作为大专院校计算机辅助设计课程的指导教材。

图书在版编目(CIP)数据

UG NX 6.0 中文版基础教程/云杰漫步多媒体科技 CAX 设计教研室编著. —北京：清华大学出版社，2009.10(2024.4 重印)

(CAD/CAM/CAE 基础与实践)

ISBN 978-7-302-21152-5

Ⅰ. ①U Ⅱ. ①云… Ⅲ. ①计算机辅助设计—应用软件，UG NX 6.0—教材 Ⅳ. ①TP391.72

中国版本图书馆 CIP 数据核字(2009)第 177342 号

责任编辑：张彦青
装帧设计：杨玉兰
责任校对：李凤茹
责任印制：杨　艳

出版发行：清华大学出版社
    网　　　址：https://www.tup.com.cn, https://www.wqxuetang.com
    地　　　址：北京清华大学学研大厦 A 座　　　邮　　编：100084
    社 总 机：010-83470000　　　　　　　　邮　　购：010-62786544
    投稿与读者服务：010-62776969, c-service@tup.tsinghua.edu.cn
    质量反馈：010-62772015, zhiliang@tup.tsinghua.edu.cn
印 装 者：三河市龙大印装有限公司
经　　销：全国新华书店
开　　本：190mm×260mm　　　印　张：32.25　　　字　数：774 千字
    附光盘 1 张
版　　次：2009 年 10 月第 1 版　　　　　　印　次：2024 年 4 月第 20 次印刷
定　　价：69.00 元

产品编号：033206-02

前　言

Unigraphics(简称 UG)软件原是美国 UGS 公司推出的五大主要产品之一。2008 年，UG 软件的新东家 SIEMENS 公司推出了其最新版本的 UG SIEMENS NX 6.0，由于其强大的功能，现已逐渐成为当今世界最为流行的 CAD/CAM/CAE 软件之一，广泛应用于通用机械、模具、家电、汽车及航天等领域。自从 1990 年 UG 软件进入中国以来，得到了越来越广泛的应用，在汽车、航空、军事、模具等诸多领域大展身手，现已成为我国工业界主要使用的大型 CAD/CAE/CAM 软件。无论资深的企业中坚，还是刚跨出校门的从业人员，都把能将其熟练掌握并应用作为必备素质并加以提高。其中新版本 UG NX 6.0 的功能更加强大，设计也更加方便快捷。

为了使大家尽快掌握 UG NX 6.0 的使用和设计方法，笔者集多年使用 UG 的设计经验，编写了本书，本书以 UG 最新版本 SIEMENS NX 6.0 中文版为平台，通过大量的实例讲解，诠释应用 UG NX 6.0 中文版进行机械设计的方法和技巧。全书共分为 11 章，主要内容包括：UG NX 6.0 的入门和基本操作，草绘设计，建立实体特征(零件设计)的方法，特征的操作和编辑方法，曲面设计，组件装配设计，工程图设计以及模具和数控加工基础。在每章中结合综合实例进行讲解，并在最后两章还介绍了两个大型综合范例的制作方法，以此来说明 UG NX 6.0 设计的实际应用。笔者希望能够以点带面，展现出 UG NX 6.0 中文版的精髓，使用户看到完整的零件设计过程，进一步加深对 UG NX 6.0 各模块的理解和认识，体会 UG NX 6.0 中文版优秀的设计思想和设计功能，从而能够在以后的工程项目中熟练地应用。

本书结构严谨、内容丰富、语言规范，实例侧重于实际设计，实用性强，主要面向使用 UG NX 6.0 中文版进行机械设计的广大初、中级用户，可以作为设计实战的指导用书，同时也可作为立志学习 UG 设计的用户的培训教程，本书还可作为大专院校计算机辅助设计课程的指导教材。

本书配备了交互式多媒体教学光盘，将案例制作过程制作为多媒体进行讲解，讲解形式活泼，方便实用，便于读者学习使用。同时光盘中还提供了所有实例的源文件，按章节放置，以便读者练习使用。

本书由云杰漫步多媒体科技 CAX 设计教研室策划编著，参加编写工作的有张云杰、尚蕾、刘宏、王攀峰、雷明、张云静、郝利剑、姚凌云、李红运、贺安、董闯、宋志刚、李海霞、贺秀亭、彭勇、金宏平、刘海、白晶、陶春生、赵罘、周益斌、杨婷和马永健等，书中的设计范例和光盘效果均由云杰漫步多媒体科技公司设计制作，同时感谢清华大学出版社编辑的大力协助。

由于本书编写时间紧张，编写人员的水平有限，因此，在编写过程中难免有不足之处，在此，编写人员对广大用户表示歉意，望广大用户不吝赐教，对书中的不足之处给予指正。

作　者

目　录

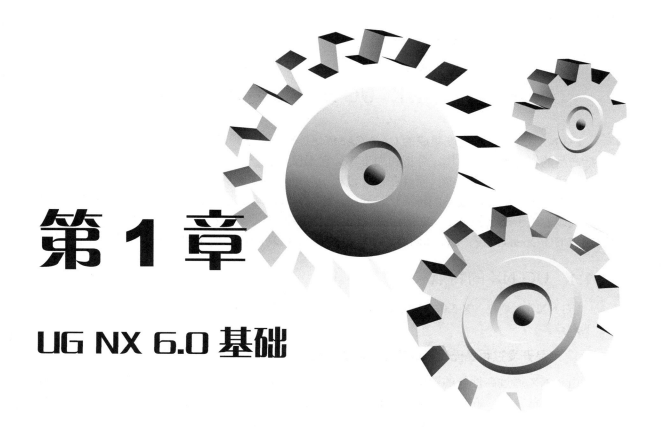

第 1 章

UG NX 6.0 基础

　　Unigraphics(简称 UG)软件原是美国 UGS 公司推出的五大主要产品之一。2008 年，UG 软件的新东家 SIEMENS 公司推出了其最新版本的 UG SIEMENS NX 6.0，进行了多项以用户为核心的改进，提供了特别针对产品式样、设计、模拟和制造而开发的新功能，为客户提供了创建创新产品的新方法，并在数字化模拟、知识捕捉、可用性和系统工程四个关键领域帮助客户进行创新，它带有数据迁移工具，对希望过渡到 NX 的 I-deas 用户能够提供很大的帮助。

　　UG 的基本操作是用户学习其他 UG 知识的基础，也是用户入门的必备知识，因此学好基本操作将会给后续的学习带来很多方便。正确理解 UG 的一些基本概念，将为用户学习其他的操作打下坚实的基础。此外，用户可以根据自己的需要改变系统的一些默认参数，也给用户绘制图形和在绘图区观察对象提供了方便。

　　本章主要介绍 UG NX 6.0 的特点，模块，基本操作工具和系统参数设置。最后本章还讲述了一个设计范例，使读者能够更加深刻地领会一些基本概念，掌握 UG 基本操作的一般方法和技巧。

1.1 UG NX 6.0 简介

UG NX 6.0 是一个高度集成的 CAD/CAM/CAE 软件系统，可应用于产品的整个开发过程，包括产品的概念设计、建模、分析和加工等。它不仅具有强大的实体造型、曲面造型、虚拟装配和生成工程图等设计功能，而且在设计过程中可进行有限元分析、机构运动分析、动力学分析和仿真模拟，能提高设计的可靠性。同时，UG NX 6.0 可以运用建立好的三维模型直接生成数控代码，用于产品的加工，它的后处理程序支持多种类型数控机床。另外它所提供的二次开发语言 UG/Open GRIP、UG/Open API 简单易学，实现功能多，便于用户开发专用 CAD 系统。

1.1.1 UG NX 的特点

UG NX 6.0 是在 NX 5.0 基础上改进而来的，因而它具有 UG NX 软件共同的特点，主要有如下六点。

1. 产品开发过程是无缝集成的完整解决方案

由于 NX 通过高性能的数字化产品开发解决方案，把从设计到制造流程的各个方面集成到一起，可以完成自产品概念设计→外观造型设计→详细结构设计→数字仿真→工装设计→零件加工的全过程，因此，产品开发的全过程是无缝集成的完整解决方案。

2. 可控制的管理开发环境

NX 不是简单的将 CAD、CAE 和 CAM 的应用程序集成到一起，以 UGS Teamcenter 软件的工程流程管理功能为动力，NX 形成了一个产品开发解决方案。所有产品开发应用程序都在一个可控制的管理开发环境中相互衔接。产品数据和工程流程管理工具提供了单一的信息源，从而可以协调开发工作的各个阶段，改善协同作业，实现对设计、工程和制造流程的持续改进。

3. 全局相关性

在整个产品开发工程流程中，应用装配建模和部件间链接技术，建立零件之间的相互参照关系，实现各个部件之间的相关性。

在整个产品开发工程流程中，应用主模型方法，实现集成环境中各个应用模块之间保持完全的相关性。

4. 集成的仿真、验证和优化

NX 中全面的仿真和验证工具，可在开发流程的每一步自动检查产品性能和可加工性，以便实现闭环、连续、可重复的验证。这些工具提高了产品质量，同时减少错误和实际样板的制作费用。

5. 知识驱动型自动化

NX 可以帮助用户收集和重用企业特有的产品和流程知识，使产品开发流程实现自动化，减少重复性工作，同时减少错误的发生。

6. 满足软件二次开发需要的开放式用户接口

NX 提供了多种二次开发接口。应用 Open UIStyle 开发接口，用户可以开发自己的对话框；应用 Open GRIP 语言用户也可以进行二次开发；应用 Open API 和 Open++工具，用户可以通过 VB、C++和 Java 语言进行二次开发，而且支持面向对象程序设计的全部技术。

1.1.2 UG NX 6.0 的新增功能

UG NX 6.0 的新增功能介绍如下。

1. 使用同步技术的同步建模

UG NX 6.0 在原有的 NX 版本基础上做了全面系统的突破性创新，新增了同步技术，这是令人激动的革新，使设计更改具有前所未有的自由度。从查找和保持几何关系，到通过尺寸的修改、通过编辑截面的修改以及不依赖线性历史记录的同步特征行为的明显优点，同步技术引入了全新的建模方法。

直接建模的基本目标仍然是：提供设计更改的方法，着重于在不考虑模型的构造方式、原点、关联性或特征历史记录的情况下修改该模型的当前状态。

1) 无历史记录模式

新的无历史记录模式可创建不累加线性历史记录的特征。

- 新的壳体、壳单元面和更改壳厚度命令。
- 新的横截面编辑命令。
- 新的合并筋板面选择意图规则。

2) 新的面选择和交互选项

- 面查找器。
- 新运动选项。
- 活动选择。
- OrientXpress。
- 组合面。
- 新的包含边界倒圆面选择选项。

3) 基本命令集增强功能

- 增强的"同步建模"命令。
- 新的几何变换命令。
- 新的尺寸命令：线性尺寸、角度尺寸和径向尺寸。

4) 重用命令

- 使用新的重用命令重新使用面。
- 增强的面复制。

5) 核心技术增强功能

- 极大改进对拓扑更改的支持。
- 增加了对删除情形的支持。
- 在倒圆面溢出其他倒圆面的情形下，增加了对拓扑更改的支持。

2. 用户效率

UG NX 6.0 包含一系列流线化且可配置的界面工具以及新的可视环境。这些工具允许用户将 NX 设置调整为适应设计的需求。

1) 新的可视环境

- 真实着色，用于模型几何体中快速逼真的图像。
- 使用【透明】对话框的全屏显示(【透明】对话框仅在 Windows Vista 中可用)。
- 用于工作平面和工作部件的【取消着重设置】选项。

2) 提高工作流效率的工具

- 小选择条。
- 可定制推断式工具条。
- 资源条工具条。
- 用于全屏显示的工具条管理器。
- 在对话框中显示为快捷按钮的列表选项。

3) 流线的界面

- 具有新的【颜色】对话框的修订调色板。
- 通过选择【首选项】|【背景】菜单命令，打开【编辑背景】对话框，直接进行背景颜色的参数设置。
- 具有新的【栅格和工作平面】对话框的增强栅格功能。

3. 装配关联中的设计

当今大部分产品都设计为装配而非单个部件。每个部件模型必须与整个产品装配中的每个其他部件适当地建立界面。UG NX 6.0 包含共同作用功能，用来加速在产品装配的关联中设计部件模型的工作流程中的若干增强功能。

1) 装配显示

以更自然的方式强调 UG NX 6.0 装配中的工作部件。取消着重其他部件的颜色，这样它们的颜色与背景色相似但仍可辨别出来。

新的全屏显示允许您使用更多的屏幕区域来处理复杂的装配。装配导航器和工具条管理器可能是半透明的，因此用户可以看见它们后面的装配。

2) 在装配关联中建模

UG NX 6.0 提供了在装配关联中新的建模方法，以使产品装配中相互关联部件设计的工作流程流线化。

在部件间分享信息的传统方法包括：

- 部件间链接的表达式。
- 复制与粘贴。
- WAVE 几何链接器。

UG NX 6.0 中仍然可以使用重用部件间信息的所有方法。不管是否创建永久关联链接，这些方法仍然可以使用。

在 UG NX 6.0 中新出现的许多常用建模命令，允许您直接从装配中的其他部件选择几何体。这些增强功能作为两个新增选项已添至【选择条】工具栏中，并且可见。

● 选择范围

【选择条】工具栏中新的【选择范围】选项允许定义是否只希望从工作部件、工作部件子装配的组件或从整个装配选择几何体。在任何包括此功能的特定命令中均可使用这些选择。

● 创建部件间链接

从部件而非工作部件中选择几何体时，用户可以选择是否创建部件间链接。要创建永久关联链接，选择几何体之前必须激活【创建部件间链接】按钮。如果此按钮处于非活动状态，则表明关联链接的创建不是特定命令的选项或该命令的特殊选择选项。如果要在不需要创建永久链接的情况下从装配中的其他部件中选择几何体，则不要激活该按钮。

3）在装配关联中绘制草图

前面已描述的新的【选择条】选项在一些绘制草图命令中也可用。

例如，要在装配关联下创建草图，则在【选择范围】下拉列表框中选择【整个装配】选项，在工作部件外部选择草图面。选择草图面来创建关联链接时，单击【创建部件间链接】按钮。

要将草图约束到另一个部件中的曲线，则必须将曲线投影到使用相同选项来创建关联链接曲线的草图中。然后可以创建这些投影曲线的草图约束。

1.2　UG NX 6.0 的功能模块

UG NX 6.0 包含几十个功能模块，采用不同的功能模块，可以实现不同的功能。在 UG 入口模块界面窗口上，单击【标准】工具条中的【开始】按钮 ，在弹出的如图 1.1 所示的下拉菜单中显示了部分功能模块命令，包括 NX 钣金、外观造型设计、制图、加工、装配等。按照它们应用的类型分为几种：CAD 模块、CAM 模块、CAE 模块和其他专用模块。

图 1.1　【开始】下拉菜单

1.2.1 CAD 模块

下面首先来介绍 CAD 模块。

1. UG NX 6.0 基本环境模块

UG NX 6.0 基本环境模块(UG NX 6.0 入口模块)是执行其他交互应用模块的先决条件，是当用户打开 UG NX 6.0 时自动启动进入的第一个应用模块。在计算机左下角处选择【开始】|【程序】| UGS UG NX 6.0 | UG NX 6.0 命令，打开 UG NX 6.0 启动窗口，如图 1.2 所示，接着进入 UG NX 6.0 入口模块，如图 1.3 所示。

图 1.2　UG NX 6.0 启动窗口

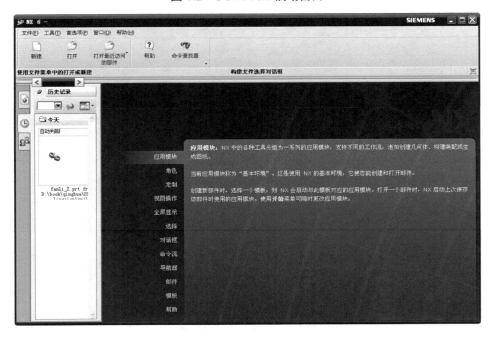

图 1.3　UG NX 6.0 基本环境模块

　　UG NX 6.0 基本环境模块给用户提供了一个交互环境，它允许打开已有部件文件，建立新的部件文件，保存部件文件，选择应用，导入和导出不同类型的文件，以及其他一般功能。该模块还提供强化的视图显示操作、视图布局和图层功能、工作坐标系操控、对象信息和分析以及访问联机帮助。

　　在 UG NX 6.0 中，通过选择【开始】|【基本环境】命令，在任何时候用户都可以从其他应用模块返回到基本环境模块。

2. 零件建模应用模块

　　零件建模应用模块(如图 1.4 所示)，是其他应用模块实现其功能的基础，由它建立的几何模型广泛应用于其他模块。【建模】模块能够为用户提供一个实体建模的环境，能够使用户快速实现概念设计。用户可以交互式地创建和编辑组合模型、仿真模型和实体模型。用户可以通过直接编辑实体的尺寸或者通过其他构造方法来编辑和更新实体特征。

　　建模模块为用户提供了多种创建模型的方法，如草图工具、实体特征、特征操作和参数化编辑等。一个比较好的建模方法是从【草图】工具开始。在【草图】工具中，用户可以将自己最初的一些想法，用概念性的模型轮廓勾勒出来，便于抓住创建模型的灵感。一般来说，用户创建模型的方法取决于模型的复杂程度。用户可以选择不同的方法去创建模型。

图 1.4　零件建模应用模块

● 实体建模：这一通用的建模应用子模块支持二维和三维线框模型的创建、体扫掠和旋转、布尔操作以及基本的相关编辑。实体建模是"特征建模"和"自由形状建模"的先决条件。

● 特征建模：这一基于特征的建模应用子模块支持诸如孔、槽和腔体、凸台及凸垫等标准设计特征的创建和相关的编辑。该应用允许用户抽空实体模型并创建薄壁对象。一个特征可以相对于任何其他特征或对象来设置，并可以被引用来建立相关的特征集。"实体建模"是该应用子模块的先决条件。

- 自由形式建模：这一复杂形状的建模应用子模块支持复杂曲面和实体模型的创建。常使用沿曲线的一般扫描；使用 1、2 和 3 轨迹方式按比例地展开形状；使用标准二次曲线方式的放样形状等技术。"实体建模"是该应用子模块的先决条件。

此外，零件建模应用模块还支持直接建模及用户自定义特征建模。

3．外观造型设计应用模块

外观造型设计应用模块(如图 1.5 所示)是为工业设计应用提供专门的设计工具。此模块为工业设计师提供了产品概念设计阶段的设计环境，是一款用于曲面建模和曲面分析的工具，它主要用于概念设计和工业设计，如汽车开发设计早期的概念设计等。外观造型设计模块中包括所有用于概念阶段的基本选项，如创建并且可视化最初的概念设计，也可以逼真地再现产品造型的最初曲面效果图。【外观造型设计】模块中不仅包含所有建模模块中的造型功能，而且包括一些较为专业的用于创建和分析曲面的工具。

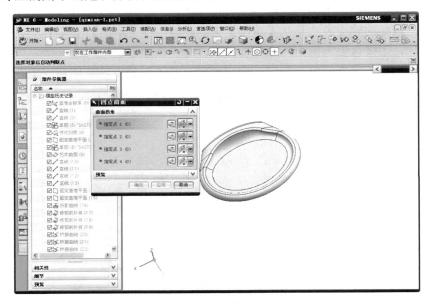

图 1.5　外观造型设计应用模块

4．制图应用模块

制图应用模块(如图 1.6 所示)让用户在建模应用中创建的三维模型，或使用内置的曲线/草图工具创建的二维设计布局来生成工程图纸。制图模块用来创建模型的各种制图，该模型一般是在建模模块中创建的。在制图模块中生成制图的最大的优点是，在制图模块中创建的图纸都和建模模块中创建的模型完全相关联。当模型发生变化后，该模型的制图也将随之发生变化。这种关联性使得用户修改或者编辑模型变得更为方便，因为只需要修改模型，并不需要再次去修改模型的制图，模型的制图将自动更新。

5．装配建模应用模块

装配建模应用模块(如图 1.7 所示)用于产品的虚拟装配。装配模板为用户提供了装配部件的一些工具，能够使用户快速地将一些部件装配在一起，组成一个组件或者部件集合。用户可以增加部件到一个组件，系统将在部件和组件之间建立一种联系，这种联系能够使系统保持对组件的追踪。当部件更新后，系统将根据这种联系自动更新组件。此外，用户还可以生成组件的爆炸图。它支持自顶向下建模、从底向上建模和并行装配三种装配的建模方式。

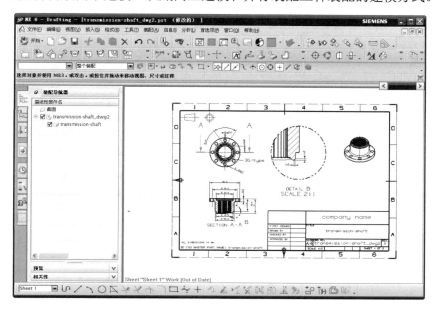

图 1.6　制图应用模块

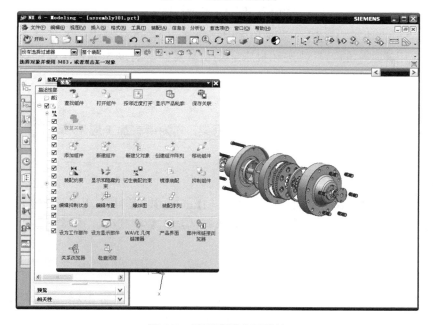

图 1.7　装配建模应用模块

1.2.2　NX CAM 应用模块

NX CAM应用模块提供了应用广泛的NC加工编程工具，使加工方法有更多的选择灵活性。

NX CAM 将所有的 NC 编程系统中的元素集成到一起，包括刀具轨迹的创建和确认、后处理、机床仿真、数据转换工具、流程规划和车间文档等，使制造过程中的所有相关任务能够实现自动化，NX CAM 应用模块如图 1.8 所示。

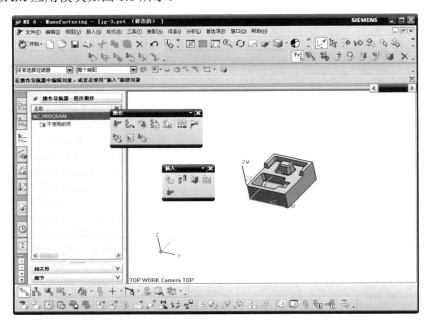

图 1.8　NX CAM 应用模块

NX CAM 应用模块可以让用户获取和重用制造知识，给 NC 编程任务带来全新层次的自动化；NX CAM 应用模块中的刀具轨迹和机床运动仿真及验证有助于编程工程师改善 NC 程序质量和机床效率。

1．加工基础模块

加工基础模块是 NX 加工应用模块的基础框架，它为所有加工应用模块提供了相同的工作界面环境，所有的加工编程的操作都在此完成。

2．后处理器

后处理器模块由 NX Post Execute 和 NX Post Builder 共同组成，用于将 NX CAM 模块建立的 NC 加工数据转换成 NC 机床或加工中心可执行的加工数据代码。该模块支持当今世界上几乎所有主流的 NC 机床和加工中心。

3．车削加工模块

车削加工模块用于建立回转体零件车削加工程序，它可以使用 2D 轮廓或全实体模型。加工刀具的路径可以相关联地随几何模型的变更而更新。该模块提供多种车削加工方式，如粗车、多次走刀精车、车退刀槽、车螺纹以及中心孔加工等。

4．铣削加工模块

铣削加工模块主要用来进行铣削加工程序，具体包括下面几种类型：

(1) 固定轴铣削：NX CAM 具有广泛的铣削性能。固定轴铣削模块提供了完整全面的功能来产生 3 轴刀具路径，诸如型腔铣削、清根铣削的自动操作，减少了切削零件所需要的步骤；而诸如平面铣削操作中的优化技术，则有助于缩短切削具有大量凹口零件的时间。

(2) 高速铣削加工：NX CAM 具有诸如限制逆铣、圆弧转角、螺旋切削、圆弧进刀和退刀、转角区进给率控制等功能，支持高速铣削加工。这些功能提供关于切削路径、进给率和转速，以及对整个机床运动的控制。使用 NURBS(非均匀有理 B 样条)形式的刀具轨迹，NX 可以提供注塑模和冲模加工中所需要的高质量精加工刀具路径。

(3) 曲面轮廓铣削：NX CAM 在 4 轴和 5 轴加工方面具有很强的能力和稳定性，可以很好地处理复杂表面和轮廓的铣削，而且 NX CAM 曲面轮廓铣削模块还提供了大量的切削方法和切削样式，该模块可以用于固定轴和可变轴加工。主要可变轴铣削模块主要通过各种刀轴控制选项提供了多种驱动方法，比如刀轴垂直于加工面控制选项，或将与零部件相关的面作为驱动面的刀轴控制选项。

5. 线切割加工模块

NX 线切割模块支持对 NX 的线框模型或实体模型，以方便 2 轴或 4 轴线切割加工。该模块提供了多种线切割加工走线方式，如多级轮廓走线、反走线和区域移除。此外，还支持 glue stops 轨迹，以及各种钼丝半径尺寸和功率设置的使用。UG/Wire EDM 模块也支持大量流行的 EDM 软件包，包括 AGIE、Charmilles 和许多其他的工具。

6. 样条轨迹生成器

样条轨迹生成器模块支持在 NX 中直接生成基于 NURBS(非均匀有理 B 样条)形式的刀具轨迹，它具有高精度和超级光洁度的优点，加工效率也因避免机床控制器等待时间而大幅提高，适用于具有样条插值功能的高速铣床。

1.2.3 CAE 模块

CAE 模块是进行产品分析的主要模块，包括高级仿真、设计仿真和运动仿真等。

1. 强度向导

强度向导提供了极为简便的仿真向导，它可以快速地设置新的仿真标准，适用于非仿真技术专业人员进行简单的产品结构分析。

强度向导以快速、简单的步骤，将一种新的仿真能力带给使用 NX 产品设计工具的所有用户。仿真过程的每一阶段都为分析者提供了清晰简洁的导航。由于它采用了结构分析的有限元方法，自动地划分网格，因此该功能也可适用于对较复杂的几何结构模型进行仿真。

2. 设计仿真模块

设计仿真模块是一种 CAE 应用模块，适用于需要基于 CAE 工具来对其设计执行初始验证研究的设计工程师。NX 设计仿真允许用户对实体组件或装配执行仅限于几何体的基本分析。这种基本验证可使设计工程师在设计过程的早期了解其模型中可能存在结构或热应力的区域。

NX 设计仿真提供一组有针对性的预处理和后处理工具，并与一个流线化版本的 NX Nastran 解算器完全集成。用户可以使用 NX 设计仿真执行线性静态、振动(正常)模式、线性屈曲和热分析；还可以使用 NX 设计仿真执行适应性、耐久性及优化的求解过程。

NX 设计仿真中创建的数据可完全用于高级仿真。一旦设计工程师采用 NX 设计仿真执行了其初始设计验证，就可以将分析数据和文件提供给专业 CAE 分析师。分析师可以直接采用该数据，并将其作为起点在 NX 高级仿真产品中进行更详细的分析。

3. 高级仿真模块

高级仿真模块(如图 1.9 所示)是一种综合性的有限元建模和结果可视化的产品模块，旨在满足资深 CAE 分析师的需要。NX 高级仿真模块包括一整套预处理和后处理工具，并支持多种产品性能评估解法。NX 高级仿真模块提供了对许多业界标准解算器的无缝、透明支持，这样的解算器包括 NX Nastran、MSC Nastran、ANSYS 和 ABAQUS。NX 高级仿真模块提供 NX 设计仿真中可用的所有功能，还支持高级分析流程的众多其他功能。

图 1.9　高级仿真模块

4. 运动仿真模块

运动仿真模块(如图 1.10 所示)可以帮助设计工程师理解、评估和优化设计中的复杂运动行为，使产品功能和性能与开发目标相符。用户在运动仿真模块中可以模拟和评价机械系统的一些特性，如较大的位移、复杂的运动范围、加速度、力、锁止位置、运转能力和运动干涉等。一个机械系统中包括很多运动对象，如铰链、弹簧、阻尼、运动驱动、力和弯矩等。这些运动对象在运动导航器中按等级有序地排列着，反映了它们之间的从属关系。

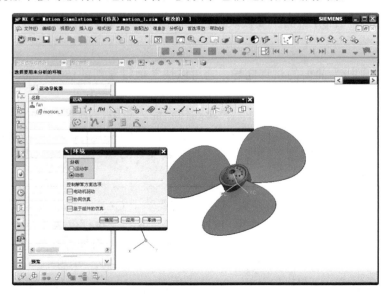

图 1.10　运动仿真模块

装配设计是所有运动仿真的基础,它在 UG NX 6.0 的主模型和运动仿真模型之间建立双向关联。它包括全面的分析建模能力、内嵌式解算器和用于高级统计、动力学及运动学仿真的后处理显示等功能。

5. 注塑流动分析模块

注塑流动分析模块用于对整个注塑过程进行模拟分析,包括填充、保压、冷却、翘曲、纤维取向、结构应力和收缩,以及气体辅助成型分析等,使模具设计师在设计阶段就找出未来产品可能出现的缺陷,提高一次试模的成功率,它还可以作为产品研发工程师优化产品设计的参考。

1.2.4 其他专用模块

除上面介绍到的常用 CAD/CAM/CAE 模块,NX 还提供了非常丰富的面向制造行业的专用模块。下面简单介绍一下。

1. 钣金设计模块

钣金设计模块(如图 1.11 所示)为专业设计人员提供了一整套工具,以便在材料特性知识和制造过程的基础上智能化地设计和管理钣金零部件。其中包括一套结合了材料和过程信息的特征和工具,这些信息反映了钣金制造周期的各个阶段,如弯曲、切口以及其他可成型的特征。

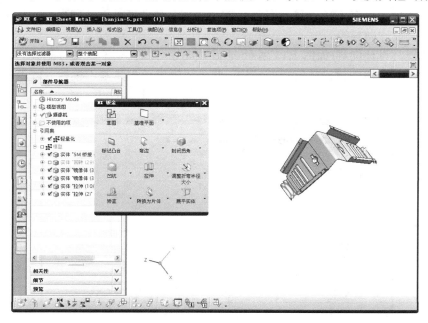

图 1.11 钣金设计模块

2. 管线布置模块

管线布置模块(如图 1.12 所示)为已选的电气和机械管线布置系统提供可裁剪的设计环境。对于电气管线布置,设计者可以使用布线、管路和导线指令,充分利用电气系统的标准零件库。机械管线布置为管道系统、管路和钢制结构增加了设计工具。所选管线系统的模型与 NX 装配模型要完全相关，这样便于设计变更。

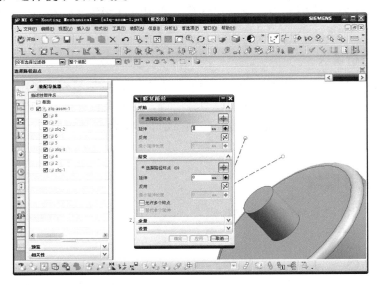

图 1.12　管线布置模块

3. 工装设计向导

工装设计向导主要有 NX 注塑模具设计向导、NX 级进模具设计向导、NX 冲压模具工程向导及 NX 电极设计向导等。

(1)　注塑模具设计向导(如图 1.13 所示)通过该向导可以自动地产生分型线、凸凹模、注塑模具装配结构及其他注塑模设计所需的结构。此外还提供了大量基于模板、可用户定制的标准件库及标准模架库，简化了模具设计过程，提高了模具设计效率。

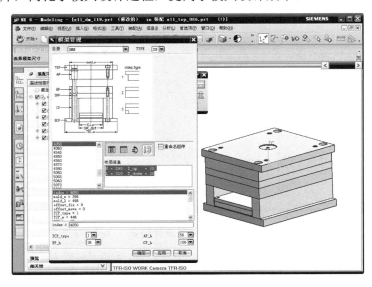

图 1.13　注塑模具设计向导

(2)　级进模具设计向导包含了多工位级进模具设计知识，具有高性能的条料开发、工位定义及其他冲模设计任务能力。

(3) 冲压模具工程向导可以自动地提取板金特征并映射到过程工位，以便支持冲压模工程过程。

(4) 电极设计向导可以自动地建立电极设计装配结构、自动标识加工面、自动生成电极图纸以及对电极进行干涉检查，以便满足放电加工任务的需要，还可自动生成电极物料清单。

此外 NX 还有人机工程设计中的人体建模、印刷电路设计、船舶设计及车辆设计/制造自动化等模块。

满足用户对 NX 软件进行二次开发的需要，UG NX 6.0 还有二次开发的接口模块，如 NX/Open GRIP、NX/Open C(C++)、Knowledge Fusion 等。

1.3 UG NX 6.0 的基本操作

本节主要介绍 UG NX 6.0 的工作界面及各个构成元素的基本功能和作用，以及 UG NX 6.0 的基本操作。

1.3.1 UG NX 6.0 的操作界面

用户启动 UG NX 6.0 后，新建一个文件或者打开一个文件后，将进入 UG NX 6 的基本操作界面，如图 1.14 所示。

图 1.14 UG NX 6.0 的基本操作界面

从图 1.14 中可以看到，UG NX 6.0 的基本操作界面主要包括标题栏、菜单栏、工具条、提

示栏和状态栏、绘图区以及资源条等项目，下面介绍各主要部分的功能和操作。

1. 标题栏

标题栏用来显示 UG 的版本、进入的功能模块名称和用户当前正在使用的文件名。例如图 1.14 的标题栏中显示的 UG 版本为 NX 6；进入的功能模块为 Drafting，即零件建模模块；用户当前使用的文件名为 chapter10.prt。

如果用户想进入其他的功能模块，可以在单击【标准】工具条中的【开始】按钮 ，在其下拉菜单中选择相应的命令即可进入相应的模块。

标题栏除了可以显示这些信息外，它右侧的三个按钮还可以实现 UG 窗口的最小化、最大化和关闭等操作。这和标准的 Windows 窗口相同，对于习惯使用 Windows 界面的用户来说非常方便。

2. 菜单栏

菜单栏中显示用户经常使用的一些菜单命令，它们包括文件、编辑、视图、插入、格式、工具、装配、信息、分析、首选项、窗口和帮助等菜单命令。每个主菜单选项都包括有下拉菜单，而下拉菜单中的命令选项有可能还包含有更深层级的下拉菜单(级联菜单)，如图 1.15 所示。通过选择这些菜单，用户可以实现对 UG 的一些基本操作，如选择【文件】命令，可以在打开的下拉菜单中实现文件管理操作。

图 1.15 下拉菜单

3. 工具条

工具条中的按钮是各种常用操作的快捷方式，用户只要在工具条中单击相应的按钮即可方便地进行相应的操作。如单击【新建】按钮，即可打开【新建】对话框，用户可以通过该对话框创建一个新的文件。

由于 UG 的功能十分强大，提供的工具条也非常多，为了方便管理和使用各种工具条，UG 允许用户根据自己的需要，添加当前需要的工具条，隐藏那些不用的工具条。而且工具条可以拖动到窗口的任何位置。这样用户就可以在各种工具条中单击自己需要的按钮来实现各种操作。

4. 提示栏和状态栏

提示栏用来提示用户当前可以进行的操作或者告诉用户下一步怎么做。提示栏在用户进行各种操作时非常有用，特别是对初学者或者对某一不熟悉的操作来说，根据系统的提示往往可以很顺利地完成一些操作。

状态栏用来显示用户当前的一些状况或者某些操作，如用户保存某一文件后，系统将在状态栏中显示"部件已保存"的信息。如果用户使用放大工具放大模型后，系统将在状态栏中显示"放大/缩小被取消"的信息。

5. 绘图区

绘图区以图形的形式显示模型的相关信息，它是用户进行建模、编辑、装配、分析和渲染等操作的区域。绘图区不仅显示模型的形状，还显示模型的位置。模型的位置是通过各种坐标系来确定的。坐标系可以是绝对坐标系，也可以是相对坐标系。这些信息也显示在绘图区。

6. 资源条

资源条用来显示装配、部件、创建模型的历史、培训、帮助和系统默认选项等信息。通过资源条，用户可以很方便地获取相关信息。如用户想知道自己在创建过程中用了哪些操作、哪些部件被隐藏了及一些命令的操作过程等信息，都可以从资源条中获得。

1.3.2　鼠标和键盘操作

鼠标和键盘操作工具是用户在使用 UG NX 6.0 过程中最常用的工具，也是 UG NX 6.0 的通用工具，因此用户掌握这些基本操作工具的含义及其操作方法十分必要。

1. 鼠标操作

鼠标操作是 NX 基本操作中最为常见，也是最为重要的操作，用户大部分的操作都是通过鼠标完成的。表 1.1 所示是在用户在对话框和绘图区中使用鼠标操作的一些说明。

表 1.1　鼠标操作

目　的	操　作
选择菜单或者选择对话框中的选项	单击
当用户在对话框中完成所有参数的设置后，需要确定或者应用操作	鼠标中键

续表

目　的	操　作
取消	Alt+鼠标中键
显示剪切/复制/粘贴菜单	在文本中单击鼠标右键
选择一些连续排列的对象	Shift+单击
选择或者为取消一些非连续排列的对象	Ctrl+单击
放大模型视图	滚动鼠标滚轮
弹出对象选择菜单	在对象上单击鼠标右键
激活对象的默认操作	在对象上双击鼠标左键
旋转视图	在绘图区按下鼠标中键并拖动
平移视图	在绘图区拖动鼠标中键+鼠标右键或者按下 Shift+鼠标中键
放大视图	在绘图区拖动鼠标中键+鼠标左键或者按下 Ctrl+鼠标中键

注：① 　单击即为单击鼠标左键。

② 　鼠标中键即为单击鼠标中键或者鼠标滚轮。

③ 　右键单击即为单击鼠标右键。

2．键盘操作

键盘操作也是 NX 基本操作中最为常见的一种操作，用户可以通过键盘和鼠标完成 UG NX 6.0 的大部分操作。尽管鼠标是最基本的操作方式，但是用户也可以通过键盘来完成很多交互操作功能。用户可以根据自己的习惯，选择使用键盘操作或者鼠标操作。

1.3.3　文件管理操作

文件管理包括新建文件、打开文件、保存文件、关闭文件、查看文件属性、打印文件、导入文件、导出文件和退出系统等操作。

在菜单栏中选择【文件】命令，打开如图 1.16 所示的【文件】下拉菜单。【文件】下拉菜单包括新建、打开、关闭、保存和打印等命令，下面将介绍一些常用的文件操作命令。

1．新建

【新建】命令用来重新创建一个文件。选择【文件】|【新建】菜单命令或者在【标准】工具条中直接单击【新建】按钮　都可以打开如图 1.17 所示的【新建】对话框，该对话框顶部有【模型】、【图纸】、【仿真】以及【加工】四个标签。单击某个标签可切换至某个选项卡，在该选项卡中对应的【模板】列表框中列出了 NX 6.0 中可用的现存模板，用户只要从该列表框中选择一个模板，NX 6.0 便会自动地复制模板文件创建新的 UG NX 6.0 文件，而且新建的 UG NX 6.0 文件会自动地继承模版文件的属性和设置。

图 1.16 【文件】下拉菜单

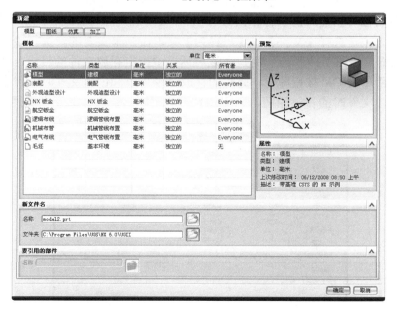

图 1.17 【新建】对话框

2. 打开

【打开】命令用来打开一个已经创建好的文件。选择【文件】|【打开】菜单命令或者在【标准】工具条中直接单击【打开】按钮 ，都可以弹出【打开】对话框，如图 1.18 所示。它

和大多数软件的【打开】对话框相似，这里不再详细介绍。

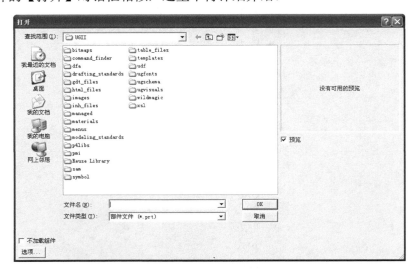

图 1.18　【打开】对话框

3. 保存

保存文件的方式有两种：一种是直接保存；另一种是另存为其他。

选择【文件】|【保存】菜单命令或者在【标准】工具条中直接单击【保存】按钮 都可以实现直接保存。执行该命令后，系统不打开任何对话框，文件将自动保存在创建该文件的保存目录下，文件名称和创建时的名称相同。

另存为其他方式是选择【文件】|【另存为】菜单命令来实现的。执行该命令后，将打开【另存为】对话框，如图 1.19 所示。用户在该对话框中指定存放文件的目录，再输入文件名称并指定保存类型后单击 OK 按钮即可。此时的存放目录可以和创建文件时的目录相同，但是如果存放目录和创建文件时的目录相同，则文件名不能相同，否则不能保存文件。

图 1.19　【另存为】对话框

4. 属性

【属性】命令用来查看当前文件的属性。选择【文件】|【属性】菜单命令，打开如图 1.20 所示的【显示的部件属性】对话框。

在【显示的部件属性】对话框中，用户通过单击不同的标签可以切换到不同的选项卡中。图 1.20 所示为单击【显示部件】标签后的显示信息。【显示部件】选项卡显示了文件的一些属性信息，如部件文件名、全路径、单位、工作视图和工作图层等。

图 1.20　【显示的部件属性】对话框

1.3.4　编辑对象

编辑对象包括撤消列表、修剪对象、复制对象、粘贴对象、删除对象、选择对象、隐藏对象、变换对象和对象显示等操作。

在菜单栏中选择【编辑】命令，打开【编辑】下拉菜单。【编辑】下拉菜单包括撤消列表、复制、删除、选择、变换、显示和隐藏、移动对象和属性等命令。如果某个命令后带有小三角形，表明该命令还有子命令。例如，在【编辑】菜单中选择【显示和隐藏】命令后，其对应的子命令将显示在【显示和隐藏】命令的后面，如图 1.21 所示。

1. 撤消列表

【撤消列表】命令用来撤消用户上一步或者上几步的操作。这个命令在修改文件时特别有用。当用户对修改的效果不满意时，可以通过【撤消列表】命令来撤消对文件的一些修改，使文件恢复到最初的状态。

选择【编辑】|【撤消列表】菜单命令或者在【标准】工具条中直接单击【撤消】按钮都可以执行该命令。

【撤消列表】子菜单中将显示用户最近的操作，供用户选择撤消哪些操作。用户只要在相应的选项前选择即可撤消相应的操作。

2. 删除

【删除】命令用来删除一些对象。这些对象既可以是某一类对象，也可以是不同类型的对象。用户可以手动选择一些对象然后删除它们，也可以利用类选择器来指定某一类或者某几类对象，然后删除它们。

选择【编辑】|【删除】菜单命令或者在【标准】工具条中直接单击【删除】按钮 ✕ 都可以打开如图 1.22 所示的【类选择】对话框。

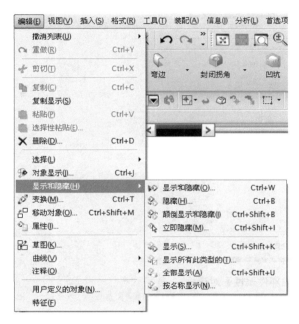

图 1.21　【显示和隐藏】菜单命令

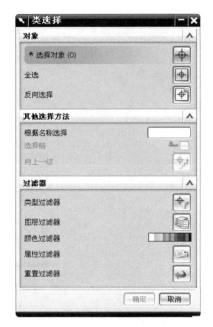

图 1.22　【类选择】对话框

【类选择】对话框中各选项说明如下。

1）　对象

对象的选取方式有三种，它们分别是选择对象、全选和反向选择。

2）　其他选择方法

【根据名称选择】文本框用来输入对象的名称。

3）　过滤器

【过滤器】选项组用来指定选取对象的方式。过滤方式有 5 种，分别是类型过滤器、图层过滤器、颜色过滤器、属性过滤器和重置过滤器。这五种过滤方式的说明如下。

- 类型过滤器：该选项用来设置选择对象时按照类型来选取。单击【类型过滤器】按钮，打开【根据类型选择】对话框，如图 1.23 所示，系统提示用户"设置可选类型或者选择对象"的信息。【根据类型选择】对话框列出了用户可以选择的类型，如曲线、草图、实体、片体、点、尺寸和符号等类型。用户可以在该对话框中选择一个类型，也可以选择几个类型。如果要选择多个对象，按下 Ctrl 键，然后在对话框中选择多个类型即可。
- 图层过滤器：该选项用来设置选择对象时按照图层来选取。单击【图层过滤器】按钮，打开【根据图层选择】对话框，如图 1.24 所示，系统提示用户"设置可选图层"的信息。【根据图层选择】对话框中提供给用户的选项有【范围或类别】、【过滤器】和【图层】等。用户根据这些选项就可以指定删除哪些图层中的对象。

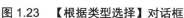

图 1.23　【根据类型选择】对话框

图 1.24　【根据图层选择】对话框

- 颜色过滤器：该选项用来指定系统按照颜色来选取对象。单击【颜色过滤器】选项右方的颜色，打开【颜色】对话框，如图 1.25 所示。用户在【收藏夹】选项组中选择一种颜色后，单击【选定的颜色】选项组中的按钮，指定全选或者全部不选某种颜色的对象。当用户选择一种颜色后，该颜色将显示在【选定的颜色】选项组中。
- 属性过滤器：该选项用来设置选择对象时按照其他方式来选取。单击【属性过滤器】按钮，打开【按属性选择】对话框，如图 1.26 所示。系统提示用户"设置可选的属性"的信息。用户可以根据对象的一些属性来选择对象。这些属性可以是曲线的一些类型，如实线、虚线、双点划线、中心线、点线、长虚线和点划线等。用户还可以按照曲线的宽度来选择对象，如正常宽度、细线宽度和粗线宽度等。
- 重置过滤器：单击【重置】按钮，可以进行重置操作。

图 1.25　【颜色】对话框

图 1.26　【按属性选择】对话框

3. 隐藏

【隐藏】命令用来隐藏一些用户暂时不想显示的对象。选择【编辑】|【显示和隐藏】菜单命令，其中的子命令用于操作对象的显示和隐藏。选择【隐藏】子命令，打开【类选择】对话框。选择对象的方法和【删除】命令相同，这里不再介绍。用户选择对象后，单击【确定】按钮即可完成选取对象的显示或者隐藏。

4. 变换

【变换】命令可以实现移动对象、按比例变化对象、旋转对象、镜像对象和阵列对象等操作。该命令包含很多工具，恰当地使用【变换】命令将给用户带来很多方便，尤其是对一些有规律的形状特别有用，如轴对称图形、中心对称图形等。

选择【编辑】|【变换】菜单命令，打开【变换】对话框，系统提示用户"选择要变换的对象"的信息。用户在绘图区选择要变换的对象后，单击【确定】按钮，打开【变换】对话框，如图 1.27 所示，系统提示用户"选择选项"的信息。【变换】对话框的选项共有 6 个，这里仅介绍一些常用的选项。

图 1.27 【变换】对话框

1) 刻度尺

【刻度尺】选项可以按照一定的比例缩小或者放大对象。单击【刻度尺】按钮，打开【点】对话框，系统提示用户"选择不变的缩放点-选择对象以自动判断点"的信息。单击【确定】按钮，打开刻度尺的【变换】对话框，如图 1.28 所示。如果用户在三个坐标轴方向的变换比例相同，则可以直接在【刻度尺】文本框中输入比例系数。

如果用户在三个坐标轴方向的变换比例不相同，可以单击【非均匀比例】按钮，打开新的比例【变换】对话框，如图 1.29 所示。用户可以在【XC-比例】文本框、【YC-比例】文本框和【ZC-比例】文本框中分别输入各个方向的变换比例系数。

图 1.28 刻度尺的【变换】对话框

图 1.29 新的比例【变换】对话框

2) 阵列

阵列变换包含【矩形阵列】和【圆形阵列】两个选项，可以对物体进行阵列处理。

3) 通过一平面镜像

单击【通过一平面镜像】按钮，打开【平面】对话框，如图 1.30 所示。系统提示用户"选择对象以定义平面"的信息。用户定义一个平面后，系统将以该平面为镜像平面的镜像对象。

图 1.30 【平面】对话框

1.4 系统参数设置

有时用户可以根据自己的需要，改变系统默认的一些参数设置，如对象的显示颜色、绘图区的背景颜色和对话框中显示的小数点位数等。本节将介绍一些改变系统参数设置的方法，它们包括对象参数设置、用户界面参数设置、选择参数设置和可视化参数设置。

1.4.1 对象参数设置

对象参数设置是设置曲线或者曲面的类型、颜色、线型、透明度及偏差矢量等默认值。

选择【首选项】|【对象】菜单命令，打开如图 1.31 所示的【对象首选项】对话框，系统提示用户"设置对象首选项"的信息。用户单击【分析】标签可切换到【分析】选项卡。

在如图 1.31(a)所示的【常规】选项卡中，用户可以设置工作图层、线的类型、线在绘图区的显示颜色、线型和宽度。还可以设置实体或者片体的局部着色、面分析和透明度等参数，用户只要在相应的选项中选择参数即可。

在如图 1.31(b)所示的【分析】选项卡中，用户可以设置曲面连续性显示的颜色。用户单击相应复选框后面的颜色小块，系统打开【颜色】对话框，用户可以在【颜色】对话框中选择一种颜色作为曲面连续性的显示颜色。此外，用户还可以在【分析】选项卡中设置截面分析显示、偏差测量显示和高亮线显示的颜色。

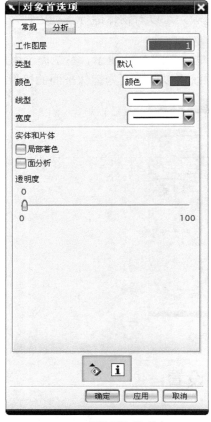

(a) 【常规】选项卡

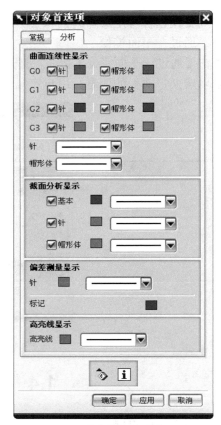

(b) 【分析】选项卡

图 1.31　【对象首选项】对话框

1.4.2　用户界面参数设置

用户界面参数设置是指设置对话框中的小数点位数、撤消时是否确认、跟踪条、资源条、日记和用户工具等参数。

选择【首选项】|【用户界面】菜单命令，打开如图 1.32 所示的【用户界面首选项】对话框，系统提示用户"设置用户界面首选项"的信息。单击【排样】标签可切换到【排样】选项卡，显示如图 1.32(b)所示。【宏】选项卡、【操作记录】选项卡和【用户工具】选项卡用户可以自己切换，这里不再介绍。

在如图 1.32(a)所示的【常规】选项卡中，用户可以设置已显示对话框中的小数位数、跟踪条的小数位数、信息窗口的小数位数以及主页网址等参数。

在如图 1.32(b)所示的【排样】选项卡中，用户可以设置 Windows 风格、资源条的显示位置以及页是否自动飞出等参数。

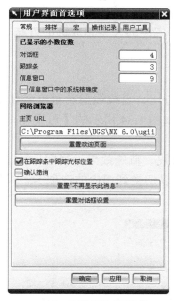
(a) 【常规】选项卡

(b) 【排样】选项卡

图 1.32　【用户界面首选项】对话框

1.4.3　选择参数设置

选择参数设置是指设置用户选择对象时的一些相关参数，如光标半径、选取方法和矩形方式的选取范围等。

选择【首选项】｜【选择】菜单命令，打开如图 1.33 所示的【选择首选项】对话框。

图 1.33　【选择首选项】对话框

用户可以设置多选的参数、面分析视图和着色视图等高亮显示的参数，延迟和延迟时快速拾取的参数、光标半径(大、中、小)等的光标参数、成链的公差和成链的方法等参数。

1.4.4 可视化参数设置

可视化参数设置是指设置渲染样式、光亮度百分比、直线线型及对象名称显示等参数。

选择【首选项】|【可视化】菜单命令，打开如图 1.34 所示的【可视化首选项】对话框，系统提示用户"设置选项以修改屏幕显示"的信息。

【可视化首选项】对话框中包含名称/边界、直线、特殊效果、视图/屏幕、视觉、小平面化和颜色设置等 7 个标签。用户单击不同的标签就可以切换到相应的选项卡中设置相关的参数，如图 1.34 所示为切换到【视图/屏幕】选项卡的情况。

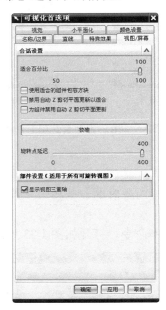

图 1.34 【可视化首选项】对话框

1.5 设 计 范 例

本节将介绍一个设计范例，以加强用户对 UG NX 6.0 基本操作概念的理解和掌握一些基本的操作方法。

1.5.1 范例介绍

本范例是介绍 UG NX 6.0 基本操作的范例。主要介绍了新建文件和打开文件等的基本操作，以及基本的系统参数设置的方法。

1.5.2 范例操作过程

下面介绍具体的范例操作过程。

步骤 1：进入 UG 环境并创建新文件

(1) 在计算机左下角处选择【开始】|【所有程序】| UGS UG NX 6.0 | UG NX 6.0 命令，进入 UG NX 6.0 入口模块。

(2) 选择【文件】|【新建】菜单命令，打开【新建】对话框，在【模板】选项组中选择【模型】选项，在【名称】文本框中输入"1a.prt"，如图 1.35 所示。单击【确定】按钮，新建一个文件。

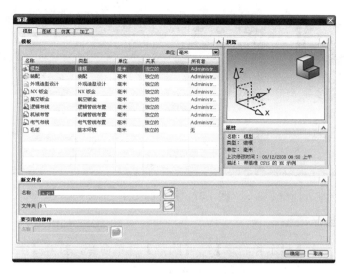

图 1.35 【新建】对话框

步骤 2：打开 UG 文件

(1) 单击【打开】按钮，在【打开】对话框中，选择 1b.prt 文件，如图 1.36 所示，然后单击【确定】按钮，打开 1b.prt 文件。

(2) 此时模型显示在绘图区，如图 1.37 所示。

图 1.36 【打开】对话框

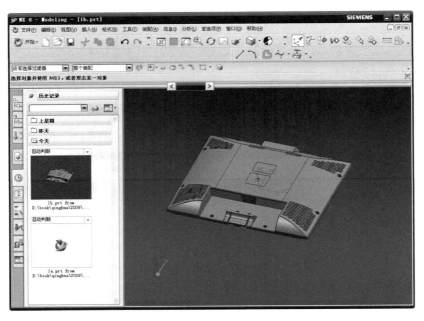

图 1.37　打开的文件

步骤 3：隐藏和显示模型

(1) 选择【编辑】|【显示和隐藏】|【隐藏】菜单命令，打开【类选择】对话框，在绘图区选择模型，然后单击【确定】按钮，模型就被隐藏了。

(2) 选择【编辑】|【显示和隐藏】|【显示】菜单命令，打开【类选择】对话框，在绘图区选择模型，然后单击【确定】按钮，模型就又被显示出来了。

步骤 4：系统参数设置

(1) 选择【首选项】|【背景】菜单命令，打开【编辑背景】对话框，如图 1.38 所示。

图 1.38　【编辑背景】对话框

(2) 在【着色视图】选项组中设置【顶部】选项和【底部】选项的颜色都为白色，单击【确定】按钮，就设置出了新的系统显示方式，如图 1.39 所示。

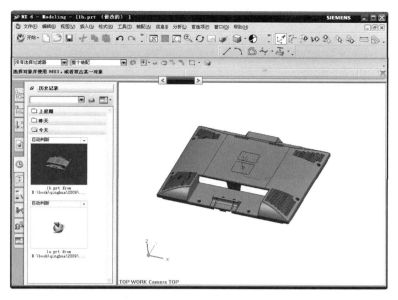

图 1.39　设置背景为白色

1.6　本章小结

　　本章我们主要讲解了 UG NX 6.0 的一些基本概念和基本操作，这些知识是后续学习 UG 操作的基础。除了介绍一些基本概念外，我们还介绍了系统参数的设置，包括对象参数设置、用户界面参数设置、选择参数设置和可视化参数设置三项内容。最后，本章还介绍了一个基础操作的范例，希望读者能认真学习掌握。

第 2 章

草绘和曲线设计

　　草图绘制(简称草绘)功能是 UG 为用户提供的一种十分方便的画图工具。用户可以首先按照自己的设计意图，迅速勾画出零件的粗略二维轮廓，然后利用草图的尺寸约束功能和几何约束功能精确确定二维轮廓曲线的尺寸、形状和相互位置。草图绘制完成以后，可以用来拉伸、旋转或扫掠以生成实体造型。草图对象与拉伸、旋转或扫掠生成的实体造型密切相关。当草图修改以后，实体造型也发生相应的变化。因此，对于需要反复修改的实体造型，使用草图绘制功能以后，修改起来非常方便快捷。

　　曲线的构造和编辑功能在 CAD 模块中具有非常广泛的应用，它在曲面设计和特征建模中充当重要的角色。在 CAD 建模的前期，需要用到 UG NX 6.0 的曲线的构造和编辑功能来创建实体模型的轮廓截面曲线，以便进行后期的实体特征操作。

　　本章首先介绍草图的作用和草图平面的设定，然后详细地讲解草图设计、草图约束和草图定位，另外，还讲解了曲线的设计方法。在此基础上，本章还讲述了一个草图绘制的设计范例，使读者能够更加深刻地领会草图约束的内涵，掌握草图绘制的一般方法和技巧。

2.1　草图的作用

本节将简单介绍 UG 的草图绘制功能和草图的作用。

2.1.1　草图绘制功能

草图绘制功能为用户提供了一种二维绘图工具。在 UG 中有两种方式可以绘制二维图,一种是利用基本画图工具来完成草图绘制,另一种就是利用草图绘制功能来完成草图绘制。两者都具有十分强大的曲线绘制功能。但与基本画图工具相比,草图绘制功能还具有以下三个显著特点。

- 在草图绘制环境中,修改曲线更加方便快捷。
- 草图绘制完成的轮廓曲线与拉伸或旋转等扫描特征生成的实体造型相关联,当草图对象被编辑以后,实体造型也紧接着发生相应的变化,即具有参数化的设计特点。
- 在草图绘制过程中,可以对曲线施加尺寸约束和几何约束,从而精确确定草图对象的尺寸、形状和相互位置,满足用户的设计要求。

2.1.2　草图的作用

草图的作用主要有以下 4 点。

- 利用草图,用户可以快速勾画出零件的二维轮廓曲线,再通过施加尺寸约束和几何约束,就可以精确确定轮廓曲线的尺寸、形状和位置等。
- 草图绘制完成后,可以用来拉伸、旋转或扫掠生成实体造型。
- 草图绘制具有参数化的设计特点,这对于在设计某一需要进行反复修改的零件时非常有用。因为只需要在草图绘制环境中修改二维轮廓曲线即可,而不用去修改实体造型,这样就可以节省很多修改时间,提高了工作效率。
- 草图可以最大限度地满足用户的设计要求,这是因为所有的草图对象都必须在某一指定的平面上进行绘制,而该指定平面可以是任一平面,既可以是坐标平面和基准平面,也可以是某一实体的表面,还可以是某一片体或碎片。

2.2　草　图　平　面

在绘制草图对象时,首先要指定草图工作平面,这是因为所有的草图对象都必须附着在某一指定平面上。因此,在讲解草图设计前,我们首先来学习指定草图平面的方法。指定草图平面的方法有两种,一种是在创建草图对象之前就指定草图对象,另一种是在创建草图对象时使用默认的草图平面,然后重新附着草图平面。后一种方法也适用于需要重新指定草图平面的情况。下面将分别介绍这两种指定草图平面的方法。

2.2.1　草图平面概述

草图平面是指用来附着草图对象的平面,它可以是坐标平面,如 XC-YC 平面,也可以是实体上的某一平面，如长方体的某一个面，还可以是基准平面。因此，草图平面可以是任一平面，即草图可以附着在任一平面上，这给设计者带来极大的设计空间和创造自由。

2.2.2　指定草图平面

下面将详细介绍在创建草图对象之前，指定草图平面的方法。

在【特征】工具条中单击【草图】按钮 ，弹出如图 2.1 所示的【创建草图】对话框。此时系统提示用户"选择草图平面的对象或双击要定向的轴"的信息，同时在绘图区高亮度显示XC-YC 平面和 XC、YC、ZC 三个坐标轴，如图 2.1 所示。

> **提 示**
>
> 系统默认的草图平面为 XC-YC 平面，所以此时 XC-YC 平面在绘图区高亮度显示。

图 2.1　指定草图平面工具

下面将分类介绍【创建草图】对话框的参数设置。

1. 类型

在【类型】下拉列表框中包含两个选项，分别是【 在平面上】和【 在轨迹上】，用户可以选择其中的一种作为新建草图的类型。系统默认的草图类型为在平面上的草图。

2. 草图平面

【草图平面】选项组用来指定实体平面为草图平面。它有三种类型，分别是【现有平面】、【创建平面】和【创建基准坐标系】，下面分别介绍。

1) 现有平面

当部件中已经存在实体时，用户可以直接选择某一实体平面作为草图的附着平面。当指定草图平面后，该实体平面将在绘图区高亮度显示，如图 2.2 所示。

> **注 意**
>
> 指定实体平面的前提是部件中已经存在实体。如果部件中不存在实体，则不能使用该方法指定草图平面。

当部件中既没有实体平面，也没有基准平面时，用户可以指定坐标平面为草图平面。当指定某一坐标平面为草图平面后，该坐标平面在绘图区高亮度显示，同时高亮度显示三个坐标轴的方向。如果用户需要修改坐标轴的方向，只要双击三个坐标轴中的一个即可。例如，指定 XC-YC 平面为草图平面后，显示如图 2.3 所示。

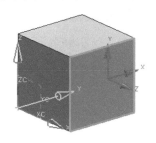 

图 2.2　指定草图平面　　　　　　　图 2.3　指定 XC-YC 平面为草图平面

2) 创建平面

打开【创建草图】对话框，在【平面选项】下拉列表框中，选择【创建平面】选项，如图 2.4 所示，要求用户创建一个平面作为草图平面。

3) 创建基准坐标系

打开【创建草图】对话框，在【平面选项】下拉列表框中，选择【创建基准坐标系】选项，如图 2.5 所示，当部件中存在基准坐标系时，用户可以指定某一坐标系，系统将根据指定的坐标系创建草图平面。如果部件中不存在基准坐标系时，单击【创建基准坐标系】按钮，打开【基准 CSYS】对话框，要求用户创建一个基准 CSYS。

图 2.4　选择【创建平面】选项　　　　图 2.5　选择【创建基准坐标系】选项

3. 草图方位

【草图方位】用来设置草图轴的方向，它包含【水平】和【竖直】两个选项。

2.2.3 重新附着草图平面

如果用户需要修改草图的附着平面，就需要重新指定草图平面。UG 为用户提供了重新附着草图平面的工具，可以很方便地修改草图平面。下面将详细介绍在创建草图对象之后，重新附着草图平面的方法。

在草图绘制环境中，单击【草图生成器】工具条中的【重新附着】按钮 或者选择【工具】｜【重新附着】菜单命令，均可打开如图 2.6 所示的【重新附着草图】对话框，重新选择草图平面。

图 2.6 【重新附着草图】对话框

图 2.7 所示为一个重新附着草图平面的例子。原来指定的草图平面为六面体的上顶面，如图 2.7(a)所示，在该平面上绘制一个圆，预备在上顶面上打一个通孔。后来设计方案改为在右侧面上打通孔，孔的圆心和半径不变，这时只需要重新附着圆的草图平面，就能满足设计要求，而不用删除原来的草图再重新绘制一个圆。

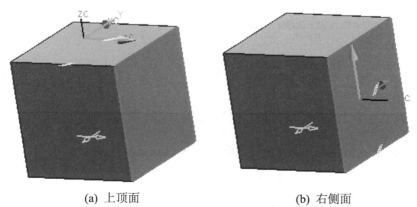

       (a) 上顶面   (b) 右侧面

图 2.7 重新附着草图平面的图例

2.3　草　绘　设　计

指定草图平面后，就可以进入草图环境设计草图对象。UG 为用户提供了草绘设计的【草图工具】工具条，如图 2.8 所示，这个工具条可以分为三个组，【草图曲线】工具组、【草图操作】工具组和【草图约束】工具组。【草图曲线】工具组中的工具可以直接绘制出各种草图对象，如点、直线、圆、圆弧、矩形、椭圆和样条曲线等。【草图操作】工具组中的工具可以对各种草图对象进行操作，如镜像、偏置、编辑、添加、交点和投影等。【草图约束】工具组中的工具可以对草图对象施加约束定位草图，如自动判断的尺寸、自动约束及动画尺寸等。下面将分别详细介绍这三个草绘设计的工具组。

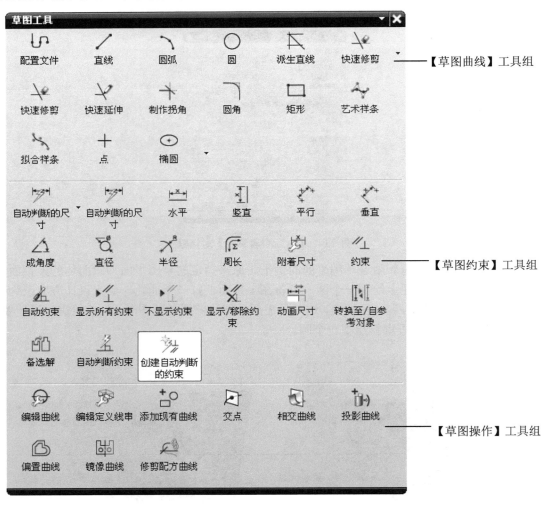

图 2.8　【草图工具】工具条

2.3.1　【草图曲线】工具组

【草图曲线】工具组用来直接绘制各种草图对象，包括点和曲线等，如图 2.9 所示。下面来介绍【草图曲线】工具组中主要按钮的操作方法。

图 2.9 　【草图曲线】工具组

1. 直线

在【草图曲线】工具条中，单击【直线】按钮 ，打开如图 2.10 所示的【直线】对话框和坐标栏。在视图中单击鼠标即可绘制出直线。如果单击【输入模式】选项组中的【参数模式】选项按钮 ，即可显示另一种绘制直线的参数模式，如图 2.11 所示。

图 2.10 　【直线】对话框和坐标栏　　　　图 2.11 　另一种参数模式

2. 圆弧和圆

在【草图曲线】工具条中，单击【圆弧】按钮 和【圆】按钮 ，可打开【圆弧】对话框和【直线】对话框及坐标栏，如图 2.12 所示。它们的操作过程和直线相类似，这里不再赘述。

图 2.12 　【圆弧】和【圆】对话框及坐标栏

3. 配置文件

进入草绘模块后，系统默认地激活【配置文件】对话框。【配置文件】对话框中包括【直线】、【圆弧】、【坐标模式】和【参数模式】等按钮，以线串的方式创建一系列的直线和圆弧，上一条曲线的终点自动成为下一条曲线的起点，并可以在【坐标模式】和【参数模式】之间自由地转换。图 2.13 所示为【配置文件】对话框及坐标栏。

图 2.13 　【配置文件】对话框及坐标栏

4. 修改曲线

修改曲线包括【派生直线】、【快速修剪】、【快速延伸】和【圆角】四个按钮。下面将分别介绍这四个按钮的功能。

1) 派生直线

【派生直线】按钮用来偏置某一直线或者在两相交直线的交点处派生出一条角平分线。当单击【派生直线】按钮时，系统在提示栏中显示"选择参考直线"的信息，提示用户选择需要派生的直线。用户选择一条直线后，系统自动派生出一条平行于选择直线的直线，并在派生直线的附近显示偏置距离。在【偏置】文本框中输入适当的数据或者移动鼠标到适当的位置，单击鼠标左键，即可生成一条偏置直线。

如果用户选择一条直线后，再选择另外一条与第一条直线相交的直线，系统将在两条直线的交点处派生出一条角平分线。

如图 2.14 所示，直线 1、2、3 是原直线，直线 4、5、6、7 是派生直线，其中直线 4、7 分别是直线 1、3 的偏置直线，曲线 5 是直线 1、2 的角平分线，直线 6 是直线 2、3 的角平分线。

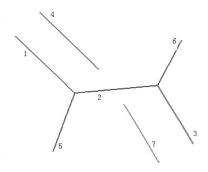

图 2.14　派生直线

在生成角平分线时，所选择的两条直线不一定要有交点，只要两条直线延伸后能够相交即可。在生成偏置直线时，长度有正负号的不同，而在生成角平分线时长度没有正负号的区别，全部为正。

2) 快速修剪

【快速修剪】按钮用来快速擦除曲线分段。当单击【快速修剪】按钮时，系统在提示栏中显示"选择要修剪的曲线"的信息，提示用户选择需要擦除的曲线分段。选择需要修剪的曲线部分即可擦除多余的曲线分段。用户也可以按住鼠标左键不放，来拖动擦除曲线分段。

如图 2.15 所示，当按住鼠标左键不放拖动，光标经过右侧的小直角三角形时，留下了拖动痕迹，与拖动痕迹相交的曲线此时高亮度显示，表明这两条曲线被选中了，如图 2.15(a)所示。放开鼠标左键后，被选中的两条边就被擦除了，原来的大直角三角形变成了一个梯形，如图 2.15(b)所示。

3) 快速延伸

【快速延伸】按钮用来快速延伸一条直线，使之与另外一条直线相交。它的操作方法与【快速修剪】按钮类似，这里不再赘述。

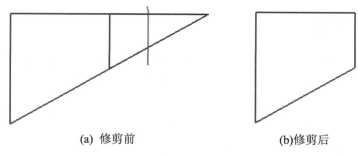

(a) 修剪前　　　　　　　　　　　　(b)修剪后

图 2.15　快速修剪

当选择的曲线延伸后与多条直线都有交点时，所选择的直线只延伸到离它最近的一个交点处，而不再继续延伸。如果用户需要延伸的交点不是这个最近的交点时，可以先将较近的这些直线隐藏，然后再使用【快速延伸】按钮 来延伸到自己满意的交点处。

所选择的直线必须和另一条直线延伸后有交点，而且只能延伸选择的直线，其他的直线不延伸。例如，在图 2.15(b)所示的直线中，如果想把这个梯形延伸后得到一个大的直角三角形，选择其中的一条非平行边后，系统在提示栏中显示"无法从指定的端点延伸曲线"的信息，这表明系统没有找到非平行边与另一条非平行边的交点。因为只能延伸所选择的那条非平行边，而不能同时延伸两条非平行边。

4)　圆角

【圆角】按钮 用来对直线倒圆角。单击【圆角】按钮 ，选择两条直线后，输入圆角半径即可在两条直线之间的生成圆角。

圆角可以在两条直线之间生成，可以在直线和曲线之间生成，也可以在两条曲线之间生成。但是一般不在两条曲线之间生成圆角，这是因为曲线之间生成的圆角可能不能满足用户的要求，出现无法预料的结果。

如图 2.16 所示，图 2.16(a)是没有倒圆角的曲线，图 2.16(b)是倒圆角后的曲线。这些圆角有些是在相互垂直的直线、相互平行的直线和相交直线之间生成的，有些是在曲线和曲线之间生成的。

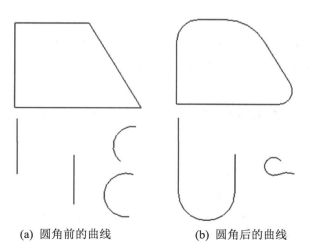

(a) 圆角前的曲线　　　　　　(b) 圆角后的曲线

图 2.16　圆角

2.3.2 【草图操作】工具组

【草图操作】工具组可以对各种草图对象进行操作，包括镜像曲线、偏置曲线、编辑曲线、编辑定义线串、添加现有曲线、相交曲线和投影曲线等，如图2.17所示。下面将详细介绍这些草图操作的方法。

图2.17 【草图操作】工具组

1. 镜像曲线

镜像曲线是以某一条直线为对称轴，镜像选取的草图对象。镜像操作特别适合于绘制轴对称图形。

在【草图操作】工具条中单击【镜像曲线】按钮，打开如图2.18所示的【镜像曲线】对话框。

2.18 【镜像曲线】对话框

在【镜像曲线】对话框中，首先选择镜像中心线，再选择要镜像的曲线。用户选择需要镜像的草图对象后，原来显示为灰色的【确定】和【应用】按钮此时呈高亮度显示。用户只要单击【确定】或者【应用】按钮即可完成一次镜像操作。

> **注 意**
>
> 镜像中心线必须在镜像操作前就已经存在，而不能在镜像操作中绘制，这和【变换对象】中的镜像略有不同。

> **技 巧**
>
> 如果要设计的草图对象是轴对称图形或者其中的一部分是轴对称图形，用户可以先用【草图曲线】工具条绘制出对称图形的一半，然后再镜像得到图形的另一半，这样既提高了绘制草图的效率，同时也保证了对称图形的约束要求。

图2.19所示为一个镜像操作得到的瓶子。先绘制瓶子的一半和它的对称轴，然后镜像即可

得到整个瓶子的图形。从图 2.19 中可以看到，镜像后原来的直线自动转换为参考对象，由实线变成了虚线。

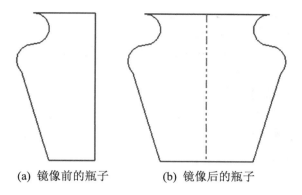

(a) 镜像前的瓶子　　　　(b) 镜像后的瓶子

图 2.19　镜像瓶子

2. 偏置曲线

偏置曲线是把选取的草图对象按照一定的方式，如按照距离、按照线性规律或者拔模等方式偏置一定的距离。

在【草图操作】工具条中单击【偏置曲线】按钮，打开如图 2.20 所示的【偏置曲线】对话框。

图 2.20　【偏置曲线】对话框

在【偏置曲线】对话框中，显示了【要偏置的曲线】、【偏置】、【链连续性和终点约束】和【设置】等选项组。

绘制【偏置曲线】的操作过程一般如下。

(1) 在绘图区选择需要偏置的曲线。

(2) 设置偏置方式和参数。

(3) 设置链连续性和终点约束。

(4) 观察偏置方向，如果需要改变偏置方向，单击【反向】按钮即可。

(5) 单击【确定】或者【应用】按钮。

图 2.21 所示为按照不同规律偏置曲线和按照不同修剪方式偏置曲线的例子。图 2.21 中的曲线 1、2 和 3 为原曲线，其他曲线为偏置曲线，其中，曲线 5 是按照【距离】偏置方式生成的，曲线 4 是按照【线性规律】偏置方式生成的，且曲线 4 的偏置方向进行了反向；曲线 6 是按照【距离】偏置方式偏置圆的例子，可以看到圆偏置后仍然是圆；曲线 7、8 也是按照【距离】偏置方式生成的，但是修剪方式不同，曲线 7 是按照【延伸相切】修剪方式偏置生成的，曲线 8 是按照【圆角】修剪方式偏置生成的。

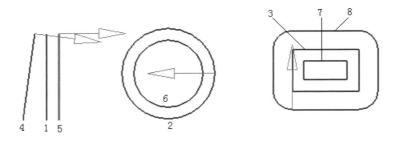

图 2.21 偏置曲线的例子

> **注 意**
>
> 选择一个几何对象后，系统将显示该几何对象的偏置方向，如果要改变偏置方向，直接单击【反向】按钮即可改变偏置方向。

3. 编辑曲线

编辑曲线是指对草图对象进行一些编辑，如编辑曲线参数、修剪曲线、分割曲线、编辑圆角、改变圆弧曲率和光顺样条曲线等。

在【草图操作】工具条中单击【编辑曲线】按钮，打开【编辑曲线】对话框，同时也打开一个【跟踪条】对话框，显示鼠标当前的位置如图 2.22 所示。

在【编辑曲线】对话框的顶部有 6 个按钮，它们分别是【编辑曲线参数】按钮、【修剪曲线】按钮、【分割曲线】按钮、【编辑圆角】按钮、【拉长】按钮和【圆弧长】按钮。当单击这些按钮后，系统将打开相应的对话框，用户可以在打开的对话框中相应地编辑草图对象。

4. 交点

交点是用户指定一条轨迹线后，系统自动判断出该轨迹线和草图平面的交点，并在交点处创建一个基准轴。

在【草图操作】工具条中单击【交点】按钮，打开【交点】对话框，如图 2.23 所示。系统提示用户选择轨迹线。选择轨迹线后，【确定】按钮被激活。如果选择的轨迹线和草图平面有多个交点，那么【循环解】按钮也被激活。单击【循环解】按钮，系统将在多个交点之间转换，当转换到用户满意的交点处时，单击【确定】按钮即可找到轨迹线和草图平面的交点。

图 2.22　【编辑曲线】和【跟踪条】对话框

图 2.23　【交点】对话框

5. 投影曲线

投影曲线是把选取的几何对象沿着垂直于草图平面的方向投影到草图中。这些几何对象可以是在建模环境中创建的点、曲线或者边缘，也可以是草图中的几何对象，还可以是由一些曲线组成的线串。添加现有曲线时，螺旋线和样条曲线不能通过【添加现有曲线】按钮 添加到草图中，此时可以使用投影方式把它们投影到草图平面中。

在【草图操作】工具条中单击【投影曲线】按钮 ，打开【投影曲线】对话框，如图 2.24 所示。

图 2.24　【投影曲线】对话框

【投影曲线】对话框中的参数设置说明如下。

1) 选择曲线输出类型

【输出曲线类型】下拉列表框有三个选项，它们分别代表三种曲线输出类型，第一个是【原先的】选项，即输出的曲线类型和选取的投影曲线类型相同，这是系统默认的输出类型；第二个是【样条段】选项，即输出的曲线是由一些样条段组成的；第三个是【单个样条】选项，即输出的曲线是一条样条曲线。

2) 设置公差

在【公差】文本框中输入适当的公差，系统将根据用户设置的公差来决定是否将投影后的一些曲线段连接起来。图 2.25 所示为投影螺旋线的例子。

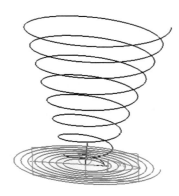

图 2.25　投影螺旋线的例子

> **注　意**
>
> 　如果选取的投影曲线具有相关性，则投影生成的曲线仍具有相关性。当投影曲线发生变化后，投影生成的曲线也相应地发生变化。

2.3.3　【草图约束】工具组

完成草图设计后，轮廓曲线就基本上勾画出来了，但这样绘制出来的轮廓曲线还不够精确，不能准确表达设计者的设计意图，因此还需要对草图对象施加约束和定位草图。

草图绘制功能提供了两种约束：一种是尺寸约束，它可以精确地确定曲线的长度、角度、半径或直径等尺寸参数；另一种是几何约束，它可以精确地确定曲线之间的相互位置，如：同心、相切、垂直或平行等几何参数。对草图对象施加尺寸约束和几何约束后，草图对象就可以精确确定下来了。

草图绘制完成后，还需要指定它和其他几何体的相对位置，如点或者曲线的相对位置，这就需要定位草图来确定它的位置，下节将介绍草图的定位。下面先介绍对草图施加尺寸约束和几何约束的方法。

1.【草图约束】工具组

【草图约束】工具组包括【自动判断的尺寸】、【水平】、【垂直】、【显示/移除约束】、【转换至/自参考对象】等按钮如图 2.26 所示。用户需要对草图对象添加约束时，只要单击工具组中的相应按钮就可以打开相应的对话框，完成对话框中的操作即可完成草图约束。

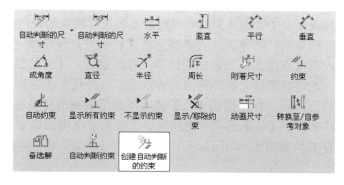

图 2.26 【草图约束】工具组

2. 尺寸约束

尺寸约束用来确定曲线的尺寸大小，包括水平长度、竖直长度、平行长度、两直线之间的角度、圆的直径以及圆弧的半径等。

下面将介绍施加尺寸约束的方法和尺寸约束的 9 种类型。

1) 施加尺寸约束的方法

在【草图约束】工具条中单击【自动判断的尺寸】按钮 ，打开如图 2.27(a)所示的【尺寸】对话框，三个按钮从左到右依次为【草图尺寸对话框】按钮、【创建参考尺寸】按钮和【创建内错角】按钮，在【尺寸】对话框中单击【草图尺寸对话框】按钮 ，打开如图 2.27(b)所示的【尺寸】对话框。

- 选择尺寸类型：在图 2.27(b)所示的【尺寸】对话框中，共有 9 种尺寸约束类型，它们分别是自动判断、水平、竖直、平行、垂直、直径、半径、成角度和周长。这些尺寸类型将在下一小节中进行单独介绍。

(a) 第一个【尺寸】对话框 (b) 第二个【尺寸】对话框

图 2.27 【尺寸】对话框

- 【表达式】列表框：【表达式】列表框用来显示尺寸约束的表达式。当对选取的草图对象施加尺寸约束后，约束表达式将显示在【表达式】列表框。
- 修改表达式：在【表达式】列表框中选择尺寸约束后，【当前表达式】选项和【值】选项被激活，此时有两种方法可以修改表达式，一种是在【当前表达式】的文本框中输入合适的数值；另一种是拖动【值】选项下的滑块来改变表达式的值。
- 设置尺寸标注式样：【值】选项下面的两个下拉列表框用来指定尺寸的标注位置。尺寸标注的位置类型如图 2.28 所示。指定尺寸的标注位置，即可完成尺寸标注式样的设置。

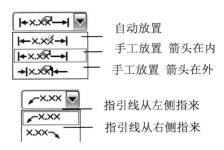

自动放置
手工放置 箭头在内
手工放置 箭头在外

指引线从左侧指来
指引线从右侧指来

图 2.28　尺寸标注的位置类型

- 其他复选框
  - 选中【固定文本高度】复选框后，所有的尺寸标注字符的高度都固定为一个高度。
  - 选中【创建参考尺寸】复选框后，可以创建参考尺寸。
  - 选中【创建内错角】复选框后，可以创建内错角。

提示

在【草图约束】工具条中单击【自动判断的尺寸】按钮　后，系统将在提示栏中显示草图需要添加的约束个数，并在草图对象上以箭头形式显示出来。如图 2.29 所示，系统提示用户"草图需要 25 个约束"，其中图 2.29(b)是图 2.29(a)中拐角处的放大图，从图 2.29(b)可以清晰地看到拐角处需要水平约束和竖直约束，这两个约束以箭头形式显示在草图对象上。

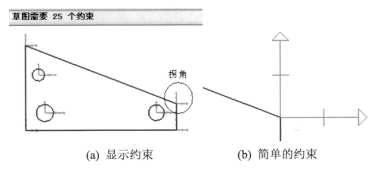

(a) 显示约束　　　　　(b) 简单的约束

图 2.29　草图需要的约束个数

2)　尺寸约束的类型

UG 为用户提供了 6 种尺寸约束类型，下面将分类介绍这 6 种尺寸约束类型。

- 自动判断的尺寸　：自动判断的尺寸是系统默认的尺寸类型，当用户选择草图对象后，系统会根据不同的草图对象，自动判断可能要施加的尺寸约束。例如，当用户选择的草图对象是斜线时，系统显示平行尺寸。单击鼠标左键，在弹出的【表达式】文本框中输入合适的数值，按下 Enter 键，即可完成斜线的尺寸约束。

- 水平 ⊡ 和竖直 ⫯：水平和竖直尺寸约束用来对草图对象施加水平尺寸约束和竖直尺寸约束。用户选择一条直线或者某个几何对象的两点，修改尺寸约束的数字即可完成水平尺寸约束和竖直尺寸约束。这两个约束一般用于标注水平直线或者竖直直线的尺寸约束。

- 平行 ⤢ 和垂直 ⤡：平行和垂直尺寸约束用来对草图对象施加平行或者垂直于草图对象本身的尺寸约束。操作方法和水平尺寸约束的方法相同，这里不再赘述。这两个约束一般用于标注斜直线或者某些几何体的高度。

- 直径 ⌀ 和半径 ⤢：直径和半径尺寸约束用来标注圆或者圆弧的尺寸大小，一般来说，圆标注直径尺寸约束，圆弧标注半径尺寸约束。

- 成角度 △：成角度尺寸约束用来创建两直线之间的角度约束。选择两条直线后，修改尺寸数据即可创建角度尺寸约束。

- 周长 ⫝：周长尺寸约束用来创建直线或者圆弧的周长约束。

3. 几何约束

几何约束用来确定草图对象之间的相互关系，如平行、垂直、同心、固定、重合、共线、中心、水平、相切、等长度、等半径、固定长度、固定角度、曲线斜率以及均匀比例等。由于一些几何约束的操作方法基本相同，下面将分成几类来介绍各种几何约束的操作方法。

1) 施加几何约束的方法

施加几何约束的方法有两种：一种是手动施加几何约束；另一种是自动施加几何约束。下面将详细介绍施加这两种几何约束的方法。

- 手动施加几何约束：在【草图约束】工具条中单击【约束】按钮 ⤢，系统提示用户"选择需要创建约束的曲线"的信息。当选择一条或者多条曲线后，系统将在绘图区显示曲线可以创建的【约束】对话框，而且选择的曲线高亮度显示在绘图区。图 2.30 所示为选择一条竖直直线和一条水平直线后，系统显示的【约束】对话框。

图 2.30 【约束】对话框

用户在【约束】对话框中单击相应的约束按钮，即可对选择的曲线创建几何约束。这些约束按钮的含义将在下面详细介绍。

- 自动施加几何约束：自动施加几何约束是指用户选择一些几何约束后，系统根据草图对象自动施加合适的几何约束。在【草图约束】工具条中单击【自动约束】按钮 ⤢，打开如图 2.31 所示的【自动约束】对话框。

用户在【自动约束】对话框中选择可能用到的几何约束，如选中【水平】、【垂直】、【相切】复选框等，再设置距离公差和角度公差，单击【应用】或者【确定】按钮，系统将根据草

图对象和用户选择的尺寸约束，自动在草图对象上施加尺寸约束。

图 2.31　【自动约束】对话框

2)　几何约束的类型

UG 为用户提供了多种可以选用的几何约束，当用户选择需要创建几何约束的曲线后，系统根据用户选择的曲线自动显示几个可以创建的几何按钮。下面将分类介绍这些几何约束及其按钮符号的含义。

- 水平 →、竖直 ↑：这两个类型分别约束直线为水平直线和竖直直线。
- 平行 //、垂直 ⊥：这两个类型分别约束两条直线相互平行和相互垂直。
- 共线 ＼：该类型约束两条直线或多条直线在同一条直线上。
- 同心 ◎：该类型约束两个或多个圆弧的圆心在同一点上。
- 相切 ○：该类型约束两个几何体相切。
- 等长 ＝、等半径 ⌒：等长几何约束约束两条直线或多条直线等长。等半径几何约束约束两个圆弧或多个圆弧等半径。
- 固定 ⏚：固定几何约束可以用来固定点、直线、圆弧和椭圆等。当选择的几何对象不同时，固定的方法也不相同。例如，当选择的几何对象是点时，固定点的坐标位置；而当选择的是圆弧时，固定圆弧的圆心和半径。
- 重合 ↗：该类型约束两个点或多个点重合。
- 点在曲线上 ↑：该类型约束一个或者多个点在某条曲线上。
- 中点 ┼：该类型约束点在某条直线或者圆弧的中点上。

4．编辑草图约束

尺寸约束和几何约束创建后，用户有时可能还需要修改或者查看草图约束。下面将介绍显示草图约束、删除草图约束、动画尺寸、自动判断约束设置、参考约束和备选解等编辑草图约束的操作方法。

1) 显示所有约束

在【草图约束】工具条中单击【显示所有约束】按钮，选择一条曲线后，系统将显示所有和该曲线相关的草图约束。单击鼠标左键选择一个草图约束后，系统在提示栏中会显示约束类型和全部选中的约束个数。

2) 显示/移除约束

在【草图约束】工具条中单击【显示/移除约束】按钮，打开如图 2.32 所示的【显示/移除约束】对话框。

● 约束列表：该选项用来指定【显示约束】列表框显示的草图约束的范围。选中【选定的对象】单选按钮，【显示约束】列表框中只显示选定的约束；选中【活动草图中的所有对象】单选按钮，【显示约束】列表框中将显示活动草图中的所有约束。

● 约束类型：【约束类型】选项用来指定【显示约束】列表框显示的约束类型。约束类型在上面已经介绍了，这里不再赘述。当在【约束类型】下拉列表框中选择【垂直】选项，在【显示约束】列表框中显示了两个垂直的约束。如图 2.33 所示。选中【包含】单选按钮，则显示包含约束类型的约束；选中【排除】单选按钮，则显示除指定约束类型以外的其他约束。

图 2.32 【显示/移除约束】对话框

图 2.33 【显示约束】列表框中显示了两个垂直的约束

● 显示约束：【显示约束】列表框用来显示选取的约束。显示约束的类型有三种，一种是 Explicit 选项，一种是【自动判断】选项，还有一种是【两者皆是】选项。

◆ 在【显示约束】下拉列表框中选择 Explicit 选项，【显示约束】列表框中显示用户手动施加给草图对象的所有约束，这是系统默认的显示类型。

◆ 在【显示约束】下拉列表框中选择【自动判断】选项，【显示约束】列表框中只

显示系统自动判断施加给草图对象的所有约束。

◆ 在【显示约束】下拉列表框中选择【两者皆是】选项,【显示约束】列表框中既显示用户手动施加给草图对象的所有约束,也显示系统自动判断施加给草图对象的所有约束。

提 示

【显示约束】列表框中显示的约束和绘图区中的约束相互关联。当用户在【显示约束】列表框中选择一个约束后,被选择的约束相应地高亮度显示在绘图区中。

● 移除:【移除高亮显示的】按钮用来移除在绘图区高亮度显示的约束;【移除所列的】按钮用来移除【显示约束】列表框中列出来的约束。
● 信息:该按钮用来以文本形式显示用户选择的约束。单击【信息】按钮,打开一个【信息】窗口,显示约束信息。

3) 动画尺寸

动画尺寸是指用户设定尺寸约束的变化范围和动画的循环次数后,系统以动画的形式显示尺寸变化。在【草图约束】工具条中单击【动画尺寸】按钮,打开如图 2.34 所示的【动画】对话框。

图 2.34 【动画】对话框

在【动画】对话框的列表框中选择一个约束后,在【下限】和【上限】文本框中输入动画尺寸的下限值和上限值,再在【步数/循环】文本框中输入动画的循环次数,然后单击【确定】或者【应用】按钮,选择的尺寸约束将在绘图区以动画的形式循环显示该尺寸约束的变化。

4) 转换至/自参考对象

草图的约束状态有三种,第一种是欠约束状态,即创建的约束(包括尺寸约束和几何约束)比草图需要的约束少,草图没有完全约束;第二种是全约束状态,即创建的约束刚好等于草图需要的约束,草图完全约束;第三种是过约束状态,即创建的约束比草图需要的约束多。

对于欠约束状态的草图,需要继续创建约束或者使用自动创建约束以完全约束草图;对于过约束状态的草图,可以采取两种方法解决:第一种是删除多余的约束;第二种方法是将草图约束转换为参考对象。两种方法的区别是:第一种方法删除约束后,约束不可以恢复也不再起作用。第二种方法可以把参考对象再次转换为草图约束,因此转换后的草图约束可以恢复,也可以转换后继续起作用。

下面将介绍转换草图约束为参考对象的方法。

在【草图约束】工具条中单击【转换至/自参考对象】按钮，打开如图 2.35 所示的【转换至/自参考对象】对话框，在其中可以设置转换类型。如果选择【参考】单选按钮，则系统把用户选择的约束转换为参考对象，转换后该约束不再起作用；如果选择【活动的】单选按钮，则系统把用户选择的参考对象转换为当前的约束，转换后该约束再次起作用。

图 2.35 【转换至/自参考对象】对话框

5) 自动判断约束设置

自动判断约束设置是指设置自动判断约束的一些默认选项，这些默认选项在使用自动判断的尺寸约束类型时起作用。

在【草图约束】工具条中单击【自动判断约束】按钮，打开如图 2.36 所示的【自动判断约束】对话框。在【自动判断约束】对话框中选中一些复选框后，即可设置自动判断约束。

图 2.36 【自动判断约束】对话框

6) 延迟草图计算

草图计算用来评估草图约束状态。延迟草图计算是指当用户修改约束后，并不马上显示修改后的效果，只有单击【草图生成器】工具条中的【评估草图】按钮后才显示修改的效果。

当用户需要延迟草图评估时，只需在草图绘制环境中选择【工具】|【更新】|【延迟草图评估】菜单命令或者单击【草图生成器】工具条中的【延迟评估】按钮即可。

如果要取消延迟草图计算功能，用户再次选择【工具】|【更新】|【延迟草图评估】菜单命令，修改尺寸后的效果会马上显示在绘图区。

2.3.4　草图定位

1. 草图定位概述

当指定草图平面，绘制草图对象和对草图对象施加尺寸约束和几何约束后，就可以指定草图与其他几何对象的相对位置，它们被称为草图定位。UG 为用户提供了 9 种定位方式，分别是水平、竖直、平行、垂直、远距平行、角度、点到点、点到线上以及直线到直线。

下面介绍创建定位尺寸和编辑定位尺寸的方法。

2. 创建定位尺寸

在【草图生成器】工具条中，单击【创建定位尺寸】按钮，打开如图 2.37 所示的【定位】对话框。

在【定位】对话框中有 9 个按钮，它们分别代表 9 种定位方式。各按钮的含义如图 2.38 所示。在后面的章节中将详细介绍这些定位方式的操作方法，这里不再赘述。

图 2.37　【定位】对话框

图 2.38　9 种定位按钮

> **注 意**
>
> 　　如果选择的目标对象是实体面或者实体边时，这些实体特征必须在草图定位之前就创建好，否则将弹出如图 2.39 所示的【定位尺寸】对话框。在如图 2.39 所示的【定位尺寸】对话框中，系统提示用户"不能从较后的特征中定位对象。"的信息，必须调整草图和实体特征的创建顺序。

图 2.39　【定位尺寸】对话框

3. 编辑定位尺寸

草图定位尺寸创建好以后，如果想编辑草图定位尺寸，可以在草图绘制环境中选择【工具】|【定位尺寸】|【编辑】菜单命令，打开如图 2.40 所示的【编辑表达式】对话框。系统提示用户输入新的定位值。

图 2.40　【编辑表达式】对话框

在【编辑表达式】对话框中的文本框中输入合适的数值后，单击【确定】按钮即可完成草图定位尺寸的编辑。

2.4　曲线设计

曲线设计功能主要包括曲线的构造、编辑和其他操作方法。在 UG NX 6.0 软件中，曲线的构造中有点、点集以及各类曲线的生成功能，包括直线、圆弧、矩形、多边形、椭圆样条曲线和二次曲线等；在曲线的编辑功能中，用户可以实现曲线修剪、编辑曲线参数和拉伸曲线等多种曲线编辑功能。在 UG 软件中，曲线的操作功能还包括曲线的连接、投影、简化和偏移等操作。

2.4.1　创建基本曲线

曲线的设计主要通过【曲线】和【编辑曲线】两个工具条中的功能按钮来完成。这些工具条分别用于曲线的构造和编辑，如图 2.41 和图 2.42 所示。另外，部分操作命令可以通过选择【插入】|【曲线】菜单命令，在弹出的子菜单中进行选择，如图 2.43 所示。

图 2.41　【曲线】工具条

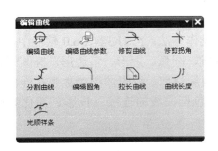

图 2.42 【编辑曲线】工具条

图 2.43 【曲线】子菜单

1. 直线

在【曲线】工具条中单击【基本曲线】按钮 ，打开【基本曲线】对话框，如图 2.44 所示，单击其中的【直线】按钮，出现如图 2.45 所示的直线【跟踪条】对话框。

图 2.44 构造直线的【基本曲线】对话框

图 2.45 直线【跟踪条】对话框

直线构造的方法有很多，这里主要介绍几种常用的方法。

1) 过两点创建直线

过两点创建直线有以下两种方法。

- 在【点方法】下拉列表中选择点的选取模式，分别在绘图区中选择直线的起始点和结束点。
- 直接在【跟踪条】对话框的 XC 文本框、YC 文本框和 ZC 文本框中输入起始点和结束点的坐标。

2) 过一点创建与 XC、YC 或 ZC 平行的直线

在【点方法】下拉列表中选择点的选取模式，或者直接在【跟踪条】对话框的 XC 文本框、YC 文本框和 ZC 文本框中输入起始点后，再在【基本曲线】对话框的【平行于】选项中选择平行的轴线，最后在【跟踪条】对话框的【长度】文本框中输入直线段的长度。

2. 圆弧

在【基本曲线】对话框中，单击【圆弧】按钮，【基本曲线】对话框变为如图 2.46 所示的情况，【跟踪条】对话框变为如图 2.47 所示的情况。

- 【整圆】复选框：选中该复选框，则创建圆弧时系统会以全圆的形式显示该圆弧。该复选框是在【线串模式】复选框取消时才能被激活的。
- 【备选解】按钮：当选择了绘图区中的两点后，单击【备选解】按钮，系统会显示与没有单击该按钮时创建圆弧互补的那段圆弧。
- 【创建方式】：该选项可让用户选择采用何种方式来创建圆弧，系统提供的【起点、终点、弧上的点】和【圆心、起点、终点】两个单选按钮，即两种创建圆弧方式。圆弧的构造方式除以上两种外，还可直接在【跟踪条】对话框的 XC 文本框、YC 文本框和 ZC 文本框中输入圆心坐标，在【半径】或【直径】文本框中输入半径或直径值，在【起始角】文本框和【终止角】文本框中分别输入起始圆弧角和终止圆弧角，系统也能按给定条件创建圆弧。

图 2.46　构造圆弧的【基本曲线】对话框

图 2.47　构造圆弧的【跟踪条】工具条

3. 圆形

在【基本曲线】对话框中，单击【圆】按钮◙，接下来的操作过程跟圆弧相类似，而且更为简单。

4. 倒圆角

在【基本曲线】对话框中，单击【圆角】按钮◻，打开【曲线倒圆】对话框，如图 2.48 所示。倒圆角有三种方式：简单倒圆角、两曲线倒圆角和三曲线倒圆角。

1）简单倒圆角

简单倒圆角方式主要用于在两条共面但不平行的直线间的倒圆角。当选择这种倒圆角方式时，在【半径】文本框中输入圆角半径或单击【继承】按钮后选择一个已存在的圆角，以其半径作为当前圆角半径后，将选择球移至欲倒圆角的两条直线交点处，单击鼠标左键即可完成倒圆角。

2）两曲线倒圆角

两曲线倒圆角方式操作为：在【半径】文本框中输入圆角半径，或者单击【继承】按钮后选择一个已存在的圆角，以其半径作为当前圆角半径。接下来先选择第 1 条曲线，然后选择第 2 条曲线，再设定一个大概的圆心位置即可。

图 2.48 【曲线倒圆】对话框

3）三曲线倒圆角

三曲线倒圆角方式是用三条曲线来构造圆角，操作方法与上面的两曲线倒圆角类似，依次选择 3 条曲线，再确定一个倒角圆心的大概位置，系统会自动进行倒圆角操作。

5. 修剪

在【基本曲线】对话框中，单击【修剪】按钮◻，打开【修剪曲线】对话框，如图 2.49 所示。修剪曲线操作是按照【修剪曲线】对话框的要求完成的，主要包括 4 个步骤

（1）选择要修剪的曲线，可以是一条或者多条。

（2）选择第 1 边界对象。

（3）选择第 2 边界对象。

（4）针对对话框中的设置选项，按要求设置以下的选项，包括【关联】复选框、【修剪边界对象】复选框、【保持选定边界对象】复选框和【输入曲线】下拉列表框等。

图 2.49 【修剪曲线】对话框

6. 编辑曲线参数

在【基本曲线】对话框中，单击【编辑曲线参数】按钮 ，【基本曲线】对话框变为编辑曲线参数环境下的对话框方式，如图 2.50 所示。下面对其主要的选项进行介绍。

图 2.50 编辑曲线参数的【基本曲线】对话框

1) 【编辑圆弧/圆，通过】选项组

【编辑圆弧/圆，通过：】选项组用于设置编辑曲线的方式，包括【参数】单选按钮和【拖

动】单选按钮。

2)　【补弧】按钮

【补弧】按钮用于显示某一圆弧的互补圆弧。

3)　【编辑关联曲线】选项组

【编辑关联曲线】选项组用于设置编辑关联曲线后，曲线间的相关性是否存在。如果选择【根据参数】单选按钮，那么原来的相关性仍然会存在；如果选择【按原先的】单选按钮，原来的相关性将会被破坏。

2.4.2　样条曲线

样条曲线在 UG NX 6.0 软件曲线设计中起着非常大的作用。样条曲线种类很多，UG NX 6.0 软件采用 NURBS 样条。NURBS 使用广泛，曲线拟合逼真，形状控制方便，能够满足绝大部分文际产品的设计要求。因此，NURBS 已经成为当前 CAD / CAM 领域描述曲线和曲面的标准。

在 UG NX 6.0 软件中，样条曲线的操作是通过在【曲线】工具条中单击【样条】按钮 ～，弹出的【样条】对话框如图 2.51 所示。

图 2.51　【样条】对话框

1. 样条曲线的构造方法

样条曲线的构造方法有四种，分别是根据极点、通过点、拟合和垂直于平面。前面三种构造方法如图 2.52 所示。

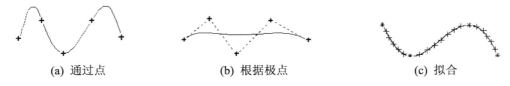

(a) 通过点　　　　　(b) 根据极点　　　　　(c) 拟合

图 2.52　样条曲线的三种构造方法

1)　根据极点

根据极点方法是样条不通过定义的极点，定义的极点作为样条的控制多边形顶点，这种构造方法有助于控制样条的整体形状。

2)　通过点

通过点方法是样条通过每个定义点，常用于逆向工程中的仿形设计。

3)　拟合

拟合方法是将一系列定义点拟合成样条的方法，所有在样条上的点和定义点之间点的距离平方之和是最小的。该方法有助于减少定义样条所需的点阵，并确保样条的光顺。

4) 垂直于平面

垂直于平面构造方法是指样条上的点垂直于用户定义的平面集。

2. 样条曲线的类型

根据极点和通过点方法构造的样条可以采用单段和多段方式构造。

- 单段方式：单段样条的阶次由定义点的数量控制。阶次=点数-1，因此单段样条最多只能使用 25 个点，样条的构造受到一定的限制，样条形状常常出现意外结果。另外，单段样条不能封闭。因此，一般不建议采用单段方法。
- 多段方式：该方式是最常用的方法，样条定义点的数量没有限制，用户可以自己定义样条的阶次(小于或等于24)。但是必须注意，样条定义点的数量至少比阶次多一点。建议采用 3 次样条。

3. 选点和拟和方式

在拟合方法构造样条曲线时，选点方式有全部成链、在矩形内的对象成链、在多边形内的对象成链、点构造器以及文件中的点等几种形式。如图 2.53 所示为拟和方法的【样条】对话框。

用拟和的方法创建样条时，拟和的方法有三种：根据公差、根据分段和根据模板。图 2.54 所示为【用拟和的方法创建样条】对话框，下面对对话框中的主要选项进行说明。

图 2.53　拟和方法的【样条】对话框　　　图 2.54　【用拟和的方法创建样条】对话框

1) 拟合方法

【拟合方法】选项组用来选择样条曲线的拟合方式，系统提供了以下三种拟合方法。

- 【根据公差】单选按钮：该方式用来根据样条曲线与数据要求的最大许可误差生成样条。选中【根据公差】单选按钮，可在【曲线阶数】和【公差】文本框中分别输入曲线阶数和最大许可公差。
- 【根据分段】单选按钮：该方式用于根据样条曲线的节段数生成样条，选中【根据分段】单选按钮后，可在【曲线阶数】和【分段】文本框中输入曲线阶数和曲线的分段数目来控制样条。
- 【根据模板】单选按钮：该方式用来根据模板样条曲线生成曲线阶数和结点顺序均与模板曲线相同的样条。选中【根据模板】单选按钮后，系统提示用户选择模板样条曲线。

2) 【赋予端点斜率】按钮

该按钮用来指定样条曲线起点和终点的斜率值。

3) 【更改权值】按钮

该按钮用来设置所选数据点对样条曲线形状影响的加权因子。加权因子越大，样条曲线越接近所选数据点，反之则远离。若加权因子为 0，则在拟合时系统会忽略所选数据点。

2.4.3 二次曲线

二次曲线是指用一个平面去切割一圆锥体而得到的曲线，包括圆、椭圆、抛物线和双曲线。二次曲线的类型取决于切割圆锥体的平面与圆锥体底平面所成的夹角。一般的二次曲线灵活性大，构造方法也有所不同。

圆、椭圆、抛物线和双曲线这些二次曲线的构造是通过参数输入的方式来构造的。下面对这些二次曲线的构造过程进行说明。

1. 椭圆

在【曲线】工具条中单击【椭圆】按钮 ⊙，打开【点】对话框，输入椭圆中心点的坐标值，单击【确定】按钮，弹出【椭圆】对话框，依次输入椭圆参数，包括：长半轴、短半轴、起始角、终止角、旋转角度，如图 2.55 所示。

2. 抛物线

抛物线的构造过程同椭圆构造相类似，只是弹出的【抛物线】对话框参数设置有诸多差别，如图 2.56 所示，这里就不再赘述。

图 2.55　【椭圆】对话框

图 2.56　【抛物线】对话框

3. 双曲线

双曲线构造过程也同椭圆情况相类似，图 2.57 所示为【双曲线】对话框，这里不再赘述。

图 2.57　【双曲线】对话框

4. 一般二次曲线

一般二次曲线的构造不同于前面所讲到的二次曲线的构造方法，它是通过各种放样方法或通用二次曲线公式建立二次曲线。根据输入数据的不同，曲线构造点结果为圆、椭圆、抛物线和双曲线，但这种方法更加灵活，可以用 7 种方法来完成操作。图 2.58 所示为【一般二次曲线】对话框，下面简要介绍几种构造方法。

- 5 点方式：该方式通过定义同一平面上的 5 个点来建立二次曲线，使用点构造器定义点。如果构造的二次曲线是圆、椭圆和抛物线，结果将通过 5 个点；如果构造的二次曲线是双曲线，则只有一条，而且结果将通过部分定点。

- 4 点，1 个斜率方式：该方式通过定义同一平面上的 4 个点和第一点的斜率建立二次曲线。起始点的斜率有四种方法，分别是矢量分量、方向点、曲线的斜率以及角度。图 2.59 所示为斜率定义的【一般二次曲线】对话框。

图 2.58　【一般二次曲线】对话框　　图 2.59　斜率定义的【一般二次曲线】对话框

(3) 3 点，2 个斜率方式：该方式通过定义同一平面上 3 个点、第一点的斜率和第三点的斜率来创建二次曲线。

(4) 3 点，顶点方式：该方式通过使用两个点和一个顶点创建二次曲线。其中点用于确定起点和终点的斜率，用起点与顶点的连线来确定起点的斜率，用终点与顶点的连线来确定终点的斜率。顶点的位置影响曲线的形状和圆度。

(5) 2 点，锚点，Rho 方式：该方式通过使用 2 点来定义二次曲线的起点和终点，一个顶点定义起点和终点的斜率，一个 Rho 定义二次曲线的第三点。其中，Rho 叫做投射判别式。

(6) 系数方式：系数法是根据公式 $Ax^2+Bxy+Cy^2+Dx+Ey+F=0$ 创建二次曲线的。

当选择该方式创建二次曲线时，对话框变为如图 2.60 所示的情况，在 A 文本框、B 文本框、C 文本框、D 文本框、E 文本框和 F 文本框中可输入方程的系数。

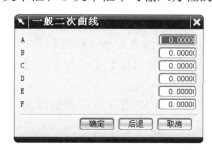

图 2.60　系数方式的【一般二次曲线】对话框

(7) 2 点，2 个斜率，Rho 方式：该方式通过使用 2 点来定义曲线的起点和终点，2 个斜率来定义起点和终点的斜率，一个 Rho 来定义曲线上的第三点。

2.5 设 计 范 例

本小节讲述一个零件的草图设计过程。通过这个设计范例的讲解，读者将更加深刻地理解【草图工具】工具条中各个按钮的含义及其操作方法，掌握设计一个零件的草图绘制过程。

2.5.1 范例介绍

本节设计的零件草图如图2.61所示。零件草图由12个部分组成，其中1为一个矩形；2、7、9、11为4个半径相同的圆弧；3、8、10、12为4个半径相同的小圆；这4个圆和圆弧的圆心相同，4、5、6为3个同心圆。

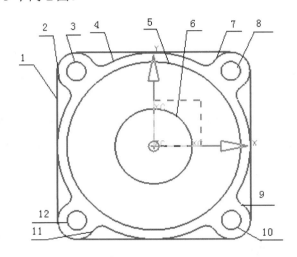

图 2.61 零件草图

通过观察图2.61所示的草图，我们的大概绘制思路如下。

(1) 先绘制长和宽均为100mm的矩形，对其进行水平距离和竖直距离的尺寸约束。

(2) 再对矩形进行倒圆角。

(3) 确定圆心后，绘制4、5、6三个圆，绘制2、3两个小圆，对其进行直径距离的尺寸约束。

(4) 由于圆2和圆3分别与圆7和圆8关于YC轴对称；圆9和圆10与圆11和圆12关于YC轴和XC轴对称，因此利用【草图工具】工具条中的【镜曲线像】命令，就可以得到圆7、圆8、圆9、圆10、圆11和圆12。

(5) 对圆4和圆2、圆7、圆9、圆11进行修剪和倒圆角。

(6) 对草图施加几何约束。

2.5.2 绘制范例中的草图

下面来根据前面绘制图形的思路来具体绘制范例中的草图。

步骤 1：创建草图平面

(1) 单击【新建】按钮，打开【新建】对话框。在【名称】文本框中输入 caohui.prt，指定单位为毫米，如图 2.62 所示，单击【确定】按钮，新建一个文件。

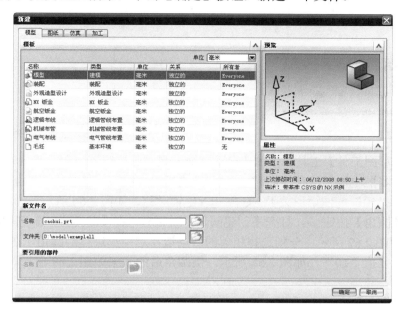

图 2.62 【新建】对话框

(2) 在【标准】工具条中单击【开始】按钮，在其下拉菜单中选择【建模】命令，进入建模环境。

(3) 单击【特征】工具条中的【草图】按钮或者选择【插入】|【草图】命令，打开如图 2.63(a)所示的【创建草图】对话框。选择默认设置，单击【确定】按钮。进入草图绘制环境，如图 2.63(b)所示。

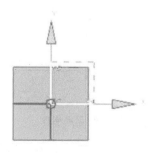

(a) 【创建草图】对话框   (b) 草图绘制环境

图 2.63 指定草图平面

步骤 2：绘制草图，并进行尺寸约束

（1）在【草图工具】工具条中单击【矩形】按钮□，打开【矩形】对话框，在【矩形方法】选项组中单击【用 2 点】按钮▭，如图 2.64 所示。在绘图区绘制一个矩形，如图 2.65 所示。

图 2.64　【矩形】对话框

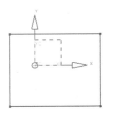

图 2.65　绘制的矩形

（2）单击【草图工具】工具条中的【自动判断的尺寸】按钮，分别选择矩形的两条相邻边，在浮动的文本框中输入边长"100"，对草图进行尺寸约束，并且设置两条边到 XC 和 YC 轴的距离分别为"50"，使矩形关于 XC 轴和 YC 轴对称，如图 2.66 所示。

（3）单击【圆角】按钮▔，打开【创建圆角】对话框，在【圆角方法】选项组中单击【修剪】按钮▔，如图 2.67 所示。分别选择相邻的两条边，对矩形进行倒圆角，在浮动的【半径】文本框中输入半径值"10"，如图 2.58 所示。倒圆角后的效果如图 2.69 所示。

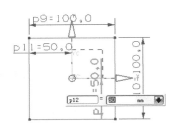

图 2.66　对矩形进行尺寸约束

图 2.67　【创建圆角】对话框和【半径】文本框

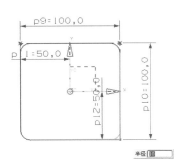

图 2.68　倒圆角操作

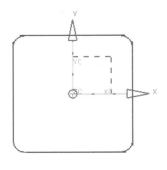

图 2.69　倒圆角后的效果

（4）单击【圆】按钮○，打开【圆】对话框，在【圆方法】选项组中单击【圆心和直径定圆】按钮◉，如图 2.70 所示。以原点为圆心绘制三个圆，如图 2.71 所示。

图 2.70　【圆】对话框

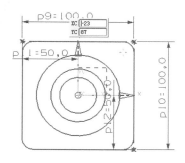

图 2.71　绘制的三个圆

（5）单击【草图工具】工具条的【自动判断的尺寸】按钮，打开【尺寸】对话框，如图 2.72 所示，分别输入圆的直径为"40"、"90"、"100"，对三个圆进行直径尺寸约束，如图 2.73 所示。

图 2.72　【尺寸】对话框

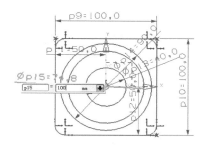

图 2.73　对三个圆进行尺寸约束

（6）以倒圆角圆心为圆点绘制两个小圆，单击【自动判断的尺寸】按钮，分别输入直径值为"10"和"20"，对圆进行直径尺寸约束。绘制方法与上述方法相同，这里不再赘述，绘制圆后的效果如图 2.74 所示。

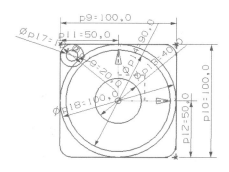

图 2.74　绘制完圆后的效果

步骤 3：草图操作

（1）在【草图工具】工具条中单击【镜像曲线】按钮，打开如图 2.75 所示的【镜像曲线】对话框。

图 2.75　【镜像曲线】对话框

(2)　单击【镜像中心线】按钮⊕，选择 YC 轴作为镜像中心线，单击【选择曲线】按钮∫，在绘图区选择第(1)步绘制的两个小圆作为要镜像的曲线，单击【确定】按钮，镜像效果如图 2.76 所示。按照相同的方法，以 XC 轴为镜像中心线，四个小圆为要镜像的曲线进行镜像操作，效果如图 2.77 所示。

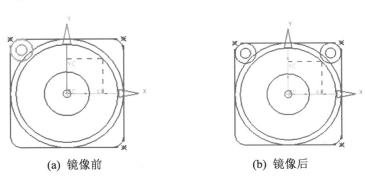

(a)　镜像前　　　　　　　　　　　　(b)　镜像后

图 2.76　镜像的两个圆

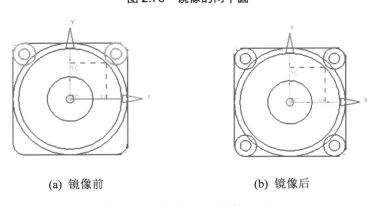

(a)　镜像前　　　　　　　　　　　　(b)　镜像后

图 2.77　镜像圆的最终效果图

(3)　单击【快速修剪】按钮✂，打开【快速修剪】对话框，如图 2.78 所示。在【要修剪的曲线】选项组中单击【选择曲线】按钮∫，在草图上分别选择需要修剪的曲线，依次进行修剪。修剪效果如图 2.79 所示。

(4)　单击【圆角】按钮⌐，打开【创建圆角】对话框，单击【修剪】按钮⌐，如图 2.80 所示。选择相邻的两条边，在浮动的【半径】文本框中输入半径值"5"，如图 2.81 所示。依次对草图进行倒圆角，倒圆角后的效果如图 2.82 所示。

图 2.78 【快速修剪】对话框

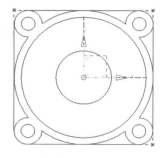

图 2.79 修剪曲线后的效果

图 2.80 【创建圆角】对话框

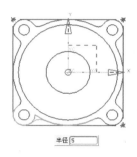

图 2.81 倒圆角操作

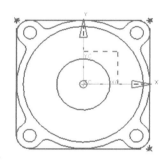

图 2.82 倒圆角后的效果

步骤 4：施加几何约束

完成草图的绘制后，我们来约束草图对象。

(1) 在【草图工具】工具条中单击【约束】按钮，【提示栏】中显示："草图需要 17 个约束"的信息，如图 2.83 所示。

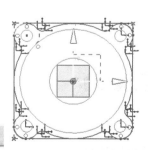

图 2.83 草图需要 17 个约束

(2) 我们首先对几个圆和圆弧进行同心约束。在绘图区选择圆弧 2 和圆 3，此时系统打开【约束】对话框，如图 2.84 所示，单击【同心】按钮◎，完成圆弧 2 和圆 3 的同心约束操作。

图 2.84 【约束】对话框

(3) 重复以上步骤，分别对圆弧 7 和圆 8、圆弧 9 和圆 10、圆弧 11 和圆 12、圆弧 4 与圆 5 和圆 6 进行同心约束操作。效果如图 2.85 所示。

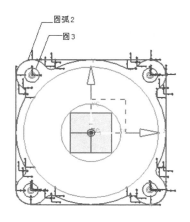

图 2.85 同心约束后的效果

(4) 分别选择圆弧 2、圆 7、圆 9、圆 11 这 4 个直径为"20"的圆弧，系统打开【约束】对话框，如图 2.86 所示，此时显示出【固定】、【完全固定】、【同心】、【等半径】4 个约束按钮。单击【等半径】按钮◎，完成 4 个直径为"20mm"的小圆的等半径约束。

(5) 分别选择圆 3、圆 8、圆 10、圆 12 这 4 个圆，对这 4 个圆进行等半径约束，方法与第(4)步相同，这里不再赘述。效果如图 2.87 所示。

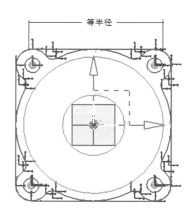

图 2.86 【约束】对话框　　　　图 2.87 【等半径】约束后的效果

(6) 对一些主要的约束进行手工约束后，其他的几何约束用草图的【自动约束】来完成即可。单击【自动约束】按钮，打开如图 2.88 所示的【自动约束】对话框。使用系统的默认选项，选择剩余的草图曲线，直接单击【确定】按钮，完成草图的【自动约束】操作。最终效果如图 2.89 所示。

图 2.88　【自动约束】对话框

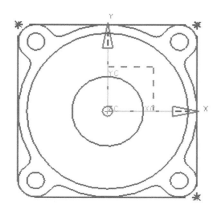

图 2.89　最终效果

2.6　本 章 小 结

本章首先讲解了草图绘制的作用，特别强调的是草图绘制在拉伸、旋转或扫掠等生成实体造型时特别有用，这是因为草图设计具有参数化的特征，修改起来非常方便。在对草图绘制有个大致的了解后，我们接着介绍了草图设计、草图约束和草图定位，其中草图的尺寸约束和几何约束是本章的难点和重点，这对设计满足要求的零件也非常重要，用户应该反复琢磨各个约束的含义和练习它们的操作方法。另外，本章还讲解了曲线的一些设计方法。本章的最后介绍了一个零件草图的设计范例，从范例的介绍到具体的制作步骤都有详细的说明。

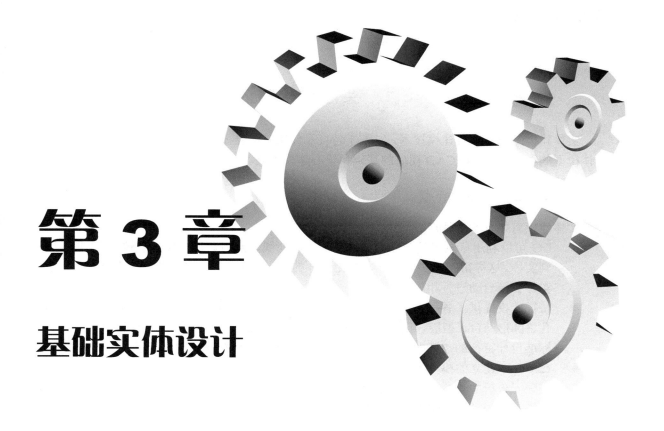

第 3 章

基础实体设计

　　UG NX 6.0 中文版具有强大的实体创建功能，可以创建各种实体特征，如长方体、圆柱体、圆锥、球体、管体、孔、圆形凸台、型腔、凸垫和键槽等。通过对点、线、面的拉伸、旋转和扫掠，也可以创建用户所需要的实体特征。此外，UG 提供的布尔运算功能，可以将用户已经创建好的各种实体特征进行加、减和合并等运算，使用户具有更大、更自由的创造空间。

　　UG NX 6.0 在原有版本的基础上进行了改进，使操作界面更加方便快捷，操作功能更加强大。用户可以更加高效快捷、轻松自如地按照自己的设计意图来完成实体特征的创建。

　　本章首先概述了 UG 创建实体特征的特点和工具条，然后详细介绍基本实体特征、扫描特征和布尔运算，最后介绍了创建实体特征的一个范例，使读者掌握创建实体特征的过程和方法。

3.1 实体建模概述

实体建模是一种复合建模技术，它基于特征和约束建模技术，具有参数化设计和编辑复杂实体模型的能力，是 UG CAD 模块的基础和核心建模工具。

3.1.1 实体建模的特点

实体建模有如下 5 个特点。

- UG 可以利用草图工具建立二维截面的轮廓曲线，然后通过拉伸、旋转或者扫掠等得到实体。这样得到的实体具有参数化设计的特点，当草图中的二维轮廓曲线改变以后，实体特征自动进行相应的更新。
- 特征建模提供了各种标准设计特征的数据库，如长方体、圆柱体、圆锥、球体、管体、孔、圆形凸台、型腔、凸垫和键槽等，用户在建立这些标准设计特征时，只需要输入标准设计特征的参数即可得到模型，方便快捷，从而提高了建模速度。
- 在 UG 中建立的模型可以直接被引用到 UG 的二维工程图、装配、加工、机构分析和有限元分析中，并保持关联性。如在工程图上利用 Drafting 中的相应选项，可从实体模型提取尺寸、公差等信息并标注在工程图上，实体模型编辑后，工程图尺寸自功更新。
- UG 提供的特征操作和特征修改功能，可以对实体模型进行各种操作和编辑，如倒角、抽壳、螺纹、比例、裁剪和分割等，从而简化了复杂实体特征的建模过程。
- UG 可以对创建的实体模型进行渲染和修饰，如着色和消隐，方便用户观察模型。此外，还可以从实体特征中提取几何特性和物理特性，进行几何计算和物理特性分析。

3.1.2 建模的工具条

UG 的操作界面非常方便快捷，各种建模功能都可以直接使用工具条上的按钮来实现。UG 提供的建模工具条主要有三个：【特征】工具条、【特征操作】工具条和【编辑特征】工具条。下面将分别简要介绍这三种工具条。

需要注意的是，系统默认只显示【特征】工具条，如果需要显示【特征操作】工具条和【编辑特征】工具条，用户还需要进行相应的设置。设置方法如下。

新建文件后，单击【开始】按钮，在打开的【开始】菜单中选择【建模】，UG 进入建模环境。在非图形区单击右键，打开如图 3.1 所示的快捷菜单。

> **提示**
>
> 如果在【开始】下拉菜单中的最常用的设计模块中没有显示【建模】模块，则此时的模型正处于【建模】模块中。

从图 3.1 中可以看到，【特征】选项已经被启用，这表明【特征】工具条已经显示在 UG 界面的工具条中了。如果用户需要显示【特征操作】和【编辑特征】工具条，只要选择图 3.1 所示的【特征操作】选项和【编辑特征】选项即可。

图 3.1　快捷菜单

1.【特征】工具条

【特征】工具条用来创建基本的建模特征，它在 UG 界面中的显示如图 3.2 所示。

图 3.2　【特征】工具条中的按钮

图 3.2 中只显示了一部分特征的按钮，如果用户需要添加其他的特征按钮，单击如图 3.2 所示的下三角形按钮，在打开的【添加或移除按钮】菜单中选择【添加或移除按钮】|【特征】菜单命令，系统打开特征的所有按钮，如图 3.3 所示。

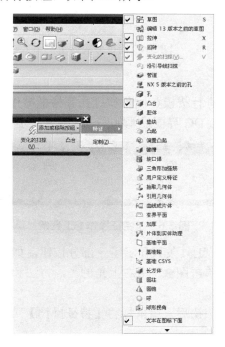

图 3.3　特征的所有按钮

在图 3.3 中可以看到，只有【草图】、【拉伸】、【回转】、【变化的扫掠】和【凸台】5个按钮被启用，这是系统默认显示的特征。如果用户需要显示其他的特征，只需要选择相应的选项即可。

【特征】工具条也可以用鼠标拖动到窗口的其他位置。当添加所有的特征按钮后，用鼠标将【特征】工具条拖动到绘图区后，【特征】工具条如图 3.4 所示。

如图 3.4 所示，特征的按钮按照草图、扫描特征、成型特征、用户定义特征、参考特征和基本体素等分类排列在一起，这样既简单明了，又方便用户选取某一类特征的按钮。

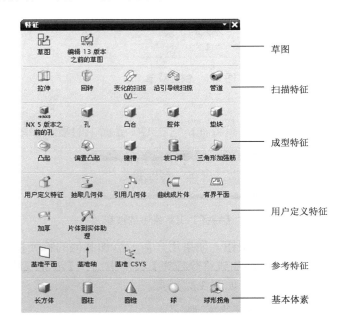

图 3.4　特征分类显示

2.【特征操作】工具条

【特征操作】工具条用来进行拔模、倒角和打孔等特征操作。当在如图 3.1 所示的快捷菜单中选择【特征操作】选项后，UG 界面显示如图 3.5 所示的【特征操作】工具条。

图 3.5　【特征操作】工具条

图 3.5 所示的【特征操作】工具条只显示了一部分按钮，如果用户需要在【特征操作】工具条中添加或删除某些按钮，单击图 3.5 中右上角的▾，方法和添加或删除【特征】工具条中的按钮相类似，此处不再赘述。

当添加完所有的特征操作按钮后，用鼠标将【特征操作】工具条拖动到绘图区后，【特征操作】工具条如图 3.6 所示。

图 3.6　所有的特征操作按钮

3. 【编辑特征】工具条

　　【编辑特征】工具条用来编辑特征参数、编辑特征位置和替换特征等。当在图 3.1 所示的快捷菜单中启用【编辑特征】选项后，UG 界面显示如图 3.7 所示的【编辑特征】工具条。

图 3.7　【编辑特征】工具条

　　同样，图 3.7 所示的【编辑特征】工具条只显示了一部分按钮，如果用户需要在【编辑特征】工具条中添加或删除某些按钮，单击图 3.7 中右上角的下三角按钮 ，方法和添加或删除【特征】工具条中的按钮相类似，此处不再赘述。

　　当添加完所有的编辑特征按钮后，用鼠标将【特征操作】工具条拖到图形区后，【编辑特征】工具条如图 3.8 所示。

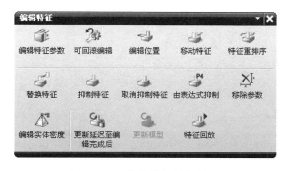

图 3.8　所有的编辑特征按钮

3.1.3 部件导航器

部件导航器以树状结构表示各模型特征之间的关系，各个模型特征以节点的形式存在于部件导航器中。部件导航器中的节点和图形界面中的模型特征相对应。在部件导航器中选中一个节点，该节点对应的模型特征在图形区高亮度显示。反之，在图形区选择一个模型特征，部件导航器中对应的节点也相应地被选中。这样就可以在部件导航器中方便快捷地对特征进行编辑，如编辑参数、抑制、隐藏、复制、粘贴、删除和重命名等。编辑后的特征立即更新，用户可以很直观地看到编辑后的效果，更有利于用户编辑特征。

1. 打开部件导航器

在 UG 界面的左侧单击【部件导航器】按钮，系统自动打开如图 3.9 所示的【部件导航器】设置界面。

从图 3.9 可以看到，各个特征以树状结构相互连接。【+】表明该结构中还有子结构，单击【+】可以展开其中的子结构，同时【+】变为【-】。

2. 导航器的快捷菜单

在【部件导航器】中选中一个节点后，右击，系统打开如图 3.10 所示的快捷菜单。

在图 3.10 中的快捷菜单中选择相应的选项，就可以对选中的特征进行抑制、隐藏、编辑参数、复制、粘贴、删除和重命名等操作。

> **注 意**
>
> 当选择不同的节点，单击鼠标右键后系统打开的快捷菜单也不相同。

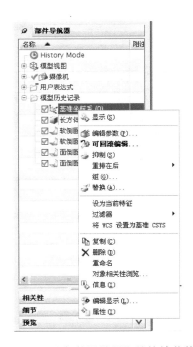

图 3.9　【部件导航器】设置界面　　　　图 3.10　【部件导航器】的快捷菜单

3.2 体 素 特 征

基本体素是一个基本解析形状的实体对象，本质上是可分析的。它可以用来作为实体建模的初期形状，即可看作是一块毛坯，再通过其他的特征操作或布尔运算得到最后的加工形状。当然，基本体素特征也可用于建立简单的实体模型。因此，在零件建模时，我们通常在初期建立一个体素作为基本形状，这样可以减少实体建模中曲线创建的数量。在创建体素时，必须先确定它的类型、尺寸、空间方向与位置。

UG NX 6.0 中文版提供的基本体素有：长方体、圆柱体、圆锥和球体。

注 意

在实体建模中，虽然可以建立多个基本体素，但最好只建立一个；基本体素建立时按照参数化进行设计，可以设置其原点来规定模型位置。

3.2.1 长方体

长方体特征是基本体素中的一员，在【特征】工具条中单击【长方体】按钮 ，打开【长方体】对话框，如图 3.11 所示。

图 3.11 　【长方体】对话框

1. 【长方体】对话框介绍

【长方体】对话框包括【类型】、【原点】、【尺寸】、【布尔】和【预览】等选项组。

● 类型：指长方体特征的创建类型，有【原点和边长】方式、【二点和高度】方式和【两个对角点】方式三类，当选择不同的方式时，它们的对话框形式不同，图 3.12 和图 3.13 所示分别表示【二点和高度】方式和【两个对角点】方式。

● 原点：用来指定长方体的原点位置。

● 尺寸：长方体体素的参数包括长度、宽度和高度。

● 布尔：可以进行布尔运算。

● 预览：可以进行结果预览。

2. 长方体特征操作方法

在【长方体】对话框中选择三种类型中的一种，默认选择为【原点和边长】方式，若选择默认方式，则在【原点】选项组中指定长方体位置点，输入长度、宽度、高度参数值，单击【应用】按钮即可完成长方体特征的创建。

图 3.12　【二点和高度】方式【长方体】对话框　　图 3.13　【两个对角点】方式【长方体】对话框

UG NX 6.0 中文版的【长方体】对话框中的【类型】下拉列表框中有【显示快捷键】选项，如图 3.14 所示，当用户选择此选项时，将弹出如图 3.15 所示的【长方体】对话框，这时【类型】下拉列表框将变成【类型】选项组，可以单击其按钮选择长方体的类型。如果要恢复原先的方式，可以单击【显示所有选项】按钮，在其下拉列表框中选择【隐藏快捷键】选项，如图 3.15 所示。

图 3.14　【长方体】对话框中的【类型】下拉列表框　　图 3.15　【长方体】对话框中的【类型】选项组

3.2.2　圆柱体

在【特征】工具条中单击【圆柱】按钮 ，打开【圆柱】对话框，如图 3.16 所示。

图 3.16　【圆柱】对话框

【圆柱】对话框中的【类型】下拉列表框中显示了创建圆柱体的两种方式：【轴、直径和高度】方式和【圆弧和高度】方式，如图 3.17 所示。

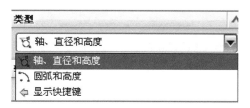

图 3.17　创建圆柱体的两种方式

1．轴、直径和高度

轴、直径和高度方式是按指定轴线方向、高度和直径的方式创建圆柱体。该操作方法是：单击【圆柱】对话框中的【矢量构造器】按钮，打开【矢量】对话框，如图 3.18 所示。在【类型】下拉列表框中列出了各种方向的矢量，以此确定圆柱的轴线方向。在【圆柱】对话框中的【尺寸】选项组中输入参数。单击【圆柱】对话框上的【点构造器】按钮，打开如图 3.19 所示的【点】对话框，确定圆柱体的原点位置。如果 UG 环境里已经有实体，则会询问是否进行布尔操作，在【布尔】下拉列表框中选择需要的操作，即可完成圆柱体的创建。

2．圆弧和高度

圆弧和高度方式是按指定高和圆弧的方式创建圆柱体。在【类型】下拉列表框中选择【圆弧和高度】选项，打开的【圆柱】对话框如图 3.20 所示。输入高度值，选择圆弧，可以通过单

击【圆弧】选项下的【反向】按钮来表示方向与图所示相同；反之，则表示方向与图所示相反。

图 3.18　【矢量】对话框

图 3.19　【点】对话框

图 3.20　【圆弧和高度】方式的【圆柱】对话框

3.2.3　圆锥

圆锥的创建稍微复杂些，在【特征】工具条中单击【圆锥】按钮，可打开【圆锥】对话框，如图 3.21 所示。圆锥特征的操作结果可以是圆锥体或者是圆台体。

图 3.21　【圆锥】对话框

【圆锥】对话框中的【类型】下拉列表框中包括 5 个选项，分别表示 5 种创建方式。

1. 直径和高度方式

采用直径和高度方式定义圆锥需指定底部直径、顶部直径、高和圆锥方向四个参数。在【轴】选项组中单击【矢量构造器】按钮，打开【矢量】对话框来确定其方向，然后在【尺寸】选项组中输入参数值。图 3.22 所示为这种创建方式的示意图。

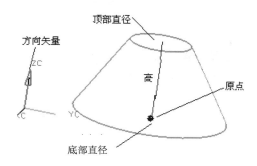

图 3.22　直径和高度方式示意图

2. 直径和半角方式

采用直径和半角方式定义圆锥需指定底部直径、顶部直径、半角和圆锥方向四个参数。这种方式跟直径和高度方式相类似，只是【尺寸】选项组中的参数有点不同，如图 3.23 所示。

图 3.23　【直径和半角】方式的【圆锥】对话框

注　意

半角的值只能取 1°～89°之间，可正可负。如果为正，则底圆大顶圆小，反之则是底圆小顶圆大。

3. 底部直径，高度和半角方式

采用底部直径，高度和半角方法要指定圆锥的底部直径、半角、高度和圆锥方向四个参数。同直径和半角方式一样，半角的值只能取 1°～89° 之间，可正可负。

> **注 意**
>
> 应防止出现顶部直径小于 0 的情况。因为当高度增加时，顶部直径减小。当顶部直径小于 0 时系统弹出错误信息，如图 3.24 所示。

图 3.24　错误信息

4. 顶部直径，高度和半角方式

采用顶部直径，高度和半角方式要指定圆锥的顶部直径、半角、高度和圆锥方向四个参数。这种方式同第三种方式及其相似，只是应注意：当使用负半角时，底部直径不能小于 0，其原因同第三种方式。

5. 两个共轴的圆弧方式

采用两个共轴的圆弧方式要指定圆锥的顶部、底部两圆弧。这种方式较简单，只需确定两圆弧就可创建圆锥，如图 3.25 所示。

> **注 意**
>
> 这种方式不需要两圆弧共轴。当它们不共轴时，系统会把第二次选定的圆弧移到与最初选择的圆弧共轴，然后画出圆锥，如图 3.26 所示。

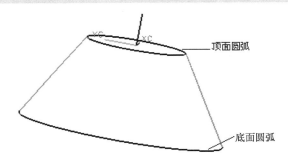

图 3.25　两个共轴的圆弧方式

图 3.26　两个不共轴的圆弧方式

3.2.4　球体

球体体素较为简单，在【特征】工具条中单击【球】按钮 ○，打开如图 3.27 所示的【球】对话框。

【球】对话框包括两种创建方式：中心点和直径方式和圆弧方式。中心点和直径方式要求输入直径值、选择中心点；圆弧方式要求选择已有圆弧曲线。

1. 中心点和直径方式

选择该方式后的参数项介绍如下。

(1) 在【球】对话框的【类型】下拉列表框中选择【中心点和直径】选项，可以进行参数设置。

(2) 选择中心点，单击【点构造器】按钮，打开【点】对话框，确定球心。

(3) 输入球直径，单击【确定】按钮完成。

2. 选择圆弧方式

选择该方式后的参数项介绍如下。

(1) 在【球】对话框的【类型】下拉列表框中选择【圆弧】选项，打开选择圆弧的【球】对话框，如图 3.28 所示。

(2) 在绘图工作区选择圆弧，单击【确定】按钮完成。

图 3.27　【球】对话框

图 3.28　选择【圆弧】创建方式的【球】对话框

3.3　扫　描　特　征

扫描特征主要针对非解析结构建模，是截面线圈沿导引线或指定方向扫掠所形成的几何体。它包括拉伸扫描、回转扫描、沿导引线扫掠和管道扫描四种操作方式。本章中主要介绍拉伸扫描、回转扫描和沿导引线扫掠三种方式。

截面线圈有多种形式，如草图，一般绘制的曲线、成链曲线、边缘线等，导引线也是一种形式。指定方向有很多，对于拉伸操作而言，它是指拉伸方向。对于回转操作而言，它是回转方向。

注 意

扫描特征操作是参数化的，完成操作后可以对其编辑参数，并且它是相关性的建模方式，它与截面线圈、导引线、指定方向等具有相关性。

3.3.1 拉伸体

拉伸体是截面线圈沿指定方向拉伸一段距离所创建的实体。在【特征】工具条中单击【拉伸】按钮▥，或选择【插入】|【设计特征】|【拉伸】菜单命令，打开如图 3.29 所示的【拉伸】对话框。

图 3.29 【拉伸】对话框

【拉伸】对话框主要包括以下几个部分：

1. 截面

【截面】选项组中的参数如下。
- 【曲线】按钮 🖾：用来选择要拉伸的截面线圈。
- 【绘制截面】按钮 🖾：单击此按钮可以进入草图环境绘制草图截面来作为截面线圈。

2. 方向

【方向】选项组中的参数如下。
- 指定矢量：用来确定拉伸方向。
- 反向：单击此按钮能够对选择好的矢量方向进行反向操作。

3. 限制

【限制】选项组用来确定拉伸的开始值和终点值。

4. 布尔

【布尔】选项组用来实现拉伸扫描所创建的实体与原有实体的布尔运算。

5. 拔模

【拔模】选项组用来在拉伸扫描时拔模，图 3.30 所示为【拔模】下拉列表框中包含的 6

种拔模角起始位置类型。

- 无。
- 从起始限制。
- 从截面。
- 从截面-不对称角。
- 从截面-对称角。
- 从截面匹配的终止处。

6. 预览

【预览】选项组用来在拉伸扫描过程中预览，如图 3.31 所示。

图 3.30　【拔模】下拉列表框

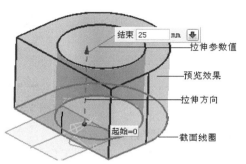

图 3.31　拉伸扫描预览

注 意

在选择拉伸方向时，如果自动选择矢量，则按垂直于截面线圈的方向拉伸，也可以按用户要求自行定义拉伸方向，如图 3.32 所示。如果截面线圈是一系列断开的线段，则拉伸体将是片体，而不是实体。只有当截面线圈首尾相连时才会拉伸成实体。

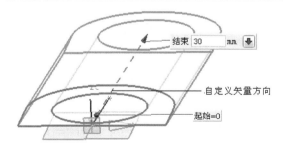

图 3.32　自定义拉伸方向

3.3.2　回转体

回转体是指截面线圈绕一轴线旋转一定角度所形成的特征体。在【特征】工具条中单击【回转】按钮，或选择【插入】|【设计特征】|【回转】菜单命令，打开如图 3.33 所示的【回转】对话框。此对话框与【拉伸】对话框非常类似，功能也一样，唯一不同的是它没有【拔模】选项，而是在【轴】选项组下多了一个【指定点】选项。

图 3.33 【回转】对话框

下面介绍其参数的设置方法。

- 选择截面线圈：在绘图工作区选择要回转扫描的线圈，即截面线圈。
- 确定旋转方向：选择顺时针或逆时针旋转。
- 输入角度限制：分别是开始值、终点值。
- 展开【偏置】选项组，输入偏置参数，它们可以是正或负，正参数代表偏置方向与虚线箭头一致，负参数代表偏置方向与虚线箭头相反。当然，这一步也可以不操作。
- 选中【预览】复选框，可以观察预览的效果。图 3.34 所示为完成的回转体预览。

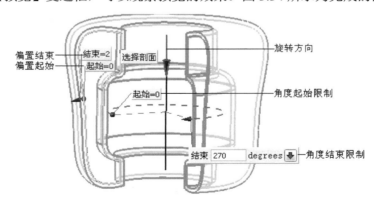

图 3.34 回转扫描

3.3.3 沿引导线扫掠

沿引导线扫掠是指截面线圈沿导引线扫描而生成实体或片体。引导线也叫路径，可以是多段光滑连接线也可以有尖角。截面线圈可以是草图、曲线、成链曲线和实体外表面等，如图 3.35 所示。

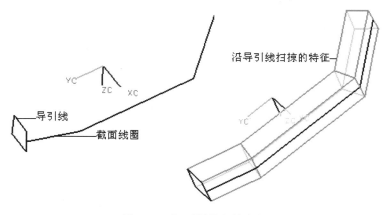

图 3.35　沿引导线扫掠实例

注 意

(1) 引导线多段连接时不能出现锐角，否则，扫掠时有可能会出现错误，如图 3.36 所示。

(2) 引导线一般要求与截面线圈相交，如果不相交，则扫掠结果与相交时可能不同，如图 3.37 所示。

(3) 如果截面线圈封闭，则操作结果为实体特征；如果它不封闭，则操作结果为片体。

(4) 如果引导线为开口，截面线圈最好位于开口端，否则可能出现预想不到的扫掠结果。如图 3.38 所示。

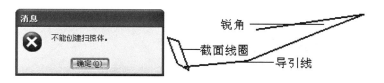

图 3.36　导引线锐角时扫掠错误

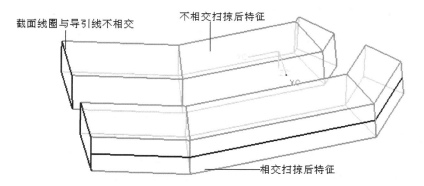

图 3.37　引导线与截面线圈相交与不相交结果比较

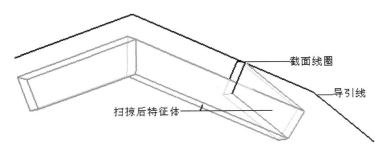

图 3.38　截面线圈不在引导线开口端扫掠结果

沿引导线扫掠操作方法包括以下步骤。

(1)　在【特征】工具条中单击【沿引导线扫掠】按钮🗃，或选择【插入】|【扫掠】|【沿引导线扫掠】菜单命令，打开【沿引导线扫掠】对话框，如图 3.39 所示，在绘图工作区选择截面线圈，单击【确定】按钮。

图 3.39　【沿引导线扫掠】对话框

(2)　再次打开【沿引导线扫掠】对话框，选择导引线圈，单击【确定】按钮。

(3)　打开偏置参数输入的【沿引导线扫掠】对话框，输入第一偏置和第二偏置的参数值，如图 3.40 所示，单击【确定】按钮即可完成沿引导线扫掠操作。

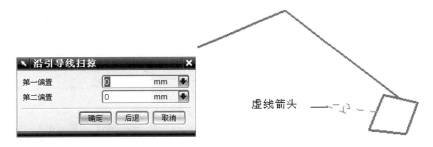

图 3.40　偏置参数输入的【沿引导线扫掠】对话框及实例

3.4　布　尔　运　算

布尔运算是对两个或多个实体(片体)组合成一个实体(片体)的操作，它包括求和运算、求差运算和求交运算。执行布尔操作时，必须选择一个目标体，工具体可以是多个。其中目标体是指需要与其他体组合的实体或片体，工具体则是用来改变目标体的实体或片体。

进行布尔操作的目标体和工具体之间必须要有接触或相交。布尔操作通常隐含在其他特征操作中。当建立的新特征与原有体发生接触或相交关系时，通常操作的最后一步是完成布尔操作。

3.4.1　求和运算

求和运算是指实体的合并，要求目标体和工具体接触或相交。在【特征操作】工具条中单击【求和】按钮 ，在其下拉菜单中选择【求和】选项，如图 3.41 所示，或选择【插入】｜【组合体】｜【求和】菜单命令，打开【求和】对话框，如图 3.42 所示，按顺序选择目标体和工具体，单击【确定】按钮完成求和操作。

【求和】对话框包括【目标】、【刀具】、【设置】和【预览】几个选项组。

1. 目标

【目标】选项组用来选择目标体。在对话框中单击【目标】按钮，选择目标体。

2. 刀具

【刀具】选项组用来选择工具体。在对话框中单击【刀具】按钮，选择工具体。

3. 设置

选中【设置】选项组中的【保持工具】复选框时，完成求和运算后保留工具体。选中【保持目标】复选框时，完成求和运算后保留目标体。

图 3.41　布尔运算下拉菜单　　　　图 3.42　【求和】对话框

> **注意**
>
> 求和操作只针对实体而言，不能对片体进行操作，而片体合并操作只能运用布尔运算下拉列表框中的【缝合】选项来完成。

3.4.2　求差运算

求差运算是用工具体去减目标体，它要求目标体和工具体之间包含相交部分。在【特征操作】工具条中单击【求和】按钮，在其下拉菜单中选择【求差】选项，或选择【插入】｜【组合体】｜【求差】菜单命令，打开【求差】对话框，如图 3.43 所示。按求和运算同样的步骤，

可完成求差操作。

图 3.43　【求差】对话框

> **注 意**
>
> （1）如果目标体通过求差操作分成单独的几部分，则导致非参数化。
>
> （2）如果用实体减去片体，结果形成非参数化的实体；如果用片体减去实体，结果是一片体，算出并且减去片体与实体的重合部分；如果用片体减去片体，结果形成非参数化的片体。

3.4.3　求交运算

求交运算是求两相交体的公共部分。在【特征操作】工具条中单击【求和】按钮 ，在其下拉菜单中选择【求交】选项，或选择【插入】｜【组合体】｜【求交】菜单命令，打开【求交】对话框，如图 3.44 所示。按求和运算同样的步骤，可完成求交操作。

图 3.44　【求交】对话框

注意

进行求交运算时所选的工具体必须与目标体相交。如果目标体是实体，则不能与片体求交，片体与片体进行求交操作时，必须保证两片体有重合的片体区域，如果片体相交则只能形成交线。

3.5 设 计 范 例

本节我们将利用本章所学到的实体建模知识来创建一个导块零件的模型。下面将详细介绍其建模过程。

3.5.1 范例介绍

本范例以一个导块零件为例进行讲解。例子虽然造型简单，但是其中包含了一些非常重要而且常用的绘图技巧。这个范例重点讲解拉伸特征和布尔运算等，只要能够熟练运用这些命令就可以在 UG NX 6.0 中绘制许多相类似的造型。在这里最重要的不是学习这个例子本身，而是通过本例学习一种设计思路。这个范例的零件模型如图 3.45 所示。

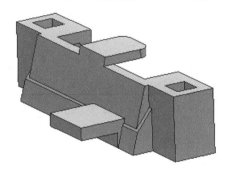

图 3.45　完成后的零件模型

3.5.2 建模步骤

下面来具体讲解这个范例的制作过程。

步骤 1：新建文件

启动 UG NX 6.0 后，单击【新建】按钮，打开【新建】对话框，在【模板】选项组中选择【模型】选项，在【名称】文本框中输入适当的名称，选择适当的文件存储路径，如图 3.46 所示，单击【确定】按钮。

步骤 2：创建基本拉伸体

(1) 选择【插入】｜【草图】菜单命令或单击【特征】工具条中的【草图】按钮，打开【创建草图】对话框。在【草图平面】选项组中的【平面选项】下拉列表框中选择【现有平面】选项，如图 3.47 所示，在绘图区选择基准 CSYS 中的 YC-ZC 平面，单击【确定】按钮，进入草图绘制环境。

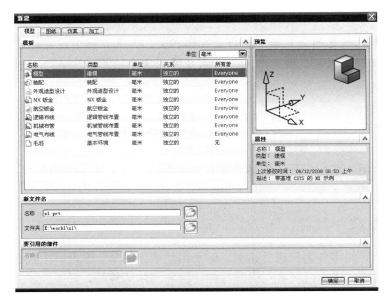

图 3.46 【新建】对话框

图 3.47 【创建草图】对话框

(2) 在草图绘制环境中绘制如图 3.48 所示的草图，单击【完成草图】按钮，返回到主窗口。

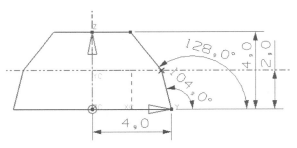

图 3.48 绘制的草图(1)

(3) 选择【插入】|【设计特征】|【拉伸】菜单命令或单击【特征】工具条中的【拉伸】按钮 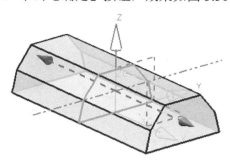，打开【拉伸】对话框，选择第(2)步绘制的草图曲线(如图 3.49 所示)，在【限制】选项组中的【结束】下拉列表框中选择【对称值】选项，在【距离】文本框中输入"9"，其他按默认设置，如图 3.50 所示，单击【确定】按钮，效果如图 3.51 所示。

图 3.49　选择草图曲线

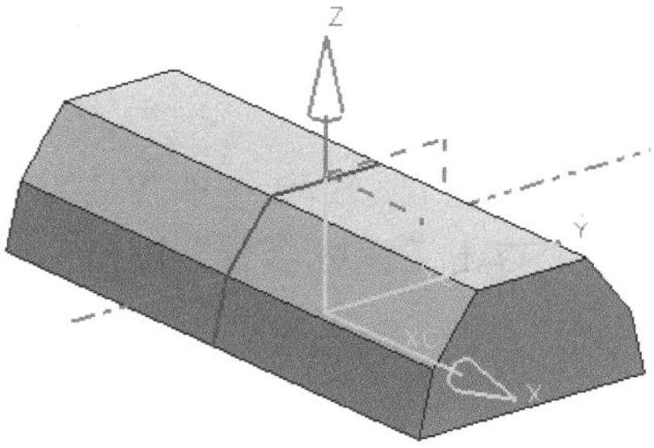

图 3.50　【拉伸】对话框中的参数设置

图 3.51　拉伸的效果(1)

(4) 同样以基准 CSYS 中的 YC-ZC 平面为草图平面，进入草图绘制环境，绘制如图 3.52 所示的草图，单击【完成草图】按钮，返回到主窗口。

(5) 使用与第(3)步相同的方法对草图进行拉伸操作，设置拉伸距离为"8.6"，效果如图 3.53 所示。

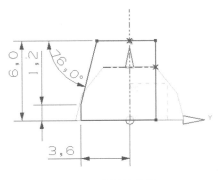

图 3.52　绘制的草图(2)

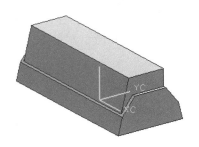

图 3.53　拉伸的效果(2)

步骤 3：进行组合修饰

(1)　选择【插入】｜【组合体】｜【求和】菜单命令或单击【特征操作】工具条中的【求和】按钮 ，打开【求和】对话框，选择步骤 2 中的第(3)步创建的拉伸体为目标体，选择步骤 2 创建的实体为刀具体，如图 3.54 所示，单击【确定】按钮。

图 3.54　【求和】对话框

(2)　同样以基准 CSYS 中的 YC-ZC 平面为草图平面，进入草图绘制环境，绘制如图 3.55 所示的草图，单击【完成草图】按钮，返回到主窗口。

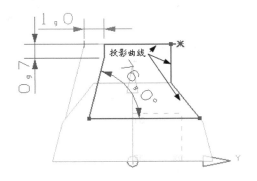

图 3.55　绘制的草图(3)

(3) 使用与前面相同的方法对草图进行拉伸操作，设置拉伸距离为"7"，效果如图 3.56 所示。

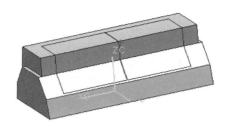

图 3.56　拉伸的效果(3)

(4) 选择【插入】|【组合体】|【求差】菜单命令或单击【特征操作】工具条中的【求差】按钮 ，打开【求差】对话框，选择求和体为目标体，选择步骤 2 创建的拉伸体为刀具体，如图 3.57 所示，单击【确定】按钮。

图 3.57　【求差】对话框

(5) 同样以基准 CSYS 中的 YC-ZC 平面为草图平面，进入草图绘制环境，绘制如图 3.58 所示的草图，单击【完成草图】按钮，返回到主窗口。

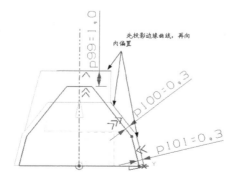

图 3.58　绘制的草图(4)

(6) 使用与步骤 2 中第(3)步相同的方法对草图进行拉伸操作，设置拉伸距离为"8.3"。再进行求差操作。

(7) 以如图 3.59 所示的面为草图平面，绘制如图 3.59 所示的草图，单击【完成草图】按钮，返回到主窗口。

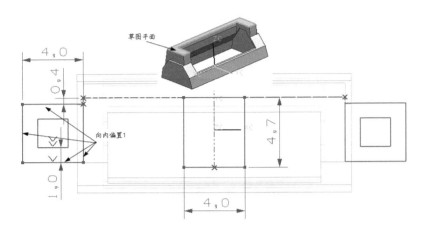

图 3.59　绘制的草图(5)

(8) 单击【特征】工具条中的【拉伸】按钮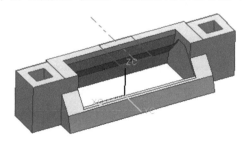，打开【拉伸】对话框。选择第(7)步创建的草图曲线中的两侧面 4 个矩形，设置【拉伸方向】为"负 ZC 轴"，在【开始距离】文本框中输入"0"，在【结束距离】文本框中输入"6"，在【布尔】下拉列表框中选择【求和】选项，其他按照默认设置，单击【确定】按钮，效果如图 3.60 所示。

图 3.60　拉伸的效果(4)

(9) 单击【特征】工具条中的【拉伸】按钮，打开【拉伸】对话框。选择第(8)步创建的草图曲线中的中间矩形，设置【拉伸方向】为"正 ZC 轴"，在【开始距离】文本框中输入"0"，在【结束距离】文本框中输入"0.8"，在【布尔】下拉列表框中选择【无】选项，其他按照默认设置，单击【确定】按钮。

(10) 选择【插入】|【同步建模】|【替换面】菜单命令或单击【同步建模】工具条中的【替换面】按钮，打开【替换面】对话框，如图 3.61 所示，选择要替换的面和替换面(如图 3.62 所示)，单击【确定】按钮，效果如图 3.63 所示。

(11) 按照与步骤 3 中第(1)步相同的方法对两个实体进行求和操作。

(12) 选择【插入】|【细节特征】|【边倒圆】菜单命令或单击【特征操作】工具条中的【边倒圆】按钮，打开【边倒圆】对话框，选择要倒圆的边(如图 6.64 所示)，在 Radius 1 文

本框中输入"1",如图 3.65 所示,单击【确定】按钮,效果如图 3.66 所示。

图 3.61　【替换面】对话框

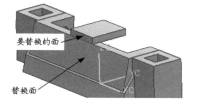

图 3.62　选择要替换的面

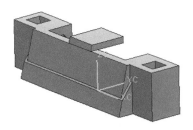

图 3.63　替换效果

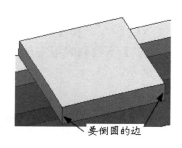

图 3.64　选择要倒圆的边

图 3.65　【边倒圆】对话框参数设置

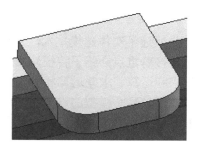

图 3.66　边倒圆效果

(13) 以如图 3.67(a)所示的面为草图平面,绘制如图 3.67(b)所示的草图,单击【完成草图】按钮,返回到主窗口。

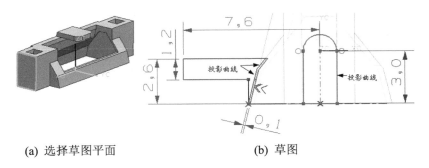

(a) 选择草图平面	(b) 草图

图 3.67　绘制的草图(6)

(14) 单击【特征】工具条中的【拉伸】按钮，打开【拉伸】对话框，选择第(13)步创建的草图曲线中的中间封闭曲线，设置【拉伸方向】为"负 XC 轴"，在【开始距离】文本框中输入"2.5"，在【结束距离】文本框中输入"22.5"，在【布尔】下拉列表框中选择【求差】选项，其他按照默认设置，单击【确定】按钮，效果如图 3.68 所示。

(15) 继续使用拉伸命令，选择第 13 步创建的草图的侧边曲线进行拉伸操作，设置【拉伸方向】为"负 XC 轴"，在【开始距离】文本框中输入"6"，在【结束距离】文本框中输入"11"，在【布尔】下拉列表框中选择【求和】选项，其他按照默认设置，单击【确定】按钮，效果如图 3.69 所示。

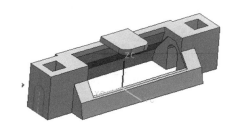

图 3.68　拉伸的效果(5)

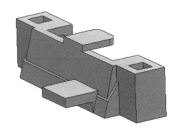

图 3.69　最终效果

3.6　本章小结

本章首先概述了实体建模技术，包括实体建模技术的基本特点、实体建模工具条和命令、部件导航器，接着重点介绍了特征建模命令，包括基本体素、扫描特征，然后对布尔运算进行说明，包括求和运算、求差运算和求交运算。最后，本章以一个实例详细介绍了如何创建一个零件模型的过程。这个模型的设计实例包含了许多实体建模的技术方法，如基本体素特征、扫描特征和布尔运算操作等。

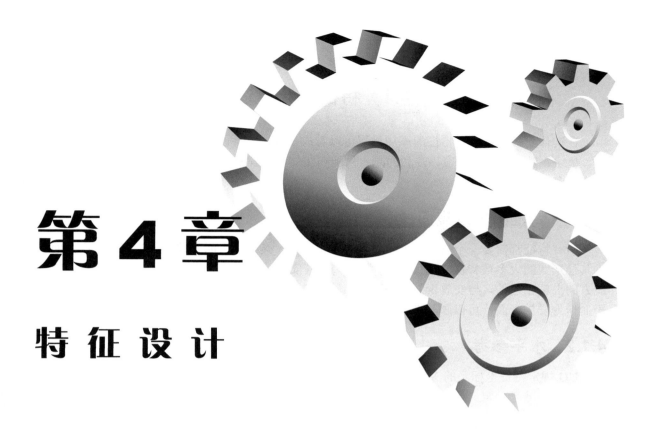

第4章

特征设计

　　前面介绍过，UG NX 6.0中文版具有强大的特征设计功能，可以创建各种实体特征，如长方体、圆柱体、圆锥、球体、管体、孔、凸台、型腔、垫块和键槽等。使用这些特征设计方法，用户可以更加高效快捷、轻松自如地按照自己的设计意图来创建出所需要的零件模型。

　　本章主要讲解零件设计中特征的设计方法，包括特征设计概述、孔、凸台、腔体、垫块、键槽和槽等，最后介绍了一个使用这些特征设计方法的零件范例，使读者掌握零件设计的过程和方法。

4.1 特征设计概述

在实体建模过程中，特征的添加过程可以看成是模拟零件的加工过程，包括孔、圆台、腔体、垫块、键槽和槽等。应该注意的是：只能在实体上创建特征。特征与构建时所使用的几何图形和参数值相关。

4.1.1 特征的安装表面

所有特征都需要一个安放平面，对于沟键槽来说，其安放平面必须为圆柱或圆锥面，而对于其他形式的大多数特征(除垫块和通用腔外)，其安放面必须是平面。特征是在安放平面的法线方向上被创建的，与安放表面相关联。当然，安放平面通常选择已有实体的表面，如果没有平面作为安放表面，可以画基准面作为安放表面。

4.1.2 水平参考

UG 规定特征坐标系的 XC 轴为水平参考，可以选择可投影到安放表面的线性边、平表面、基准轴和基准平面定义为水平参考。

4.1.3 特征的定位

定位是指相对于安放平面的位置，用定位尺寸来控制。定位尺寸是沿着安放表面测量的距离尺寸。这些尺寸可以看作是约束或是特征体必须遵守的规则。对圆形或锥形特征体在【定位】对话框上有 6 种方式定位，如图 4.1 所示；对方形特征，在【定位】对话框上有 9 种方式定位，如图 4.2 所示，下面将对它们进行简单地介绍。

- 水平方式：运用水平定位首先要确定水平参考。水平参考用于确定 XC 轴方向，而水平定位是确定与水平参考平行方向的定位尺寸。
- 竖直方式：运用水平定位也要先确定水平参考。竖直定位方式指确定垂直于水平参考方向上的尺寸，它一般与水平定位方式一起使用来确定特征位置。

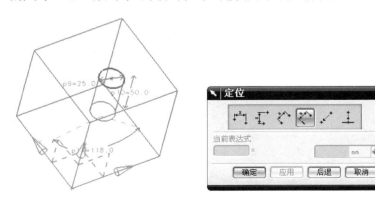

图 4.1 孔特征及其【定位】对话框

图 4.2　腔特征及其【定位】对话框

- 平行方式：平行定位是用两点连线距离来定位。
- 垂直方式：垂直定位是用成型特征体上某点到目标边的垂直距离来定位。
- 按一定距离平行定位：按一定距离平行定位是指成型特征体一边与目标体的边平行且间隔一定距离的定位方式。
- 成角度定位：成角度定位是指成型特征体一边与目标体的边成一定夹角的定位方式。
- 点到点定位：点到点定位是分别指定成型特征体一点和目标体的上一点，使它们重合的定位方式。
- 点到线定位：点到线定位是让成型特征体一点落在一目标体边上的定位方式。
- 线到线定位：线到线定位是让成型特征体一边落在一目标体边上的定位方式。

4.2　孔　特　征

孔特征是较常用的特征之一。通过【沉头孔】选项、【埋头孔】选项和【螺纹孔】选项向部件或装配中的一个或多个实体添加孔。

当用户选择不同的孔类型时，【孔】对话框中的参数类型和参数的个数都将相应改变。在该对话框中输入创建孔特征的每个参数的数值。如果需要通孔，则在选定目标实体和安放表面后还需选择通过表面。

4.2.1　操作方法

孔特征的操作方法如下。

(1) 在【特征】工具条中单击【孔】按钮，打开【孔】对话框，如图 4.3 所示。

(2) 确定孔的类型，共有 5 种类型，如图 4.3 所示，后面会详细介绍这些类型的孔的设置方法。

(3) 选择孔的位置和孔的方向。

(4) 设置孔的形状和尺寸，孔的形状需要在【成形】下拉列表框中进行选择，这里共有 4 种类型，其形状效果如图 4.4 所示。孔的尺寸参数主要包括直径、深度和尖角等。

(5) 设置其他参数(如布尔和公差参数)后，单击【确定】按钮，此时打开【定位】对话框，在目标体上给孔定位，这里就需要前面特征定位的知识。

(6) 在目标体上给孔定位后，单击【确定】按钮就得到了孔的效果。

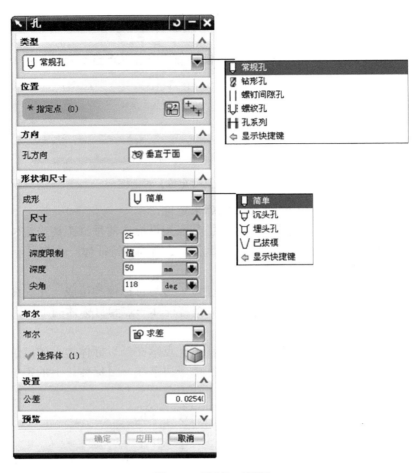

图 4.3 【孔】对话框

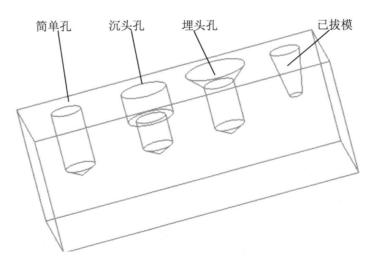

图 4.4 4 种形状的孔

4.2.2　孔的类型

下面简单介绍一下几种类型的孔的设置方法。

以下几种类型的孔的操作方法相同，不同的只是【形状和尺寸】选项组中的参数设置方法。

1. 常规孔

常规孔的【孔】对话框与如图 4.3 所示一样，如果是通孔，则指定通孔位置。如果不是通孔，则需要输入深度和尖角这两个参数。

2. 钻形孔

对于钻形孔的【孔】对话框，其【形状和尺寸】选项组中的参数如图 4.5 所示。

3. 螺钉间隙孔

对于螺钉间隙孔的【孔】对话框，其【形状和尺寸】选项组中的参数如图 4.6 所示。

图 4.5　钻形孔特征参数

图 4.6　螺钉间隙孔特征参数

4. 螺纹孔

对于螺纹孔的【孔】对话框，其【形状和尺寸】选项组中的参数如图 4.7 所示。

5. 孔系列

对于孔系列的【孔】对话框，其【形状和尺寸】选项组中的参数如图 4.8 所示。

图 4.7　螺纹孔特征参数

图 4.8　孔系列特征参数

4.3　凸　台　特　征

凸台是增加一个按指定高度、垂直或有拔模锥度的侧面的圆柱形物体。

4.3.1　操作方法

凸台特征操作过程简单，操作方法如下。

(1) 在【特征】工具条中单击【凸台】按钮，打开【凸台】对话框，如图 4.9 所示。选择凸台特征的放置面。

(2) 输入凸台的直径、高度、锥角参数，单击【确定】按钮。

(3) 此时打开【定位】对话框，用定位尺寸对凸台进行定位，单击【确定】按钮后就可得到凸台的效果，如图 4.10 所示。

图 4.9　【凸台】对话框

图 4.10　凸台的效果

4.3.2　参数设置

【凸台】对话框包括选择步骤、凸台参数文本框等。

- 选择步骤：只有一步，即选择放置面。
- 凸台参数：包括直径、高度、锥角三个参数。

4.4　腔　体　特　征

腔体特征操作是用一定的形状在实体中去除材料。有三种腔体类型：圆柱形、矩形和常规。

4.4.1　腔体特征介绍

在【特征】工具条中单击【腔体】按钮，打开【腔体】对话框，如图 4.11 所示。腔体特征包括三种类型，圆柱形腔体、矩形腔体和常规腔体。

图 4.11　【腔体】对话框

4.4.2　圆柱形腔体

创建圆柱形腔体的操作步骤为。

(1) 在【特征】工具条中单击【腔体】按钮，打开【腔体】对话框，在该对话框中单击【圆柱形】按钮。

(2) 弹出的【圆柱形腔体】对话框,在绘图区内的目标体上选择放置面后,在【圆柱形腔体】对话框中输入要创建腔体的参数值,圆柱形腔体有四个参数,分别为腔体直径、深度、底面半径和锥角,如图 4.12 所示,在【圆柱形腔体】对话框中单击【确定】按钮。

(3) 选择定位方式为创建的腔体定位,生成圆柱形腔体特征,如图 4.12 所示。

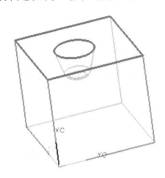

图 4.12　圆柱形腔体实例及其对话框

4.4.3　矩形腔体

矩形腔体的操作如下。

(1) 在【特征】工具条中单击【腔体】按钮，打开【腔体】对话框,在该对话框中单击【矩形】按钮。

(2) 打开【矩形腔体】对话框,选择平面放置面,打开【水平参考】对话框,然后选择水平参考。

(3) 在弹出的【矩形腔体】对话框中输入要创建腔体的参数值,如图 4.13 所示,矩形腔体参数主要包括长度、宽度、深度、拐角半径、底面半径和锥角等,设置后单击该对话框中的【确定】按钮。

(4) 选择定位方式为创建的腔体定位,生成矩形腔体特征。

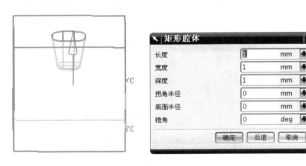

图 4.13　矩形腔体实例及其对话框

4.4.4　常规腔体

常规腔体在尺寸和位置方面比圆柱形腔体和矩形腔体具有更多的灵活性。【常规腔体】对话框如图 4.14 所示,参数介绍如下。

- 放置面　：该参数用来选择腔体的放置面,放置面可以是平面也可以是曲面。

- 放置面轮廓 ：该参数用来选择放置面的轮廓曲线(即腔体的上部分轮廓线)。
- 底部面 ：该参数用来指定腔体的底部面或指定从放置面偏置或平移。
- 底面轮廓曲线 ：该参数用来选择底面轮廓曲线或从放置面的轮廓曲线上投影。
- 目标体 ：该参数用来选择可选的目标体(即腔体所依附的实体)。
- 锥角：该参数用来确定锥角的角度数值和拔锥方式，有三种拔锥方式：恒定、规律控制的和根据轮廓曲线。
  - 恒定：通过固定角度拔锥。
  - 规律控制的：通过放置面轮廓线和底面轮廓线确定拔锥角度。
  - 根据轮廓曲线：通过轮廓曲线确定拔锥角度。
- 轮廓对齐方法：该参数用来指定放置面上轮廓线与底面轮廓线相应点对齐。
- 放置面半径：该参数用来指定腔体与放置面的倒角半径。
- 底部面半径：该参数用来指定腔体与底部面的倒角半径。
- 拐角半径：该参数用来指定腔体侧面拐角处的倒角半径。

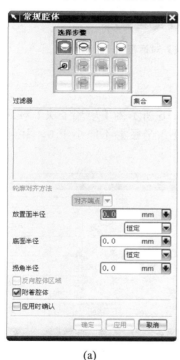

(a) (b)

图 4.14 【常规腔体】对话框及其实例中对应的【常规腔体】对话框

4.5　垫　块　特　征

垫块特征操作是在实体上添加一定形状的材料。在操作【垫块】命令的过程中，所创建的垫块必须依附一已创建的实体。创建垫块的方式有两种，分别为矩形垫块和常规垫块。

4.5.1 垫块特征操作方法

在【特征】工具条中单击【垫块】按钮，打开【垫块】对话框，如图 4.15 所示。垫块分为两类，矩形垫块和常规垫块。前者比较简单，有规则；后者复杂，但灵活。

创建垫块特征的操作步骤如下。

(1) 选择垫块的类型，矩形或常规。

(2) 选择放置平面或基准面。

(3) 输入垫块参数。

(4) 选择定位方式来定位垫块。

图 4.15 【垫块】对话框

4.5.2 矩形垫块

选择矩形垫块后，需要输入 5 个参数，如图 4.16 所示为【矩形垫块】对话框。输入参数后就确定了垫块的形状、大小。需要注意的是：【拐角半径】不能小于 0，并且必须小于垫块高度的一半。

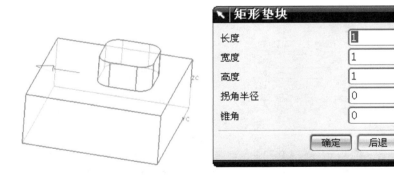

图 4.16 矩形垫块实例及其对话框

4.5.3 常规垫块

常规垫块比起矩形垫块来具有更大的灵活性，比较复杂，主要表现在形状控制和安放表面。常规垫块特征是比较复杂的，顶面曲线可自己定义，安放表面可以是曲面。

常规垫块在尺寸和位置方面比矩形垫块具有更多的灵活性。常规垫块的创建过程如下。

(1) 在【常规垫块】对话框中单击【放置面】按钮，来选择安放表面，可以选择多个安放表面，如图 4.17 所示。

(2) 单击【放置面轮廓】按钮，来选择安放表面的外轮廓，可以由多条曲线组成，如

图 4.17 所示。

图 4.17　【常规垫块】对话框及前两步选择步骤

(3)　单击【顶面】按钮，来选择顶部表面，如图 4.18 所示。

图 4.18　【常规垫块】对话框及后两步选择步骤

(4)　单击【顶部轮廓曲线】按钮，来选择顶部表面的外形轮廓，如图 4.18 所示。

(5)　这时【放置面轮廓线投影矢量】按钮由灰色变成亮色，单击此按钮，选择安放表面投影矢量。

(6)　选定各部分的圆角半径，单击【应用】按钮即可创建垫块。

4.6 键槽特征和槽特征

4.6.1 键槽特征

键槽是指在实体上通过去除一定形状的材料创建槽形特征。其包括五种类型：矩形键槽、球形端键槽、U 形键槽、T 型键槽和燕尾键槽。所有类型的深度值都是垂直于安放平面测量而设置的。

1. 操作方法

在【特征】工具条中单击【键槽】按钮，打开如图 4.19 所示的【键槽】对话框。由于键槽只能创建在实体平面上，因此，当在非平面的实体上建立键槽特征时，必须先创建基准面。

图 4.19　【键槽】对话框

(1) 在【键槽】对话框中，选择键槽类型。
(2) 选择键槽的安放平面，可在实体表面或基准平面中选择。
(3) 选择键槽的水平参考。
(4) 选择键槽的通槽面，可以是两个(对通键槽而言)。
(5) 输入键槽的参数，通过【定位】对话框选择定位方式进行定位。

2. 键槽的类型

● 矩形键槽：基本参数及含义如图 4.20 所示。

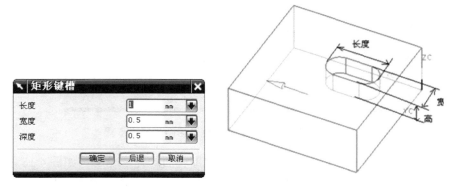

图 4.20　【矩形键槽】参数对话框及其实例

● 球形端键槽：基本参数及含义如图 4.21 所示。

● U 形键槽：基本参数及含义如图 4.22 所示。

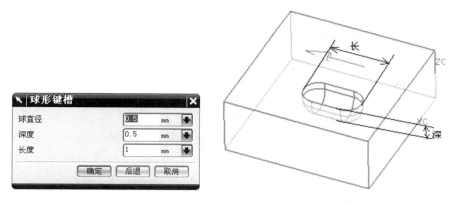

图 4.21　【球形键槽】参数对话框及其实例

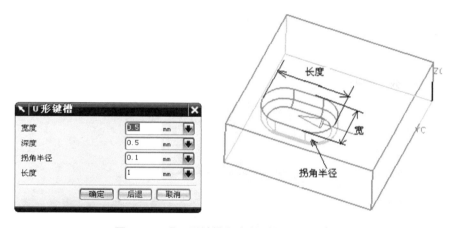

图 4.22　【U 形键槽】参数对话框及其实例

● T 型键槽：基本参数及含义如图 4.23 所示。

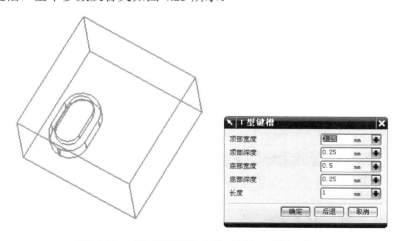

图 4.23　【T 型键槽】参数对话框及其实例

● 燕尾键槽：基本参数及含义如图 4.24 所示。

图 4.24　【燕尾形键槽】参数对话框及其实例

4.6.2　槽特征

槽是专门应用于圆柱或圆锥的特征，槽仅可在柱形或锥形表面上创建，旋转轴是旋转表面的轴。

1. 操作方法

(1)　在【特征】工具条中单击【坡口焊】按钮 ，打开如图 4.25 所示的【槽】对话框。选择槽的类型，矩形、球形端或 U 形槽。

图 4.25　【槽】对话框

(2)　选择要进行槽特征操作的圆柱或圆锥表面。

(3)　输入槽的特征参数。

(4)　选择槽特征的定位方式并进行定位。

> **注 意**
>
> 槽特征只适用于在圆柱或圆锥表面上创建。

2. 槽类型

● 　矩形槽：矩形槽用于在一已创建实体上建立一截面为矩形的槽。矩形槽只有两个参数，参数设置较为简单，其含义如图 4.26 所示。

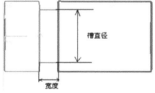

图 4.26　【矩形槽】对话框及其实例

● 球形端槽：球形端槽有两个参数：槽直径和球直径，其含义如图 4.27 所示。

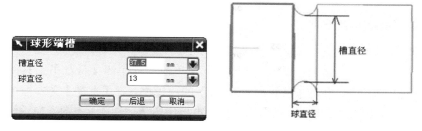

图 4.27　【球形端槽】对话框及其实例

● U 形槽：U 形槽有三个参数：槽直径、宽度和拐角半径，其含义如图 4.28 所示。

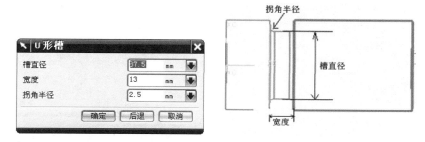

图 4.28　【U 形槽】对话框及其实例

4.7　设　计　范　例

前面介绍了很多零件设计的基础知识，下面通过一个具体的范例制作来巩固前面所讲述的知识点。

4.7.1　范例介绍

本章的范例是在上一章范例的基础上，从一个导块的零件延伸制作，通过多种特征设计命令，制作出一个完整的印刷块的效果，如图 4.29 所示。其在制作过程中，主要应用的特征有：圆台、孔和基本体素特征等，另外还应用了倒角、拆分体等多种特征编辑和操作的命令，希望大家能够认真学习掌握。

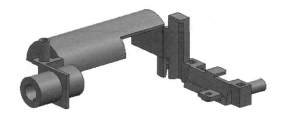

图 4.29　范例效果

4.7.2　范例制作

步骤1：创建圆台和孔特征

(1)　首先打开第3章制作好的范例文件。

(2)　选择【插入】|【设计特征】|【凸台】菜单命令或单击【特征】工具条中的【凸台】按钮 ，打开【凸台】对话框，选择如图4.30所示的放置面，在【直径】文本框中输入"3.5"，在【高度】文本框中输入"5.5"，在【锥角】文本框中输入"0"，如图4.31所示，单击【确定】按钮。

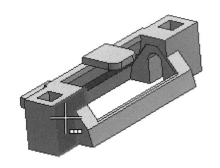

图4.30　选择放置面

图4.31　【凸台】对话框参数设置

(3)　在弹出的【定位】对话框中单击【水平】按钮 ，选择水平参考边和目标对象，如图4.32所示，在【当前表达式】文本框中输入"2"，单击【应用】按钮，接着再在【定位】对话框单击【竖直】按钮 ，选择目标对象与水平参考边同一边缘，在【当前表达式】文本框中输入"2"，单击【应用】按钮，效果如图4.33所示。

图4.32　【定位】对话框

图4.33　选择的水平参考边和目标对象及其效果

(4) 单击【特征】工具条中的【凸台】按钮 🔲，打开【凸台】对话框，选择如图 4.35 所示的放置面，在【直径】文本框中输入"3.5"，在【高度】文本框中输入"0.5"，在【锥角】文本框中输入"0"，如图 4.34 所示，单击【确定】按钮。

图 4.34　【凸台】对话框参数设置

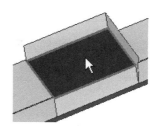

图 4.35　选择放置面

(5) 在弹出的【定位】对话框中单击【水平】按钮 🔳，选择如图 4.36 所示的水平参考边和目标对象，在【当前表达式】文本框中输入"2.5"，单击【应用】按钮，接着再在【定位】对话框中单击【竖直】按钮 🔳，选择目标对象与水平参考边同一边缘，在【当前表达式】文本框中输入"1.5"，单击【应用】按钮，效果如图 4.37 所示。

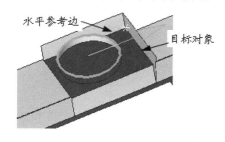

图 4.36　选择的水平参考边和目标对象

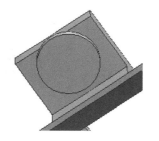

图 4.37　定位的效果

(6) 选择【插入】|【设计特征】|【孔】菜单命令或单击【特征】工具条中的【孔】按钮 🔲，打开【孔】对话框，选择如图 4.38 所示的放置面，在【直径】文本框中输入"1.8"，再在【深度限制】下拉列表框中选择【贯通体】选项，如图 4.39 所示，单击【确定】按钮，效果如图 4.40 所示。

(7) 单击【特征】工具条中的【孔】按钮 🔲，打开【孔】对话框，选择如图 4.42 所示的放置面，在【直径】文本框中输入"1.8"，在【深度限制】下拉列表框中选择【值】选项，在【深度】文本框中输入"5.5"，在【尖角】文本框中输入"0"，如图 4.41 所示，单击【确定】按钮，效果如图 4.43 所示。

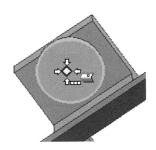

图 4.38　选择放置面(1)

图 4.39　【孔】对话框参数设置

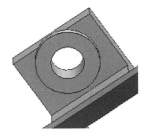

图 4.40　创建的孔特征

图 4.41　【孔】对话框参数设置

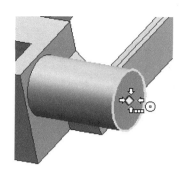

图 4.42　选择放置面(2)

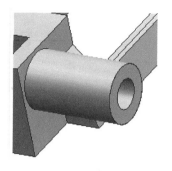

图 4.43　创建的孔特征

(8)　选择【插入】|【修剪】|【修剪体】菜单命令或单击【特征操作】工具条中的【修剪体】按钮 ，打开【修剪体】对话框，如图 4.44 所示，选择实体为目标体，选择如图 4.45 所示的面为刀具体，注意修剪方向，单击【确定】按钮，效果如图 4.46 所示。

图 4.44　【修剪体】对话框

图 4.45　选择的刀具面

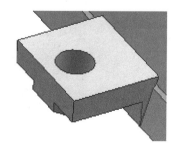

图 4.46　修剪的效果

(9)　选择【插入】|【细节特征】|【倒斜角】菜单命令或单击【特征操作】工具条中的【倒斜角】按钮 ，打开【倒斜角】对话框，选择要倒斜角的边(如图 4.47 所示)，在【距离】文本框中输入"0.2"，如图 4.48 所示，单击【确定】按钮，效果如图 4.49 所示。

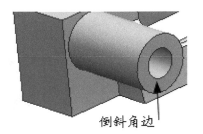

图 4.47　选择要倒斜角的边

图 4.48　【倒斜角】对话框参数设置

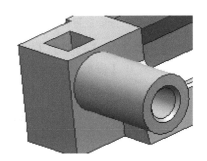

图 4.49　倒斜角效果

步骤 2：创建拐角连接部分

(1)　选择【插入】|【设计特征】|【圆柱体】菜单命令或单击【特征】工具条中的【圆柱】按钮 ⬜，打开【圆柱】对话框，在【类型】下拉列表框中选择【轴、直径和高度】选项，设置【指定矢量】为"正 ZC 轴"，单击【点构造器】按钮 ⬜，打开【点】对话框，输入点坐标为(-19, 0, 0)，单击【确定】按钮，返回到【圆柱】对话框，在【直径】文本框中输入"8.2"，在【高度】文本框中输入"6"，单击【应用】按钮，效果如图 4.50 所示。

图 4.50　【圆柱】对话框参数设置及创建的圆柱体

(2) 单击【特征】工具条中的【圆柱】按钮 ，打开【圆柱】对话框，在【类型】下拉列表框中选择【轴、直径和高度】选项，设置【指定矢量】为"正 ZC 轴"，单击【点构造器】按钮 ，打开【点】对话框，输入点坐标为(-19, 0, 0)，单击【确定】按钮，返回【圆柱】对话框，在【直径】文本框中输入"6"，在【高度】文本框中输入"15"，单击【应用】按钮，创建一个圆柱体。重新设置【指定矢量】为"正 ZC 轴"，单击【点构造器】按钮 ，打开【点】对话框，输入点坐标为(-19, 0, 6)，单击【确定】按钮，返回【圆柱】对话框，在【直径】文本框中输入"8.2"，在【高度】文本框中输入"9"，单击【应用】按钮，创建另一个圆柱体，效果如图 4.51 所示。

图 4.51 创建的另两个圆柱体

(3) 单击【特征操作】工具条中的【求差】按钮 ，打开【求差】对话框，选择第(1)步创建的圆柱体为目标体，选择上一步骤创建的高度为 15 的圆柱体为刀具体，在【设置】选项组中选中【保持工具】复选框，单击【应用】按钮。再次选择前面创建的第一个圆柱体为目标体，选择上一步骤创建的第二个圆柱体为刀具体，在【设置】选项组中取消选中【保持工具】复选框，单击【应用】按钮，效果如图 4.52 所示。

图 4.52 求差的效果

(4) 选择【格式】|WCS|【原点】菜单命令，打开【点】对话框，捕捉如图 4.53 所示的圆心，单击【确定】按钮。

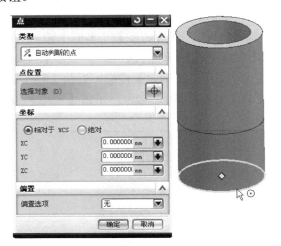

图 4.53 【点】对话框及捕捉的圆心

(5) 选择【插入】|【基准/点】|【基准平面】菜单命令或单击【特征操作】工具条中的【基准平面】按钮 ，打开【基准平面】对话框，在【类型】下拉列表框中选择【YC-ZC 平面】选项，在【距离】文本框中分别输入"1"和"2.5"，单击【确定】按钮，创建两个基准平面，如图 4.54 所示。

图 4.54 【基准平面】对话框

(6) 选择【插入】|【设计特征】|【圆锥】菜单命令或单击【特征】工具条中的【圆锥】按钮 ，打开【圆锥】对话框，在【类型】下拉列表框中选择【直径和高度】选项，设置【指定矢量】为"正 ZC 轴"，指定点为相对坐标原点，在【底部直径】文本框中输入"6.6"，在【顶部直径】文本框中输入"6"，在【高度】文本框中输入"1.5"，如图 4.55 所示，单击【确定】按钮。

图 4.55　【圆锥】对话框

(7)　单击【特征操作】工具条中的【求差】按钮 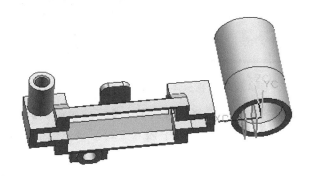 ，打开【求差】对话框，使用下面的圆柱体对圆锥体进行求差操作，效果如图 4.56 所示。

图 4.56　求差的效果

(8)　隐藏上面的圆柱体。

(9)　单击【特征】工具条中的【拉伸】按钮，打开【拉伸】对话框，选择如图 4.57 所示的边缘曲线，设置【拉伸方向】为"负 ZC 轴"，在【开始距离】文本框中输入"0"，在【结束距离】文本框中输入"1"，在【偏置】下拉列表框中选择【两侧】选项，在【开始】文本框中输入"−0.5"，在【结束】文本框中输入"0.2"，在【布尔】下拉列表框中选择【求和】选项，【求和体】选择圆柱，其他按照默认设置，单击【确定】按钮，效果如图 4.58 所示。

(10)　选择【插入】|【修剪】|【拆分体】菜单命令或单击【特征操作】工具条中的【拆分体】按钮，打开【拆分体】对话框，选择圆柱体为目标体，分别选择创建的两个基准平面为刀具体，单击【确定】按钮，效果如图 4.59 所示。

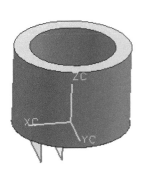

图 4.57　选择边缘曲线

图 4.58　拉伸的效果

图 4.59　【拆分体】对话框及拆分的效果

　　(11) 选择如图 4.60 所示的实体，选择【格式】|【移动至图层】菜单命令，打开【图层移动】对话框，在【目标图层或类别】文本框中输入"255"，如图 4.61 所示，单击【确定】按钮。

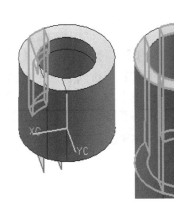

图 4.60　选择的实体

图 4.61　【图层移动】对话框参数设置

(12) 选择【格式】|【图层设置】菜单命令，打开【图层设置】对话框。取消选中"255"复选框，单击【关闭】按钮来关闭【图层设置】对话框，这样就隐藏了所选择的实体，效果如图 4.62 所示。

图 4.62　隐藏实体

(13) 把下面分割后的圆柱部分进行求和操作。

(14) 选择【插入】|【设计特征】|【长方体】菜单命令或单击【特征】工具条中的【长方体】按钮 ，打开【长方体】对话框，在【类型】下拉列表框中选择【原点和边长】选项，在【长度】文本框中输入"1"，在【宽度】文本框中输入"2.0032"，在【高度】文本框中输入"18"，如图 4.63 所示。单击【点构造器】按钮，打开【点】对话框，输入点坐标为(6.4, −2.0032, 0)，单击【确定】按钮，返回【长方体】对话框，单击【确定】按钮，创建的长方体如图 4.64 所示。

图 4.63　【长方体】对话框参数设置

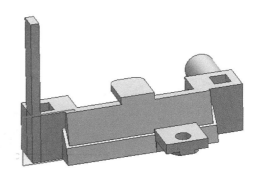

图 4.64　创建的长方体

(15) 按照相同的方法继续创建长方体，以点坐标(3.8, −1, 0)为顶点，设置【长度】为"3.6"，【宽度】为"1"，【高度】为"18"，单击【确定】按钮，效果如图 4.65 所示。

(16) 单击【曲线】工具条中的【直线】按钮 ，打开【直线】对话框，选择如图 4.66 所

示的端点，绘制平行于 XC 轴且长度大于"10"的直线，效果如图 4.66 所示。

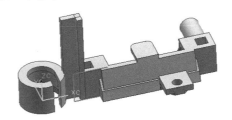

图 4.65　创建的另一长方体

图 4.66　【直线】对话框及绘制的直线

(17) 单击【特征】工具条中的【拉伸】按钮，打开【拉伸】对话框，在【选择器】下拉列表框中选择【区域边界】选项，在如图 4.67 所示的位置单击，在【开始距离】文本框中输入"0"，在【结束距离】文本框中输入"12"，单击【确定】按钮，效果如图 4.68 所示。

选择"区域边界"

图 4.67　选择拉伸区域

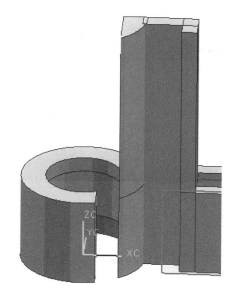

图 4.68　拉伸效果

　　(18) 选择【插入】|【同步建模】|【移动面】菜单命令或单击【同步建模】工具条中的
【移动面】按钮 ，打开【移动面】对话框，如图 4.69 所示。分别选择如图 4.70 所示的要移
动的面 1 和面 2，注意移动方向，在面 1 移动【距离】文本框中输入"1"，面 2 移动【距离】
文本框中输入"0.05"，分别单击【确定】按钮，效果如图 4.71 所示。

图 4.69　【移动面】对话框

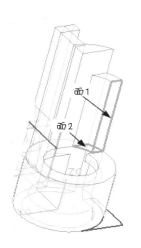

图 4.70　选择要移动的面

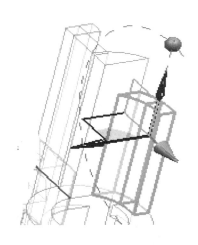

图 4.71 移动面后的效果

(19) 对所有实体进行求和操作。

步骤 3：创建横向部分实体

(1) 单击【特征】工具条中的【圆柱】按钮 圆，打开【圆柱】对话框，在【类型】下拉列表框中选择【轴、直径和高度】选项，设置【指定矢量】为"负 YC 轴"，单击【点构造器】按钮 圆，打开【点】对话框，输入点坐标为(-4.5, -3.55, 10.32)，单击【确定】按钮，返回【圆柱】对话框，在【直径】文本框中输入"15.7"，在【高度】文本框中输入"37.5"，单击【应用】按钮，创建一个圆柱体，效果如图 4.72 所示。

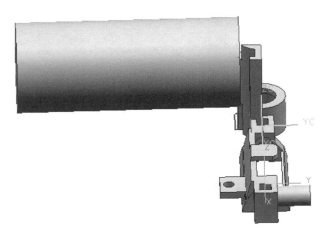

图 4.72 创建的圆柱

(2) 单击【特征操作】工具条中的【基准平面】按钮 □，打开【基准平面】对话框，在【类型】下拉列表框中选择【XC-YC 平面】选项，在【距离】文本框中输入"10.32"，单击【确定】按钮。再在【类型】下拉列表框中选择【XC-ZC 平面】选项，在【距离】文本框中输入"-19"，单击【确定】按钮，创建两个基准平面。

(3) 单击【特征操作】工具条中的【修剪体】按钮 圆，打开【修剪体】对话框，选择第

(1)步创建的圆柱体为目标体，选择上一步创建的与 XY 平面平行且距离为"10.32"的基准平面为刀具体，注意修剪方向，单击【确定】按钮，效果如图 4.73 所示。

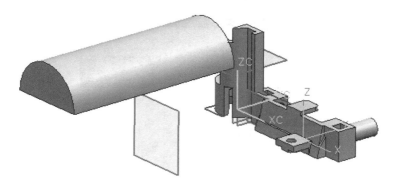

图 4.73　修剪的效果

(4) 单击【特征操作】工具条中的【拆分体】按钮 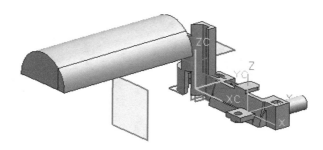，打开【拆分体】对话框，选择修剪后的圆柱体为目标体，选择步骤 2 中第(5)步创建的与 YZ 平面平行且距离为"1"的基准平面为刀具体，单击【确定】按钮，效果如图 4.74 所示。

图 4.74　拆分的效果

(5) 单击【特征操作】工具条中的【修剪体】按钮 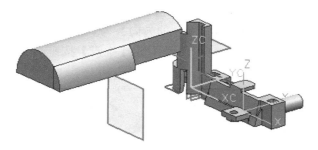，打开【修剪体】对话框，选择拆分后小的圆柱体为目标体，选择第(2)步创建的与 XZ 平面平行且距离为"19"的基准平面为刀具体，注意修剪方向，单击【确定】按钮，效果如图 4.75 所示。

图 4.75　修剪的效果

(6) 对圆柱体进行求和操作。

(7) 选择【插入】｜【偏置/缩放】｜【抽壳】菜单命令或单击【特征操作】工具条中的

【抽壳】按钮 ，打开【壳单元】对话框，选择如图 4.76 所示的 3 个面进行抽壳操作，在【厚度】文本框中输入"0.55"，单击【确定】按钮。

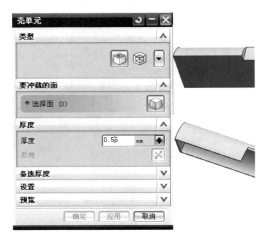

图 4.76　【抽壳】对话框及抽壳的面

（8）单击【曲线】工具条中的【直线】按钮 ，打开【直线】对话框，选择如图 4.77 所示的端点，绘制平行于 XC 轴且长度大于"1"的直线，效果如图 4.78 所示。

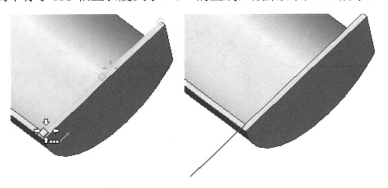

图 4.77　选择的端点　　　　　　图 4.78　绘制的直线

（9）单击【特征】工具条中的【拉伸】按钮 ，打开【拉伸】对话框，在【选择器】下拉列表框中选择【区域边界】选项，设置【拉伸方向】为"负 ZC 轴"，在【开始】文本框中输入"0"，在【结束】文本框中输入"4.5"，单击【确定】按钮，效果如图 4.79 所示。

图 4.79　拉伸的效果

(10) 单击【特征操作】工具条中的【边倒圆】按钮 ，打开【边倒圆】对话框，选择如图 4.80 所示的倒圆边，在边倒圆 Radius1 文本框中输入 "0.1"，单击【确定】按钮。效果如图 4.80 所示。

图 4.80　【边倒圆】对话框及边倒圆效果

(11) 对所有实体进行求和操作。

步骤 4：创建其他特征

(1) 单击【特征】工具条中的【圆柱】按钮 ，打开【圆柱】对话框，在【类型】下拉列表框中选择【轴、直径和高度】选项，设置【指定矢量】为 "负 YC 轴"，单击【点构造器】按钮 ，打开【点】对话框，输入点坐标为(7.3，-40.5，10.32)，单击【确定】按钮，返回【圆柱】对话框，在【直径】文本框中输入 "9"，在【高度】文本框中输入 "15"，单击【应用】按钮。创建一个圆柱体。效果如图 4.81 所示。

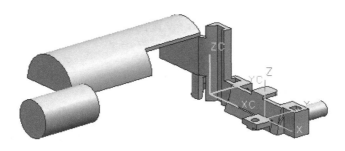

图 4.81　创建的圆柱体

(2) 以 XY 平面为草图平面，进入草图绘制环境，绘制如图 4.82 所示的草图，单击【完成草图】按钮，返回到主窗口。

(3) 使用【拉伸】命令，对第(2)步草图中的三角形向正 ZC 轴方向进行拉伸操作，在【开始】文本框中输入 "10.32"，在【结束】文本框中输入 "11.32"，单击【确定】按钮。对另外的曲线也同样向正 ZC 轴方向进行拉伸操作，在【开始】文本框中输入 "14.6"，在【结束】文本框中输入 "15.6"，单击【确定】按钮，效果如图 4.83 所示。

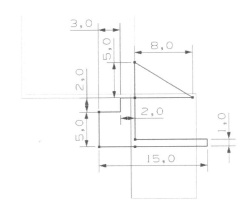

图 4.82　绘制的草图

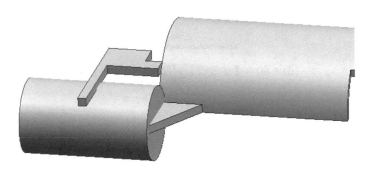

图 4.83　拉伸的效果(1)

　　(4)　选择【移动面】命令，使拉伸的三棱柱的直角面向外移动"0.2"。

　　(5)　选择【直线】命令，创建两条如图 4.84 所示的平行于 YC 轴且长度合适的直线，再使用【区域边界的拉伸】命令对中间的区域向负 ZC 轴方向进行拉伸操作，设置拉伸距离为"4.82"，对左边的区域向负 ZC 轴方向进行拉伸操作，设置拉伸距离为"9.32"，分别单击【确定】按钮，效果如图 4.85 所示。

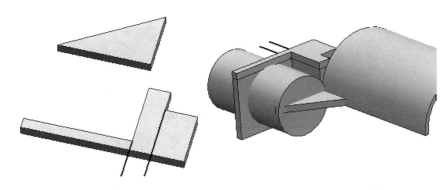

图 4.84　创建的直线　　　　　　　　图 4.85　拉伸的效果(2)

　　(6)　选择【替换面】命令，完成如图 4.86 所示的效果。

　　(7)　对所有实体进行求和操作。

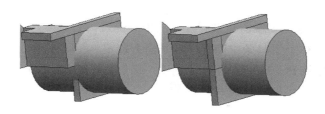

图 4.86　替换的面

步骤 5：创建键槽并完成产品的设计

(1) 单击【特征】工具条中的【凸台】按钮 ，打开【凸台】对话框，选择如图 4.87 所示的放置面，在【直径】文本框中输入"3"，在【高度】文本框中输入"6"，在【锥角】文本框中输入"0"，单击【确定】按钮。在弹出的【定位】对话框中单击【水平】按钮 ，选择如图 4.87 所示的水平参考边和目标对象，在【当前表达式】文本框中输入"2.5"，单击【应用】按钮，接着在【定位】对话框中单击【竖直】按钮 ，选择目标对象与水平参考边同一边缘，在【当前表达式】文本框中输入"2.5"，单击【应用】按钮，效果如图 4.88 所示。

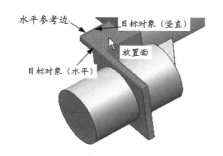

图 4.87　选择的面、参考边和目标对象　　　　图 4.88　定位效果

(2) 单击【特征】工具条中的【孔】按钮 ，打开【孔】对话框。选择如图 4.89 所示的放置面，在小圆台面上的孔【直径】文本框中输入"1.8"，在【深度限制】下拉列表框中选择【值】选项，在【深度】文本框中输入"5.5"，在【尖角】文本框中输入"0"，单击【确定】按钮，在大圆柱面上的【直径】文本框中输入"5"，在【深度限制】下拉列表框中选择【值】选项，在【深度】文本框中输入"12"，在【尖角】文本框中输入"0"，单击【确定】按钮，效果如图 4.90 所示。

图 4.89　选择的放置面　　　　图 4.90　创建的孔特征

(3) 把坐标系移动到第(2)步创建大圆柱孔的中心位置。

(4) 单击【特征操作】工具条中的【基准平面】按钮 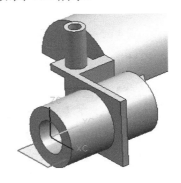，打开【基准平面】对话框。在【类型】下拉列表框中选择【XC-YC 平面】选项，在【距离】文本框中输入"-2.2"，单击【确定】按钮，创建一个基准平面，如图 4.91 所示。

图 4.91　创建的基准平面

(5) 选择【插入】|【设计特征】|【键槽】菜单命令或单击【特征】工具条中的【键槽】按钮 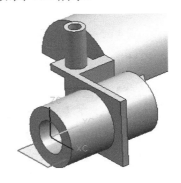，打开【键槽】对话框，如图 4.92 所示。选中【矩形】单选按钮，单击【确定】按钮，打开【矩形键槽】对话框，如图 4.93 所示。选择第(4)步的基准面为放置面，打开【方向】对话框，如图 4.94 所示。本实例方向向下，单击【确定】按钮，打开【选择实体】对话框，如图 4.95 所示，选择实体。

图 4.92　【键槽】对话框

图 4.93　【矩形键槽】对话框

图 4.94　【方向】对话框

图 4.95　【选择实体】对话框

(6) 打开【水平参考】对话框，选择如图 4.96 所示的水平参考，打开【矩形键槽】对话框，在【长度】文本框中输入"8"，在【宽度】文本框中输入"1"，在【深度】文本框中输入"1.5"，如图 4.97 所示，单击【确定】按钮。

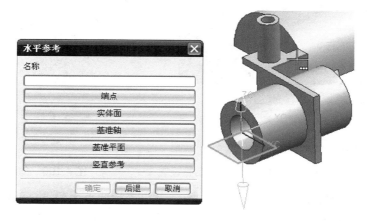

图 4.96　【水平参考】对话框及选择的参考

图 4.97　【矩形键槽】对话框

(7)　在【定位】对话框中单击【水平】按钮，打开【水平】对话框，选择如图 4.98 所示的目标对象，弹出【设置圆弧的位置】对话框，单击【圆弧中心】按钮，如图 4.98 所示，在【创建表达式】对话框中的【p972】文本框中输入"10"，如图 4.99 所示，单击【确定】按钮，效果如图 4.100 所示。

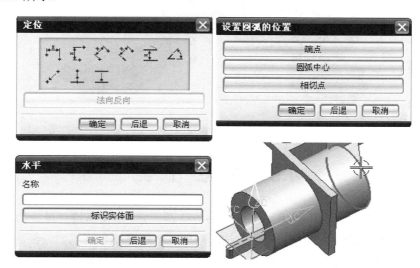

图 4.98　【定位】对话框、【设置圆弧的位置】对话框、【水平】对话框及选择的目标对象

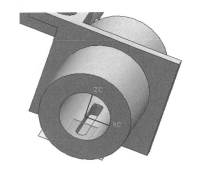

图 4.99　【水平】对话框及【创建表达式】对话框设置　　　　图 4.100　创建的键槽

(8)　把坐标系移动到如图 4.101 所示的位置，并以坐标原点为顶点，创建一个长度为 4.9、宽度为 3.24961514、高度为 1 的长方体，并进行求和操作，最终效果如图 4.102 所示。

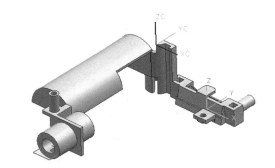

图 4.101　移动坐标系

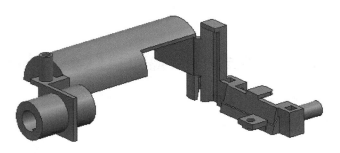

图 4.102　最终效果

4.8　本章小结

本章主要介绍了零件设计中的重要部分——特征设计方法，包括特征设计的概述、孔特征、凸台特征、键槽特征和槽特征等多种设计方法。最后，本章详细介绍了如何创建块规模型的过程。块规模型的设计实例包含了许多实体建模的技术方法，如凸台特征、孔特征键槽和沟槽等多种设计方法，将这些方法综合应用，就能创建出零件的模型，希望大家能认真学习掌握。

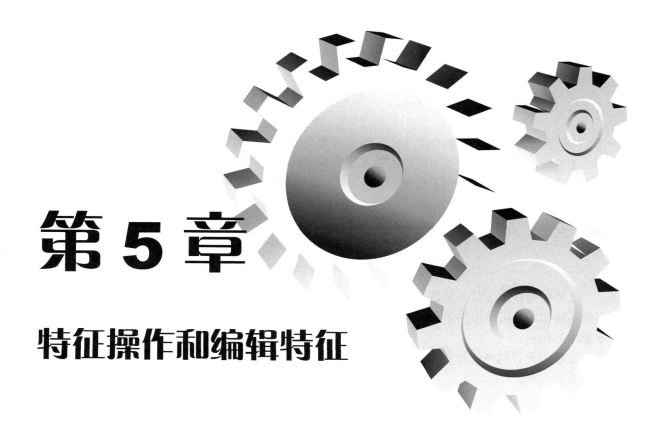

第 5 章

特征操作和编辑特征

　　特征的操作用于修改各种实体模型或特征、编辑特征中的各种参数。在 UG NX 6.0
中文版中，特征的操作是由【特征操作】工具条和【编辑特征】工具条完成的。这两个
工具条是完成特征高级操作的主要命令形式，本章将对其进行详细说明。

5.1 特征操作概述

特征操作是用【特征操作】工具条中的各类命令把简单的实体特征修改成复杂的模型。

【特征操作】工具条用来进行拔模、倒角和打孔等特征操作。当在【工具栏】右击弹出的快捷菜单中选择【特征操作】选项后，UG 界面显示如图 5.1 所示的【特征操作】工具条。

图 5.1 【特征操作】工具条

【特征操作】工具条只显示了一部分按钮，如果用户需要在【特征操作】工具条中添加或删除某些按钮，可单击右下角的下三角按钮 ，在展开的【特征操作】工具条中选择需要添加或删除的按钮。

当添加所有的特征操作按钮后，用鼠标将【特征操作】工具条拖到图形区后，【特征操作】工具条如图 5.2 所示。

图 5.2 【特征操作】工具条中的所有按钮

特征操作一般是在特征命令之后，模拟零件的精确加工过程，包括以下几类操作。

- 边特征操作：包括倒斜角和边倒圆等。
- 面特征操作：包括面倒圆、软倒圆和抽壳等。
- 复制和修改特征操作：包括实例特征和修剪体等。
- 其他特征操作：包括拔模、缝合、缩放体和螺纹等。

5.2 边特征操作

下面讲解零件特征的倒斜角和边倒圆设计。

5.2.1 倒斜角设计

倒斜角通过定义要求的倒角尺寸斜切实体的边缘。

用户可以通过选择【插入】|【细节特征】|【倒斜角】菜单命令，或在【特征操作】工具条中单击【倒斜角】按钮，打开【倒斜角】对话框，如图 5.3 所示。在该对话框中进行相应的设置后，单击【确定】按钮，即可生成倒斜角。

【倒斜角】对话框中的各参数介绍如下。

- 在【倒斜角】对话框中提供了三种倒斜角的选项：分别为对称、非对称、偏置和角度。下面介绍一下三种方式。
    - ◆ 对称：选择此选项，建立沿两个表面的偏置量相同的倒角，如图 5.4 所示。

图 5.3 【倒斜角】对话框

图 5.4 选择【对称】选项下创建的倒角

- ◆ 非对称：选择此选项，建立沿两个表面的偏置量不相同的倒角，如图 5.5 所示。
- ◆ 偏置和角度：选择此选项，建立偏置量由一个偏置值和一个角度决定的偏置，如图 5.6 所示。

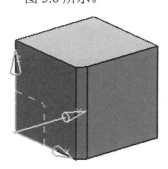

图 5.5 选择【非对称】选项下创建的倒角

图 5.6 选择【偏置和角度】选项下创建的倒角

- 其他参数介绍如下。
  - ◆ 距离：可在【距离】文本框中输入偏置的数值。
  - ◆ 偏置方法：在【偏置方法】下拉列表框中可选择偏置的方式。
  - ◆ 对所有实例进行倾斜角：选中【对所有实例进行倾斜角】复选框，当选择一引用阵列时，对所有阵列的引用进行倒角。

5.2.2 边倒圆设计

边倒圆通过使选择的边缘按指定的半径进行倒圆。

1．边倒圆操作

边倒圆的操作步骤如下。

用户可以通过选择【插入】|【细节特征】|【边倒圆】菜单命令，或在【特征操作】工具条中单击【边倒圆】按钮，打开【边倒圆】对话框，如图5.7所示。下面介绍一下其中的参数。

图 5.7　【边倒圆】对话框

- 要倒圆的边：在此选项组中，设定以恒定的半径倒圆。
- 可变半径点：在此选项组中，设定沿边缘的长度进行可变半径倒圆。
- 拐角回切：在此选项组中，设定对实体的三条边的交点倒圆。

- 拐角突然停止：在此参数选项组中，设定对局部边缘段倒圆。
- 修剪：此选项组用来设置修剪对象。
- 溢出解：此选项组用来设置滚动边等参数。
- 设置：选中【对所有实例倒圆】复选框将对所有的实例倒圆。另外还可以设置移除自相交、公差等参数。

2. 恒定的半径倒圆

用户可以运用恒定半径倒圆功能对选择的边缘创建同一半径的圆角，选择的边可以是一条边或多条边。

恒定的半径倒圆的操作步骤如下。

(1) 在【特征操作】工具条中单击【边倒圆】按钮，打开【边倒圆】对话框。

(2) 选择需要倒圆的实体边缘。

(3) 在【边倒圆】对话框中的【半径】文本框中输入圆角的半径值。

(4) 在【边倒圆】对话框中单击【确定】按钮，完成边倒圆操作，效果如图 5.8 所示。

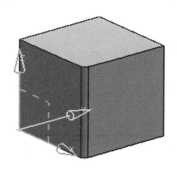

图 5.8　恒定的半径倒圆效果图

3. 变半径倒圆

用户可以运用可变半径点功能对选择的边缘创建不同半径的圆角，选择的边可以是一条边或多条边。

变半径倒圆的操作步骤如下。

(1) 在【特征操作】工具条中单击【边倒圆】按钮，打开【边倒圆】对话框。

(2) 选择需要倒圆的实体边缘。

(3) 在【边倒圆】对话框中打开【可变半径点】选项组，如图 5.9 所示。

(4) 在选择需要倒圆的实体边缘上选择不同的点，并在【边倒圆】对话框中输入不同的半径值。

(5) 最后单击【边倒圆】对话框中的【确定】按钮，完成边缘倒角操作，效果如图 5.10 所示。

4. 拐角回切

用户可以运用拐角回切功能对选择的实体三条边缘的相交部分创建光滑过渡的圆角。拐角倒角的操作步骤如下。

(1) 在【特征操作】工具条中单击【边倒圆】按钮，弹出【边倒圆】对话框。

(2) 选择需要倒圆的实体边缘，要选择三条相交的实体边缘。

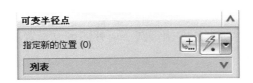

图 5.9　【可变半径点】选项组

图 5.10　变半径倒圆效果图

(3) 在【边倒圆】对话框中打开【拐角回切】选项组，如图 5.11 所示。

(4) 选择顶点以指定倒角深度距离。

(5) 在【边倒圆】对话框中输入圆角半径值。

(6) 最后单击【边倒圆】对话框中的【确定】按钮，完成边缘倒角操作，效果如图 5.12 所示。

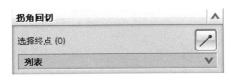

图 5.11　【拐角回切】选项组

图 5.12　边缘倒角效果图

5. 拐角突然停止

用户可以运用拐角突然停止功能对选择的实体边缘的一部分创建圆角。拐角突然停止的操作步骤如下。

(1) 在【特征操作】工具条中单击【边倒圆】按钮，打开【边倒圆】对话框。

(2) 选择需要倒圆的实体边缘。

(3) 在【边倒圆】对话框中输入圆角半径值。在【边倒圆】对话框中打开【拐角突然停止】选项组，如图 5.13 所示。

(4) 选择已经被选择的实体边缘的一个顶点。

(5) 在【边倒圆】对话框中输入局部边缘段倒圆的开始点距离实体边缘的百分比。

(6) 选择已经被选择的实体边缘的另一个顶点，重复上一步的操作。

(7) 最后单击【边倒圆】对话框中的【确定】按钮，完成边缘倒角操作，效果如图 5.14 所示。

图 5.13　【拐角突然停止】选项组

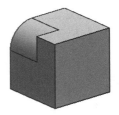

图 5.14　边缘倒角效果图

5.3　面特征操作

5.3.1　面倒圆设计

面倒圆是在选择的两个面的相交处建立圆角。

1. 面倒圆参数设置

用户可以通过选择【插入】|【细节特征】|【面倒圆】菜单命令，或在【特征操作】工具条中单击【面倒圆】按钮 🔧，打开【面倒圆】对话框，其中有【滚动球】和【扫掠截面】两种不同的效果类型方式供用户选择，如图 5.15 所示。下面介绍一下参数设置。

- 类型：在【类型】下拉列表框中有以下两个类型供用户选择。
  - 滚动球：选择此项，通过一球滚动与两组输入面接触形成表面倒圆，如图 5.16 所示。
  - 扫掠截面：选择此项，沿脊线扫描一横截面来形成表面倒圆，如图 5.17 所示。
- 面链：该选项组用来选择要倒圆的面。
- 倒圆横截面：该选项组用来设置圆的规定横截面为圆形或二次曲线。
- 约束和限制几何体：该选项组用来设置倒圆的约束和限制几何体参数。
- 修剪和缝合选项：该选项组用来设置倒圆的修剪和缝合参数。
- 设置：该选项组用来设置其他参数。其中，选中【相遇时添加相切面】复选框，则为每个面链添加最少数的面，然后面倒圆时系统自动选择附加的相切面。

(a) 滚动球方式的【面倒圆】对话框

(b) 扫掠截面方式的【面倒圆】对话框

图 5.15　【面倒圆】对话框

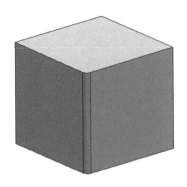

图 5.16　选择【滚动球】选项创建的面倒圆　　图 5.17　选择【扫掠截面】选项创建的面倒圆

2. 滚动球面倒圆

用户可以运用滚动球功能对选择的两个面由一球滚动与两组面接触来形成倒圆。利用滚动球功能对面进行倒圆的操作步骤如下。

(1)　在【特征操作】工具条中单击【面倒圆】按钮，打开【面倒圆】对话框，在该对话框中选择【滚动球】选项，【面倒圆】对话框变成滚动球方式如图 5.15(a)所示。

(2)　在绘图区内选择第一组面。

(3)　在【面倒圆】对话框的【面链】选项组中单击【选择面链 2】选项。

(4)　在绘图区内选择第二组面。

(5)　在【倒圆横截面】选项组中输入倒圆的半径值。

(6)　在【面倒圆】对话框中单击【确定】按钮，完成面倒圆操作。

3. 扫掠截面倒圆

用户可以运用扫掠截面功能使一横截面沿一指定的脊曲线扫掠，生成表面圆角。利用扫掠截面功能对面进行倒圆的操作步骤如下。

(1)　在【特征操作】工具条中单击【面倒圆】按钮，打开【面倒圆】对话框，在该对话框中选择【扫掠截面】选项，此时【面倒圆】对话框变为扫掠截面方式，如图 5.15(b)所示。

(2)　在绘图区内选择第一组面。

(3)　在【面倒圆】对话框的【面链】选项组中单击【选择面链 2】选项。

(4)　在绘图区内选择第二组面。

(5)　在【面倒圆】对话框的【倒圆横截面】选项组中单击【选择脊线】后面的【曲线】按钮。

(6)　在绘图区内选择脊曲线。

(7)　在【面倒圆】对话框中的【半径方法】下拉列表框中选择【规律控制的】一项。

(8)　在【面倒圆】对话框中单击【确定】按钮，完成面倒圆操作。

5.3.2　软倒圆设计

软倒圆是直接通过倒圆面上的相切曲线创建圆角，创建的圆角半径可通过相切曲线的位置来确定。

　　用户可以通过在【特征操作】工具条中单击【软倒圆】按钮，打开【软倒圆】对话框，如图 5.18 所示。下面介绍一下其中的参数。

- 第一组：单击此按钮，为软倒圆选择第一组面。
- 第二组：单击此按钮，为软倒圆选择第二组面。
- 第一相切曲线：单击此按钮，为软倒圆选择第一组相切曲线。
- 第二相切曲线：单击此按钮，为软倒圆选择第二组相切曲线。
- 附着方法：可以通过选择【附着方法】下拉列表框中的选项，设置修剪和附着的方式。
- 定义脊线：单击此按钮，为软倒圆选择截面线串。

设置完成后，单击【确定】按钮，完成软倒圆操作。

图 5.18　【软倒圆】对话框

5.3.3　抽壳

　　抽壳是指对一个实体以一定的厚度进行抽壳生成薄壁体或绕实体建立一壳体的操作。定义的厚度值可以是相同的也可以是不同的。

1. 抽壳参数设置

　　用户可以通过选择【插入】|【偏置/缩放】|【抽壳】菜单命令，或在【特征操作】工具条中单击【抽壳】按钮，打开【壳单元】对话框，如图 5.19 所示。该对话框提供了运用【抽壳】功能的操作步骤，包括选择实体、选择移除面，输入壁壳的厚度值等。下面介绍一下参数设置。

1) 类型

有以下两种类型可供选择。

- 移除面，然后抽壳：选择此类型，可以指定从壳体中移除的面。

● 抽壳所有面：选择此类型，生成的壳体将是封闭壳体。

2) 其他参数

● 【厚度】文本框：规定壳的厚度。

● 【备选厚度】选项组：选择面调整抽壳厚度。

● 【设置】选项组：设置相切边和公差等参数。

2. 抽壳操作步骤

利用【抽壳】功能创建壳体的操作步骤如下。

(1) 在【特征操作】工具条中单击【抽壳】按钮，打开【壳单元】对话框。

(2) 在【类型】下拉列表框中选择【移除面，然后抽壳】选项，在绘图区内选择移除面。

(3) 在【厚度】文本框中输入壳的厚度值。

(4) 在【抽壳】对话框中单击【确定】按钮，完成该抽壳操作，得到抽壳的效果如图 5.20 所示。

图 5.19　【壳单元】对话框

图 5.20　抽壳的效果

5.4　复制和修改特征操作

5.4.1　复制特征操作

复制特征操作主要是指实例特征操作，它包括矩形阵列、环形阵列、镜像体、镜像特征和图样面。复制特征操作可以方便快速地完成特征建立。实例特征是从已有的特征出发，建立一个特征引用阵列。实例特征的主要优点是可以快速建立特征群。

不能建立复制特征的有：倒圆、基准面、偏置片体、修剪片体和自由形状特征等。

> **注　意**
>
> (1) 对实例特征进行修改时，只需编辑与引用相关特征的参数，相关的实例特征会自动修改，如果要改变阵列的形式、个数、偏置距离或偏置角度，需编辑实例特征。
>
> (2) 实例特征具有可重复性，可以对实例特征再引用，形成新的实例特征。

1. 实例特征操作方法

在【特征操作】工具条中单击【实例特征】按钮，或者选择【插入】|【关联复制】|

【实例特征】菜单命令，打开如图 5.21 所示的【实例】对话框，选择实例特征操作的类型，再选择要进行实例特征操作的实体或特征，单击【确定】按钮，输入一系列参数，如复制特征数量、偏置距离等，最后单击【应用】按钮即可。

2. 实例特征操作类型

1) 矩形阵列

矩形阵列是根据阵列数量、偏置距离对一个或多个特征创建引用阵列，它是线性的，沿着 WCS 坐标系的 XC 和 YC 方向偏置。在打开的【实例】对话框中单击【矩形阵列】按钮，打开【实例】对话框，用鼠标选择要进行实例特征操作的特征，单击【确定】按钮后，出现如图 5.22 所示的矩形阵列【输入参数】对话框，输入参数后单击【确定】按钮后得到如图 5.23 所示的实例。

图 5.21 　【实例】对话框　　图 5.22 　矩形阵列【输入参数】对话框　　图 5.23 　矩形阵列实例

- 矩形阵列的方法有常规方法、简单方法和相同方法。常规方法建立时需要验证所有几何体合法性，生成速度慢；简单方法跟它类似，但不需要验证，速度快；相同方法生成速度最快，验证最少。
- 矩形阵列的参数有以下四种。
  - ◆ XC 向的数量：XC 方向阵列数量。
  - ◆ XC 偏置：XC 方向阵列的偏置距离，有正负之分，正的表示方向与 WCS 坐标方向相同，反之，则与 WCS 坐标方向相反。
  - ◆ YC 向的数量：YC 方向阵列数量。
  - ◆ YC 偏置：YC 方向阵列的偏置距离，跟 XC 偏置类似。

> **注意**
>
> 　　当用矩形阵列的常规方式创建引用时，如果创建引用超出几何体外，则出现错误消息，无法完成操作，其他的方式不会出现这种情况。

2) 圆形阵列

圆形阵列是把选择的特征建立圆形的引用阵列，它根据指定的数量、角度和旋转轴线来生成引用阵列。建立引用阵列时，必须保证阵列特征能在目标实体上完成布尔运算。在【实例】对话框中单击【圆形阵列】按钮，打开【实例】对话框，选择特征，单击【确定】按钮，打开如图 5.24 所示的圆形阵列【实例】对话框，输入参数后创建引用阵列 3 得到如图 5.25 所示的实例。

图 5.24 圆形阵列【实例】对话框

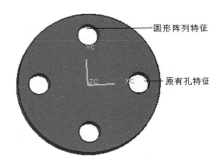

图 5.25 圆形阵列实例

- 圆形阵列的方法与矩形阵列相同。
- 圆形阵列的参数：数量和阵列角度。
- 确定旋转轴线：通过矢量构造器和点构造器确定。

3) 图样面

图样面是针对一个面组的复制，有点类似于引用阵列，但是条件更加宽松，它不需要复制的对象是关于特征的模型。【图样面】对话框如图 5.26 所示，在【类型】下拉列表框中选择【矩形图样】选项，选择圆形图样进行复制，输入参数值，单击【确定】按钮即可。

图样面实例如图 5.27 所示，要复制的原图样即种子面是由多个连接在一起的表面构成。

图 5.26 【图样面】对话框

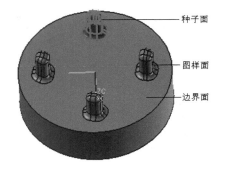

图 5.27 图样面实例

5.4.2 修改特征操作

修改特征操作主要包括修剪体、拆分体等特征操作。修改特征操作主要对实体模型进行修改，在特征建模中有很大作用。

1. 修剪体

修剪体操作是用一实体表面或基准面去裁剪一个或多个实体，通过选择要保留目标体的部分，得到修剪体形状。裁剪面可以是平面，也可以是其他形式的曲面。在【特征操作】工具条中单击【修剪体】按钮 ，或者选择【插入】|【修剪】|【修剪体】菜单命令，打开如图 5.28(a)所示的【修剪体】对话框。

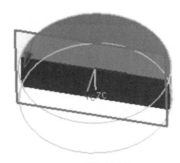

(a) 【修剪体】对话框   (b) 预览效果

图 5.28   【修剪体】对话框及其预览效果

【修剪体】对话框包括选择【目标】、【刀具】和【预览】选项组。

【修剪体】的操作方法：在对话框中单击【目标】按钮，选择修剪操作的目标体，单击【面或平面】按钮，选择修剪面，选中【预览】复选框，单击【反向】按钮可改变修剪方向，这时出现修剪体操作的预览情形(如图 5.28(b))所示，最后单击【应用】按钮即可。

2. 拆分体

拆分体与修剪体特征操作方法相类似，只是它把实体分割成两个或多个部分。在【特征操作】工具条中单击【拆分体】按钮，打开【拆分体】对话框，如图 5.29 所示。

图 5.29   【拆分体】对话框

具体操作方法如下。

(1) 选择要拆分的目标体。

(2) 单击【面】按钮，再选择分割面。

(3) 单击【确定】按钮即可。图 5.30 所示为拆分体操作实例结果。

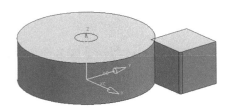

图 5.30　拆分体操作实例结果

5.5　其他特征操作

5.5.1　拔模特征操作

拔模特征操作是对目标体的表面或边缘按指定的拔模方向拔一定大小的锥度，拔模角有正负之分，正的拔模角使拔模体朝拔模矢量中心靠拢，负的拔模角使拔模体与拔模矢量中心背离。

> **注　意**
>
> 拔模特征操作时，拔模表面和拔模基准面不能平行。要修改拔模时可以编辑拔模特征，包括拔模方向、拔模角等。

1．操作方法

在【特征操作】工具条中单击【拔模】按钮 ，或者选择【插入】｜【细节特征】｜【拔模】菜单命令，打开如图 5.31 所示的【拔模】对话框，选择拔模的类型，若选择【从平面】拔模类型，则需依次完成脱模方向、固定面、拔模表面和拔模角度的设置，选中【预览】复选框，单击【确定】按钮即可完成拔模操作，如图 5.32 所示。

图 5.31　　【拔模】对话框

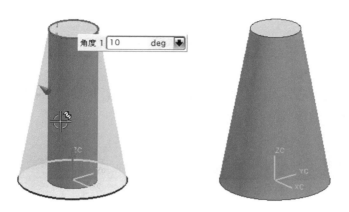

图 5.32　拔模操作

2．拔模类型

1)　从平面拔模

从平面拔模操作类型需要拔模方向、基准面、拔模表面和拔模角度四个关联参数。其中拔模角度可以进行编辑修改。

2)　从边拔模

从边拔模是指对指定的一边缘组拔模。从边拔模最大的优点是可以进行变角度拔模，操作步骤是：在【拔模】对话框的【类型】下拉列表框中选择【从边】选项，单击【矢量构造器】按钮，打开【矢量】对话框，在【类型】下拉列表框中选择【ZC 轴】选项，单击【确定】按钮，单击【选择边】选项，选择目标体边缘，在【角度 1】文本框中设置参数，定义所有的变角度点和半径参数值后，单击【确定】或【应用】按钮，得到如图 5.33 所示的操作结果预览。

(a)　"从边"拔模参数设置　　　　(b)　"从边"拔模效果

图 5.33　"从边"拔模

从边拔模也可以采用恒定半径值，这样就不需要选择变角度点及输入其半径参数值。

3）　与多个面相切拔模

与多个面相切拔模一般针对具有相切面的实体表面进行拔模。它能保证拔模后它们仍然相切。与多个面相切拔模操作实例的预览如图 5.34 所示。

与多个面相切拔模不能是用拔模角度为负值的情况，也就是它不允许选择面法向方向指向实体的情况。

4）　至分型边拔模

至分型边拔模是按一定的拔模角度和参考点，沿一分裂线组对目标体进行拔模操作。具体实例的预览如图 5.35 所示。

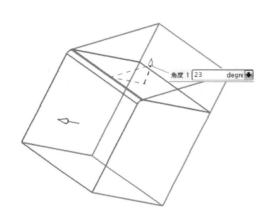

图 5.34　与多个面相切拔模

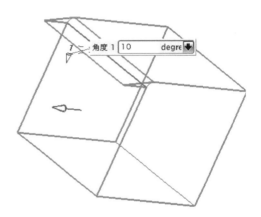

图 5.35　至分型边拔模

5.5.2　缝合特征操作

缝合特征操作是把两个或多个片体连接在一起建立单一片体的操作。如果被缝合的片体集合封闭为一容积，则建立实体。

1. 缝合特征操作方法

在【特征操作】工具条中单击【缝合】按钮，或者选择【插入】｜【组合体】｜【缝合】菜单命令，打开如图 5.36 所示的【缝合】对话框，选择缝合的类型，包括图纸页缝合和实线缝合两种类型，选择要缝合的目标体，单击【确定】按钮即可。

2. 缝合输入类型

1）　图纸页缝合

图纸页缝合类型要求缝合对象是两组片体，先单击【目标】按钮，选择目标片体，再单击

【刀具】按钮，选择刀具片体，单击【确定】按钮即可。

2) 实线缝合

实线缝合类型要求缝合对象为实体，而且拥有共同的表面或相似面，先单击【目标】按钮，选择目标面，再单击【刀具】按钮，选择刀具面，单击【确定】按钮即可。

图 5.36   【缝合】对话框

5.5.3   缩放体

缩放体特征操作是对实体进行比例缩放。在【特征操作】工具条中单击【缩放体】按钮 ，或选择【插入】|【偏置/缩放】|【缩放体】菜单命令，打开如图 5.37 所示的【缩放体】对话框。

图 5.37   均匀缩放的【缩放体】对话框

1. 【缩放体】对话框介绍

【缩放体】对话框包括缩放体操作类型、体、缩放轴和比例因子等参数。

2. 操作步骤

以均匀比例缩放为例，其操作步骤如下。

(1) 选择要缩放的体。

(2) 指定参考点。

(3) 设置比例因子，单击【确定】按钮即可。

3. 操作类型

缩放体特征操作类型有以下三种。

● 均匀缩放：表示缩放时沿各个方向同比例缩放，图 5.37 所示为其对话框。

● 轴对称缩放：按指定的缩放比例沿指定的轴线方向缩放，图 5.38(a)所示为其对话框。

● 常规缩放：可以在不同方向按不同比例缩放，图 5.38(b)所示为其对话框。

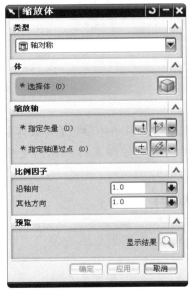
(a) 轴对称缩放的【缩放体】对话框

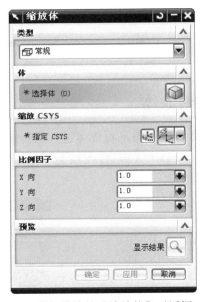
(b) 常规缩放的【缩放体】对话框

图 5.38　另两种类型的【缩放体】对话框

5.5.4　螺纹

UG NX 6.0 提供了在回转面上创建螺纹特征的功能。可以在圆柱表面的内表面或外表面创建螺纹特征。

1. 螺纹参数设置

用户可以通过选择【插入】|【设计特征】|【螺纹】菜单命令，或在【特征操作】工具条

中单击【螺纹】按钮 ，打开【螺纹】对话框，如图 5.39 所示。该对话框提供了符号和详细两种创建螺纹的方式。下面介绍一下对话框中的参数。

图 5.39 【螺纹】对话框

- 符号：利用该方式创建螺纹，创建的螺纹只以虚线表示，而不显示螺纹实体，如图 5.40 所示。
- 详细：利用该方式创建的螺纹以实体表示，如图 5.41 所示。

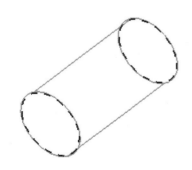

图 5.40 符号螺纹

图 5.41 实体螺纹

- 大径：该文本框用于设置螺纹的最大直径。
- 小径：该文本框用于设置螺纹的最小直径。

- 螺距：该文本框用于设置螺距的数值。
- 角度：该文本框用于设置螺纹的牙型角，默认情况下为标准值 60°。
- 标注：系统根据选定的螺纹参考面自动定制一个标准螺纹编号。
- 螺纹钻尺寸：该文本框用来设置螺纹轴的尺寸。
- Method：该下拉列表框用于指定螺纹的加工方式，该下拉列表框提供了四种加工方式：Cut、Rolled、Ground 和 Milled。
- Form：该下拉列表框用于指定螺纹的种类，该下拉列表框提供了十一种螺纹类型：Metric、Unified、UNJ、Trapezoidal、Acme 等。
- 螺纹头数：该文本框用来设置螺纹的头数。
- 已拔模：选中该复选框，则创建拔模螺纹。
- 完整螺纹：选中该复选框，则在整个圆柱上创建螺纹，螺纹随圆柱面的改变而改变。
- 长度：该文本框用于设置螺纹的长度。
- 手工输入：选中该复选框，【螺纹】对话框上部各参数被激活，通过键盘输入螺纹的基本参数。
- 从表格中选择：单击该按钮，弹出螺纹列表框，提示用户从弹出的螺纹列表中选取合适的螺纹规格。
- 旋转：该选项组用于设置螺纹的旋向，左旋或者是右旋。

2．螺纹的操作步骤

在实体上创建符号螺纹的操作步骤如下。

(1) 在【特征操作】工具条中单击【螺纹】按钮，打开【螺纹】对话框。在该对话框中选择【详细】单选按钮。

(2) 在绘图区内选择要创建螺纹的实体表面。

(3) 在【螺纹】对话框中设置相应的螺纹参数。

(4) 在【螺纹】对话框中单击【确定】按钮，完成螺纹的详细操作。

5.6 编 辑 特 征

编辑特征是指为了在特征建立后能快速对其进行修改而采用的操作命令。当然，不同的特征有不同的编辑对话框。编辑特征的种类有编辑特征参数、编辑位置、移动特征、特征重排序、替换特征、抑制特征、取消抑制特征等。

编辑特征操作的方法有多种，它随编辑特征的种类不同而不同，一般有以下几种方式。

- 单击目标体，并右击，弹出如图 5.42 所示的包含编辑特征的快捷菜单。
- 选择【编辑】|【特征】菜单命令，打开【编辑特征】级联菜单，如图 5.43 所示。
- 在【编辑特征】工具条中进行选择，如图 5.44 所示。

图 5.42　【编辑特征】快捷菜单　　　　　　图 5.43　【编辑特征】级联菜单

图 5.44　【编辑特征】工具条

5.6.1　编辑特征参数

编辑特征参数是修改已存在的特征参数,它的操作方法很多,最简单的是直接双击目标体。当模型中有多个特征时,就需要选择要编辑的特征。图 5.45 所示为【编辑参数】对话框。

有许多特征的参数编辑同特征创建时的对话框一样,这样就可以直接修改参数,同新建特征一样,如长方体、孔、边倒圆和面倒圆等。

编辑实例特征参数属于特征操作命令范畴,其中旋转阵列特征的对话框包括【特征对话框】按钮、【实例阵列对话框】按钮、【旋转实例】按钮,如图 5.46 所示,其他形式的阵列对话框与之类似。

图 5.45　【编辑参数】对话框　　　　图 5.46　实例特征【编辑参数】对话框

5.6.2 编辑位置

编辑位置操作是指对特征的定位尺寸进行编辑，在【编辑特征】工具条中单击【编辑位置】按钮，或选择【编辑】｜【特征】｜【编辑位置】菜单命令，选择要编辑位置的目标特征体，打开如图 5.47 所示的【编辑位置】对话框，单击相应的按钮就可以打开相应的对话框进行编辑特征的修改。如单击【添加尺寸】按钮，打开【定位】对话框，可以对特征增加定位约束，添加定位尺寸，如图 5.48 所示。

图 5.47　【编辑位置】对话框

图 5.48　【定位】 对话框

5.6.3 移动特征

移动特征操作是指移动特征到特定的位置。在【编辑特征】工具条中单击【移动特征】按钮，或选择【编辑】｜【特征】｜【移动】菜单命令，选择移动特征操作的目标特征体，打开【移动特征】对话框，如图 5.49 所示。

【移动特征】对话框包含三个参数和三个选项。三个参数是移动距离增量：DXC、DYC、DZC，分别表示沿 X、Y、Z 方向移动的距离。三个选项分别是。

- 【至一点】选项：该选项指定特征移动到一点。
- 【在两轴间旋转】选项：该选项指定特征在两轴间旋转。
- 【CSYS 到 CSYS】选项：该选项把特征从一个坐标系移动到另一个坐标系。

图 5.49　【移动特征】对话框

5.6.4 特征重排序

在特征建模中，特征添加具有一定的顺序，特征重排序是指改变目标体上特征的顺序。在【编辑特征】工具条中单击【特征重排序】按钮，打开【特征重排序】对话框，如图 5.50 所示。

【特征重排序】对话框包括三部分：【参考特征】列表框、【选择方法】选项组和【重定位特征】列表框。【参考特征】列表框显示所有的特征，可以选择重排序的特征。【选择方法】

选项组中有两个单选按钮：【在前面】单选按钮和【在后面】单选按钮。在【重定位特征】列表框中显示要重排序的特征。

图 5.50　【特征重排序】对话框

5.6.5　特征抑制与取消抑制特征

特征抑制与取消是一对对立的特征编辑操作。在建模中不需要改变的一些特征可以运用【特征抑制】命令隐去，这样命令操作时更新速度加快，而【取消抑制特征】操作则是对抑制的特征解除抑制。在【编辑特征】工具条中单击【抑制特征】按钮 或者【取消抑制特征】按钮 ，打开【抑制特征】对话框，如图 5.51 所示，或者打开【取消抑制特征】对话框，如图 5.52 所示。

注 意

当选择抑制的特征含有子特征时，它们一起选择抑制，取消时也是一样。

图 5.51　【抑制特征】对话框

图 5.52　【取消抑制特征】对话框

5.7 特征表达式设计

表达式是 UG NX 6.0 参数化建模的重要工具，是定义特征的算术或条件公式的语句。表达式记录了所有参数化特征的参数值，可以在建模的任意时刻通过修改表达式的值对模型进行修改。

5.7.1 概述

表达式的一般形式为：A=B+C，其中 A 为表达式变量，又称为表达式名，B+C 赋值给 A，在其他表达式中通过引用 A 来引用 B+C 的值。

所有表达式都有一个单一的、唯一的名字和一个字符串或公式，它们通常包含变量、函数、数字、运算符和符号的组合。

UG NX 6.0 中文版采用两种表达式。

1) 系统表达式

在建模操作过程中，随着特征的建立与定位，系统将自动地建立参数并以表达式的形式存储于部件中。

2) 用户定义表达式

用户定义表达式是用户根据设计意图，利用表达式编辑器自定义输入的算术或条件表达式。如零件的参数值、变量间的参数关系等。

例如，在建立一个长方体时，用户可以通过自定义表达式建立长、宽和高之间的关系，其表达式为：Width=20，lenth=3*width，high =width/3。该组表达式解释为：该长方体的宽为 20，长为宽的 3 倍，而高为宽的 1/3。

5.7.2 创建表达式

用户可以通过【表达式】对话框创建表达式。选择【工具】|【表达式】菜单命令，打开【表达式】对话框，如图 5.53 所示，利用该对话框可以显示和编辑系统定义的表达式，也可以建立自定义表达式。

下面介绍在【表达式】对话框中创建表达式时的参数设置方法。

- 【列出的表达式】下拉列表框：该下拉列表框包括【用户定义】选项、【命名的】选项、【按名称过滤】选项、【按值过滤】选项、【按公式过滤】选项、【按类型过滤】选项、【不使用的表达式】选项、【对象参数】选项、【测量】选项和【全部】选项，如图 5.54 所示。
- 【表达式】列表框：该列表框中包括【名称】选项、【公式】选项、【值】选项、【单位】选项、【类型】选项、【附注】选项和【检查】选项。
- 【名称】文本框：在该文本框中输入表达式的名称，最多 132 个字符，名称可以用字母、数字或下划线，但必须由字母开始。

图 5.53 【表达式】对话框

图 5.54 【列出的表达式】下拉列表框

在表达式名中，如果它们的尺寸设置是常数，则表达式名的大小写敏感。在其他情况下表达式名的大小写不敏感。

- 【公式】文本框：该文本框可以含有数字、函数、运算符和其他表达式名的组合。
- 【维数】：从【恒定】选项、【长度】选项、【面积】选项、【体积】选项、【质量】选项和【其他】选项中选择。
- 【单位】下拉列表框：在下拉列表框中对应的单位将是有效的。如果在毫米制部件中规定单位为英寸，系统将自动处理单位转换。
- 【更少选项】按钮▲：单击此按钮，压缩【表达式】对话框。
- 【接受编辑】按钮☑：单击此按钮，接受编辑。
- 【拒绝编辑】按钮☒：单击此按钮，拒绝编辑。

提 示

当正在编辑时，在列表框中的表达式将高亮显示，指示已进入编辑模式。

5.7.3 编辑表达式

用户还可以通过【表达式】对话框完成编辑表达式的操作。编辑表达式的步骤如下。

(1) 选择【工具】|【表达式】菜单命令，打开【表达式】对话框。

(2) 在【表达式】列表框中选择要编辑的表达式。它的信息将填入名称、公式、维数以及单位等域中，如图 5.55 所示。

(3) 在相应的参数文本框或下拉列表框中改变参数。

(4) 单击【接受编辑】按钮☑，建立表达式。

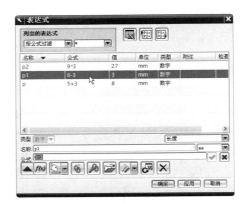

图 5.55　选择要编辑的表达式

5.8　设计范例

　　下面讲解一个具体的零件设计范例。这个产品是一个小型电机的外壳，通过讲述它的设计过程，具体介绍特征操作和编辑的方法。

5.8.1　范例介绍

　　这个产品是一个小型电机的外壳，其效果如图 5.56 所示，通过对它进行设计的过程，向读者介绍 UG NX 6.0 的新功能和新特点。在这个实例中主要介绍了特征操作和编辑的方法，同时还介绍了表达式的约束操作。

　　通过本范例的学习读者将掌握如下的内容。

- 特征设计部分命令。
- 特征集的创建。
- 关联复制：抽取、实例特征和镜向体等。
- 草图的创建和约束。
- 拔模的相关操作。
- 特征表达式的操作。

图 5.56　范例效果

5.8.2 范例制作

步骤 1：创建回转体

(1) 单击【新建】按钮 📄，打开【新建】对话框，选择【模板】选项组中的【模型】选项，在【名称】文本框中输入适当的名称，选择适当的文件存储路径，单击【确定】按钮。

(2) 选择【插入】│【草图】菜单命令或单击【特征】工具条中的【草图】按钮 📐，打开【创建草图】对话框，在【草图平面】选项组中的【平面选项】下拉列表框中选择【创建平面】选项，如图 5.57 所示，单击【完整平面工具】按钮 🔲，打开【平面】对话框，选择【XC-ZC 平面】选项，单击【确定】按钮，返回【创建草图】对话框，单击【确定】按钮。

图 5.57 【创建草图】对话框

(3) 绘制如图 5.58 所示的草图，单击【完成草图】按钮，退出草图界面，返回到主窗口。

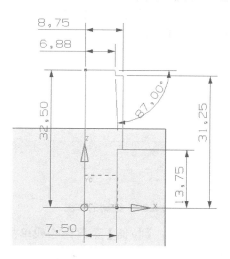

图 5.58 绘制的草图

(4) 选择【插入】|【设计特征】|【回转】菜单命令或单击【特征】工具条中的【回转】按钮，打开【回转】对话框，选择第(3)步创建的草图曲线，【指定矢量】设置为"正 ZC 轴"方向，单击【点构造器】按钮，打开【点】对话框，输入点坐标(0, 0, 0)，单击【确定】按钮，返回【回转】对话框，在开始【角度】文本框中输入"0"，在结束【角度】文本框中输入"360"，单击【确定】按钮，创建如图 5.59 所示的回转体。

图 5.59　【回转】对话框参数设置及创建的回转体

步骤 2：创建基座

(1) 单击【特征】工具条中的【草图】按钮，打开【草图】对话框，在【草图平面】选项组中的【平面选项】下拉列表框中选择【创建平面】选项，单击【完整平面工具】按钮，选择【XC-YC 平面】选项，单击【确定】按钮，返回【创建草图】对话框，单击【确定】按钮。绘制如图 5.60 所示的草图，单击【完成草图】按钮，退出草图界面，返回到主窗口。

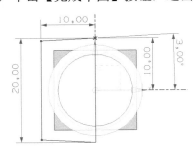

图 5.60　绘制的草图

(2) 选择【插入】|【设计特征】|【拉伸】菜单命令或单击【特征】工具条中的【拉伸】按钮，打开【拉伸】对话框，选择第(1)步绘制的草图曲线，设置【拉伸方向】为"正 ZC 轴"方向，在开始【距离】文本框中输入"0"，在结束【距离】文本框中输入"2.5"，其他

按照默认设置，单击【确定】按钮，效果如图 5.61 所示。

图 5.61 【拉伸】对话框参数设置及创建的拉伸体

(3) 选择【插入】|【细节特征】|【拔模】菜单命令或单击【特征操作】工具条中的【拔模】按钮，打开【拔模】对话框，设置【脱模方向】为"正 XC 轴"方向，如图 5.62 所示分别选择固定面和要拔模的面，注意方向，在【角度 1】文本框中输入"-3"，单击【确定】按钮。

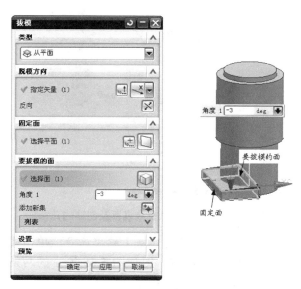

图 5.62 【拔模】对话框及选择的固定面

(4) 选择【插入】|【基准/点】|【点】菜单命令，打开【点】对话框，分别输入点坐标为(-7.5, -6.9759, 0)和(-7.5, 6.9759, 0)，如图 5.63 所示，分别单击【确定】按钮创建两个点。

(5) 选择【插入】|【设计特征】|【孔】菜单命令或单击【特征】工具条中的【孔】按钮，打开【孔】对话框，在【类型】下拉列表框中选择【常规孔】选项，在【直径】文本框

中输入"2"，在【深度限制】下拉列表框中选择【贯通体】选项，分别选择第(4)步创建的两点，单击【确定】按钮，效果如图 5.64 所示。

图 5.63　【点】对话框

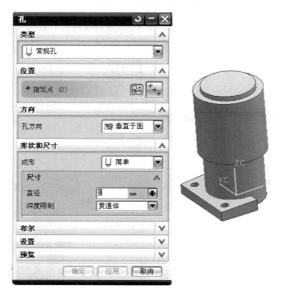

图 5.64　【孔】对话框参数设置及创建的孔特征

(6)　选择【插入】|【细节特征】|【边倒圆】菜单命令或单击【特征操作】工具条中的【边倒圆】按钮，打开【边倒圆】对话框，对如图 5.65 所示的两条边进行边倒圆操作，在 Radius 1 文本框中输入"2.5"，单击【确定】按钮。

(7)　选择【插入】|【关联复制】|【镜像体】菜单命令或单击【特征操作】工具条中的【镜像体】按钮，打开【镜像体】对话框，选择拉伸体，再选择如图 5.66 所示的镜像平面，单击【确定】按钮，效果如图 5.67 所示。

图 5.65　【边倒圆】对话框参数设置及创建的边倒圆特征

图 5.66　【镜像体】对话框及选择的镜像平面

(8)　选择【插入】|【组合体】|【求和】菜单命令或单击【特征操作】工具条中的【求和】按钮 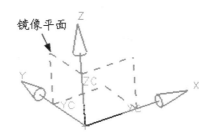，打开【求和】对话框，选择回转体为目标体，分别选择两个拉伸实体为刀具体，如图 5.68 所示，单击【确定】按钮。

图 5.67　镜像的效果

图 5.68　【求和】对话框

步骤 3：创建表达式

(1) 选择【工具】|【表达式】菜单命令，打开【表达式】对话框。

(2) 在【表达式】对话框中的【名称】文本框中输入 houdu，在【公式】文本框中输入"0.62"，单击【接受编辑】按钮✅后，"houdu"就显示在列表中，如图 5.69 所示，单击【确定】按钮。

图 5.69 【表达式】对话框

步骤 4：创建散热片

(1) 选择【插入】|【基准/点】|【基准平面】菜单命令或单击【特征操作】工具条中的【基准平面】按钮□·，打开【基准平面】对话框，在【类型】下拉列表框中选择【XC-YC平面】选项，在【距离】文本框中输入"31.25"，如图 5.70 所示，单击【确定】按钮。

图 5.70 【基准平面】对话框

(2) 以第(1)步创建的基准平面为草图平面，绘制如图 5.71 所示的草图，单击【完成草图】按钮，退出草图界面，返回到主窗口。

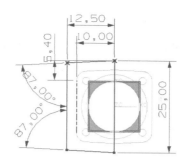

图 5.71　绘制的草图

(3)　单击【特征】工具条中的【拉伸】按钮，打开【拉伸】对话框，选择第(2)步创建的草图曲线，【拉伸方向】设置为"正 ZC 轴"方向，单击【开始距离】文本框右侧的向下箭头，在弹出的菜单中选择【公式】命令，打开【表达式】对话框，在【公式】文本框中输入"-houdu/2"，如图 5.72 所示，单击【接受编辑】按钮，单击【确定】按钮。再单击【结束距离】文本框右侧的向下箭头，在弹出的菜单中选择【公式】命令，打开【表达式】对话框，在【公式】文本框中输入"houdu/2"，单击【接受编辑】按钮，单击【确定】按钮，其他按照默认设置，单击【确定】按钮，效果如图 5.73 所示。

图 5.72　【表达式】对话框

图 5.73　拉伸效果

步骤 5：创建基本外形

(1) 单击【特征操作】工具条中的【拔模】按钮 ，打开【拔模】对话框。【脱模方向】选择"负 XC 轴"，分别选择固定面和要拔模的面，注意方向，在【角度】文本框中输入"1"，如图 5.74 所示，单击【确定】按钮，效果如图 5.75 所示。

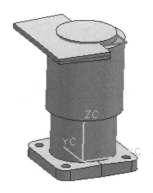

图 5.74　选择固定面和要拔模的面　　　　图 5.75　拔模效果

(2) 使用边倒圆命令，对如图 5.76 所示的边缘进行半径为"5"的边倒圆操作。

(3) 单击【特征操作】工具条中的【镜像体】按钮 ，打开【镜像体】对话框，选择拉伸体，再选择镜像平面，单击【确定】按钮，效果如图 5.77 所示。

图 5.76　完成的边倒圆特征　　　　图 5.77　完成的镜像特征

(4) 对两个拉伸体进行求和操作。

(5) 选择【格式】|【特征分组】菜单命令，打开【特征集】对话框，在【特征集名称】文本框中输入"group"，在【部件中的特征】列表框中选择如图 5.78 所示的 5 个特征，单击【添加】按钮 ，单击【确定】按钮。设置完成的【特征集】对话框如图 5.79 所示，

(6) 选择【格式】| WCS |【旋转】菜单命令，打开【旋转 WCS 绕】对话框，选中【+XC 轴:YC→ZC】单选按钮，在【角度】文本框中输入"90"，如图 5.80 所示，单击【确定】按钮。

图 5.78　【特征集】对话框的设置

图 5.79　设置完成的【特征集】对话框

图 5.80　【旋转 WCS 绕】对话框

(7)　选择【插入】|【关联复制】|【实例特征】菜单命令或单击【特征操作】工具条中的【实例特征】按钮，打开【实例】对话框，单击【矩形阵列】按钮，在【实例】对话框中选择【组(24)】选项，如图 5.81 所示，单击【确定】按钮。在打开的【输入参数】对话框中选中【常规】单选按钮，单击【YC 偏置】文本框右侧的向下箭头，在弹出的菜单中选择【公式】命令，如图 5.82 所示，在打开的【表达式】对话框输入如图 5.83 所示的参数，单击【接受编辑】按钮，单击【确定】按钮，返回【输入参数】对话框，单击【确定】按钮，效果如图 5.84 所示。

图 5.81　【实例】对话框中参数设置

图 5.82　【输入参数】对话框参数设置

图 5.83　【表达式】对话框参数设置

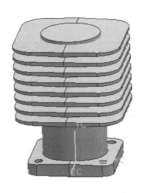

图 5.84　实例特征的效果

(8)　对所有实体进行求和操作。选择【插入】|【组合体】|【求和】菜单命令，打开【求和】对话框，选择所有实体，单击【确定】按钮后完成求和。

步骤 6：创建腔体

(1)　选择【插入】|【设计特征】|【腔体】菜单命令或单击【特征】工具条中的【腔体】按钮，打开【腔体】对话框，单击【圆柱形】按钮，选择底面为放置面，在打开的【圆柱形腔体】对话框中的【腔体直径】文本框中输入"13"，在【深度】文本框中输入"31.25"，在【底面半径】文本框中输入"0.3125"，在【锥角】文本框中输入"1"，如图 5.85 所示，单击【确定】按钮。

(2)　在弹出的【定位】对话框中单击【水平】按钮，选择水平参考边为 XC 轴方向的基准轴，目标对象选择与 YC 轴平行的边缘，刀具选择腔体边缘，在弹出的对话框中单击【圆弧中心】按钮，在【当前表达式】文本框中输入"10"，单击【应用】按钮，接着在【定位】对话框中单击【竖直】按钮，选择目标对象为与 XC 轴平行的边缘，在【当前表达式】文本框中输入"10"，单击【应用】按钮，定位效果如图 5.86 所示。

图 5.85　【圆柱形腔体】对话框中参数设置

图 5.86　定位的效果

步骤 7：创建通风口

(1) 单击【特征操作】工具条中的【基准平面】按钮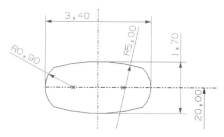，打开【基准平面】对话框，在【类型】下拉列表框中选择【YC-ZC 平面】，在【距离】文本框中分别输入"0"和"12.8"，单击【确定】按钮，创建两个基准平面，如图 5.87 所示。

(2) 以第(1)步创建的距离为"12.8"的基准平面为草图平面，YC 方向基准轴为水平参考，绘制如图 5.88 所示的草图，单击【完成草图】按钮，退出草图界面，返回到主窗口。

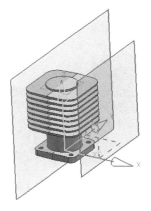

图 5.87　创建的基准平面

图 5.88　绘制的草图

(3) 选择【编辑】|【复制特征】菜单命令，打开【复制特征】对话框，选择需要复制的草图特征，如图 5.89 所示，单击【确定】按钮。

图 5.89　【复制特征】对话框

(4) 选择【编辑】|【粘贴】菜单命令，打开【粘贴特征】对话框，选择第(1)步创建的距离为"0"的基准平面，选择 YC 轴为基准轴，单击【确定】按钮，效果如图 5.90 所示。

(5) 隐藏第(2)步创建的草图，双击第(4)步粘贴的草图，重新编辑草图，修改其尺寸如图 5.91 所示。

(6) 以第(1)步创建的距离为"0"的基准平面为草图平面，YC 方向基准轴为水平参考，

创建另一个如图 5.92 所示的草图，单击【完成草图】按钮，退出草图界面，返回到主窗口。

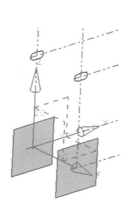

图 5.90 【粘贴特征】对话框及粘贴效果

图 5.91 修改的尺寸

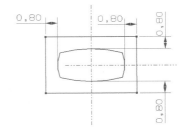

图 5.92 绘制的另一个草图

(7) 选择【插入】|【设计特征】|【圆柱体】菜单命令或单击【特征】工具条中的【圆柱】按钮，打开【圆柱】对话框，在【类型】下拉列表框中选择【轴、直径和高度】选项，设置【指定矢量】为"正 ZC 轴"，单击【点构造器】按钮，打开【点】对话框，输入点坐标为(0, 0, 13.75)，单击【确定】按钮，返回【圆柱】对话框，在【直径】文本框中输入"17.5"，在【高度】文本框中输入"17.5"，单击【应用】按钮，创建的圆柱体如图 5.93 所示。

(8) 选择【插入】|【修剪】|【修剪体】菜单命令或单击【特征操作】工具条中的【修剪体】按钮，打开【修剪体】对话框，选择圆柱体为目标体，选择创建的 YC-ZC 平面为刀具体，注意修剪方向，单击【确定】按钮，修剪后的效果如图 5.94 所示。

(9) 选择【插入】|【关联复制】|【抽取】菜单命令或单击【特征操作】工具条中的【抽取】按钮，打开【抽取】对话框，选择圆柱的圆弧面，单击【确定】按钮，隐藏圆柱体。

(10) 单击【曲线】工具条中的【基本曲线】按钮，打开【基本曲线】对话框，单击【直线】按钮，在【点方法】下拉列表框中单击【点构造器】按钮，打开【点】对话框，将坐标分别是(12.8, -20, 0)和(12.8, 20, 0)的两点连接成一条直线。

(11) 单击【特征】工具条中的【拉伸】按钮，打开【拉伸】对话框，选择第(10)步创建的直线，设置【拉伸方向】为"正 ZC 轴"，在开始【距离】文本框中输入"0"，在结束【距离】文本框中输入"50"，其他按照默认设置，单击【确定】按钮，拉伸后的效果如图 5.95 所示。

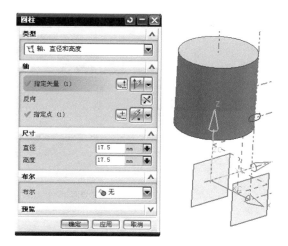

图 5.93　【圆柱】对话框参数设置及创建的圆柱体

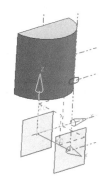

图 5.94　修剪后的效果

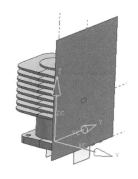

图 5.95　拉伸后的效果

(12) 选择【插入】│【设计特征】│【垫块】菜单命令或单击【特征】工具条中的【垫块】按钮 ，打开【垫块】对话框，如图 5.96 所示。单击【常规】按钮，打开【常规垫块】对话框，选择如图 5.97 所示的圆柱面为放置面，单击【顶面】按钮 ，选择第(11)步创建的拉伸面，单击【顶部轮廓曲线】按钮 ，在【锥角】文本框中输入"3"，选择第(5)步创建的矩形草图，单击【目标体】按钮 ，选择整个外壳实体，在【拐角半径】文本框中输入"0.5"，如图 5.98 所示，单击【确定】按钮，创建的垫块如图 5.99 所示。

图 5.96　【垫块】对话框

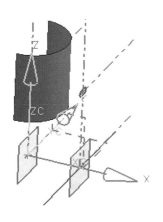

图 5.97 选择的放置面

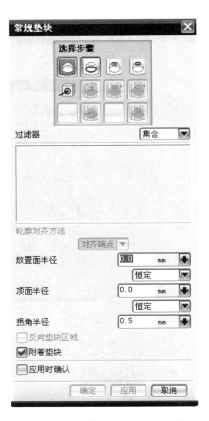

图 5.98 【常规垫块】对话框参数设置

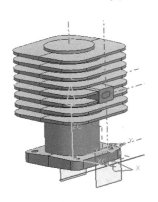

图 5.99 创建的垫块

(13) 选择【插入】|【设计特征】|【腔体】菜单命令或单击【特征】工具条中的【腔体】按钮 ，打开【腔体】对话框，如图 5.100 所示。单击【常规】按钮，打开【常规腔体】对话框，在【过滤器】下拉列表框中选择【基准平面】，如图 5.101 所示，选择 YC-ZC 平面为放置面，单击【放置面轮廓】按钮，选择第(5)步创建的草图，单击【底部面】按钮，选择第(2)步创建的垫块的外端面，单击【底面轮廓曲线】按钮，选择第(2)步绘制的草图，单击【目标体】按钮，选择整个外壳实体，单击【确定】按钮，创建的腔体如图 5.102 所示。

图 5.100 【腔体】对话框

图 5.101 【常规腔体】对话框参数设置

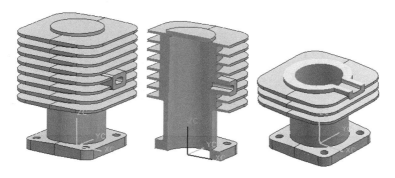

图 5.102 创建的腔体

(14) 这样就完成了产品的创建。选择外壳产品，单击【实用工具】工具条中的【编辑对象显示】按钮，打开【编辑对象显示】对话框，单击【颜色条】按钮，从中选择用户需要的颜色，单击【确定】按钮，完成实例的最终创建，效果如图 5.103 所示。

图 5.103　最终的范例效果

5.9　本 章 小 结

　　本章主要介绍了特征的操作命令类型，包括特征操作和编辑特征。本章首先对特征操作进行了详细介绍，接着介绍编辑特征，最后通过设计范例分别对两类特征命令深入说明。特征操作是零件的精确加工过程，它主要包括边特征操作、面特征操作、复制修改特征操作以及其他操作等。编辑特征是在特征建立后能快速对其进行修改而采用的操作命令，它包括编辑特征参数、编辑位置、移动特征、特征重排序、特征替换以及特征抑制与取消等。本章的设计范例也包含特征操作和编辑特征的命令操作，希望大家认真学习掌握。

第6章

曲面设计基础

　　在现代产品的设计中，仅用特征建模方法是远远不能满足设计要求的，曲面设计在现代产品设计中扮演着越来越重要的角色。UG 具有强大的曲面设计功能，为用户提供了二十多种创建曲面的方法，用户可以通过点创建曲面，也可以通过曲线创建曲面，还可以通过曲面创建曲面。这些创建曲面的方法大多具有参数化设计的特点，修改曲线后，曲线自动更新。此外，UG 还为用户提供了多种编辑曲面的方法，移动定义点、改变阶次和改变刚度等，可使用户方便、快捷地修改已创建的曲面。

　　本章首先概述了曲线设计基础，随后介绍曲面特征设计的方法，然后讲解曲面特征的编辑的方法，最后给出一个设计范例，使用户对 UG 的曲面创建功能和编辑功能有更深刻的了解，从而可以熟练掌握创建曲面和编辑曲面的方法。

6.1　概　　述

UG NX 6.0 具有强大的曲面设计功能，下面首先来介绍一下曲面设计功能和创建曲面的工具条。

6.1.1　曲面设计功能概述

曲面设计在现代产品设计中显得日益重要，例如汽车的更新换代不断加快，其中一个重要的部分就是汽车覆盖件的设计，而汽车覆盖件的形状非常复杂，用简单的特征建模是根本无法完成的，这就要用到曲面设计。

UG 具有强大的曲面设计功能，它可以通过点、从点云、通过曲线组、通过曲线网格、N 边曲面、转换以及延伸等创建曲面，也可以通过偏置曲面、大致偏置、熔合、整体变形以及修剪的片体等创建曲面，这些方法都非常快捷、方便，操作简单，而且大多具有参数化设计的功能，便于修改曲面。

曲面创建好以后，用户可能还需要编辑曲面，UG 为用户提供的曲面编辑功能有：移动定义点、移动极点、改变阶次和改变刚度等。

6.1.2　创建曲面的工具条

UG NX 6.0 中文版为用户提供了二十多种创建曲面的方法，这些方法都可以在【曲面】工具条中找到相应的按钮。用户只要单击一种方法的按钮，系统将打开相应的对话框。用户在该对话框中完成参数设置后即可创建曲面。

下面我们将首先介绍添加【曲面】工具条到用户界面的方法，然后再介绍【曲面】工具条。

1. 添加【曲面】工具条到用户界面

如图 6.1 所示，在 UG 建模环境中，用鼠标右键单击非绘图区，从弹出的快捷菜单中选择【曲面】命令，就可以添加【曲面】工具条到用户界面了。

图 6.1　添加【曲面】工具条

2.【曲面】工具条

在用户界面的工具条中，按住鼠标左键不放拖动【曲面】工具条到绘图区，显示如图 6.2

所示的【曲面】工具条。

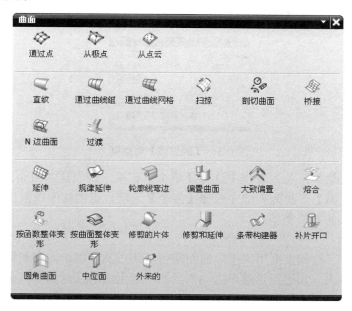

图 6.2 【曲面】工具条

在【曲面】工具条中，共有 20 多个按钮，这些按钮已经按照创建曲面的方法自动分类排列在一起了。例如第一行的 3 个按钮都是依据点来创建曲面的，因此它们排列在一起。这样分类排列按钮的工具条给用户带来很多方便，使用户能够更加快捷地选择创建曲面的方法。

下面将讲述曲面特征设计的方法。按照创建曲面依据的几何体不同，可以把这些方法大致分成三类：第一类是依据点创建曲面的方法，如通过点、从点云等方法；第二类是依据曲线创建曲面的方法，如直纹、通过曲线组、通过曲线网格和桥接等方法；第三类是依据片体创建曲面的方法，如偏置曲面、大致偏置、整体变形和修剪的片体等方法。

下面将分别介绍依据点、依据曲线和依据片体创建曲面的方法。

6.2 依据点创建曲面

依据点创建曲面的方法有三种：一种是通过点；一种是从极点；还有一种是从点云。下面将分别介绍这三种方法。

6.2.1 通过点

通过点创建曲面是指依据已经存在的点或者读取文件中的点来构建曲面。它的操作方法说明如下。

1. 设置曲面参数

在【曲面】工具条中单击【通过点】按钮 ⬦，打开如图 6.3 所示的【通过点】对话框。
【通过点】对话框中各选项的说明如下。

1) 补片类型

补片类型有两种：一种是单个；另一种是多个。

图 6.3 【通过点】对话框

- 在【补片类型】下拉列表框中选择【单个】选项，则创建的曲面由单个补片组成。
- 在【补片类型】下拉列表框中选择【多个】选项，则创建的曲面由多个补片组成，这是系统默认的补片类型。

2) 沿…向封闭

【沿…向封闭】下拉列表框用来指定曲面是否封闭以及在哪个方向封闭。曲面是否封闭对形成的几何体影响很大。如果指定两个方向都封闭，则生成的几何体不再是曲面，而是一个实体，因此要慎重选择。

【沿…向封闭】下拉列表框中有 4 个选项，下面将详细说明这四个选项的作用。

- 【两者皆否】选项：该选项是系统默认的选项，它指定曲面在两个方向都不封闭，形成的曲面是片体，而不是实体。
- 【行】选项：该选项指定曲面在行方向封闭。行是指曲面的 U 方向，如图 6.4 所示。

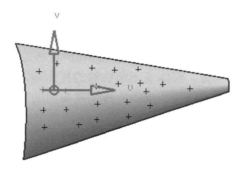

图 6.4 行和列

- 【列】选项：该选项指定曲面在列方向封闭。列是指大致垂直行的方向，即曲面的 V 方向，如图 6.4 所示。
- 【两者皆是】选项：该选项指定曲面在行和列两个方法都封闭。

注意

如果用户在【建模首选项】菜单中设置【体类型】下拉列表框为【实体】选项时，在【沿…向封闭】下拉列表框中选择【两者皆是】选项，则生成的不再是片体而是实体。

3) 行阶次

阶次是指曲线表达式中幂指数的最高次数。【行阶次】用来指定曲面行方向的阶次。阶次越高，曲线的表达式越复杂，曲线也越复杂，运算速度也越慢。系统默认的阶次是 3 次，推荐用户尽量使用 3 次或者 3 次以下的曲线表达式，这样的表达式简单，运算起来比较快。

　　4)　列阶次

　　【列阶次】用来指定曲面列方向的阶次。

　　5)　文件中的点

　　该按钮用来读取文件中的点创建曲面。单击【文件中的点】按钮，系统将打开一个对话框，要求用户指定后缀为 ".dat" 的文件。

　　2. 指定选取点的方法

　　完成【通过点】对话框中的各选项的参数设置后，单击【确定】按钮，打开如图 6.5 所示的【过点】对话框。

图 6.5　【过点】对话框

　　【过点】对话框中的按钮用来指定选取点的方法，各个按钮的说明如下。

　　1)　全部成链

　　单击【全部成链】按钮后，打开如图 6.6(a)所示的【指定点】对话框。在绘图区选择一个点作为起始点，然后再选择一个点作为终点，系统将自动把起始点和终点之间的点连接成链。

(a)　【指定点】对话框　　　　　　(b)　【点】对话框

图 6.6　指定点的方式

2)　在矩形内的对象成链

单击【在矩形内的对象成链】按钮后，同样打开【指定点】对话框。不同的是，此时鼠标变成十字架形状，系统提示用户指定成链矩形。指定成链矩形后，系统将矩形内的点连接成链。

3)　在多边形内的对象成链

这个按钮与【在矩形内的对象成链】按钮的功能类似，不同的是，需要用户指定成链多边形。指定成链多边形后，系统将多边形内的点连接成链。

4)　点构造器

单击【点构造器】按钮，打开如图 6.6(b)所示的【点】对话框，用户可以利用【点】对话框来选取构建曲面的点。

3. 创建曲面

当选择构建曲面的点以后，如果选取的点满足曲面的参数要求，在图 6.6(a)所示的【指定点】对话框中单击【确定】按钮。

6.2.2　从极点

从极点创建曲面的操作方法与通过点创建曲面的操作方法基本相同。

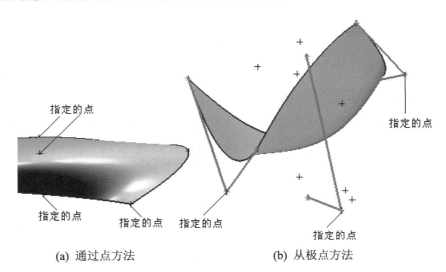

(a) 通过点方法　　　　　　　　(b) 从极点方法

图 6.7　通过点和从极点创建曲面

在【曲面】工具条中单击【从极点】按钮 ◇，同样打开如图 6.3 所示的【通过点】对话框。不同的是，在【通过点】对话框中完成曲面参数的设置后，单击【确定】按钮，系统只打开【点】对话框，不再打开如图 6.5 所示的【过点】对话框。其余的操作方法相同。

从极点创建曲面和通过点创建曲面两者之间最大的不同点是计算方法不同。用户指定相同的点后，创建的曲面却不相同。通过点方法创建的曲面通过用户指定的点，即用户指定的点在创建的曲面上，而从极点方法创建的曲面不通过用户指定的点，即用户指定的点不再创建的曲面上。

如图 6.7 所示，其中图 6.7(a)为通过点方法创建的曲面，图 6.7(b)为从极点方法创建的曲面。

图中标明了指定的点，可以清晰地看到，通过点方法创建的曲面通过这些指定的点，而从极点
方法创建的曲面不通过用户指定的点。

6.2.3 从点云

从点云创建曲面是指用户指定点群后，系统将依据用户指定的点群来创建曲面。它的操作
方法说明如下。

1. 设置曲面参数

在【曲面】工具条中单击【从点云】按钮 ，打开如图 6.8 所示的【从点云】对话框。

图 6.8 【从点云】对话框

【从点云】对话框中各选项的说明如下。

1) 选择点

当【选择点】按钮被激活时，用户可以在绘图区选择构建曲面的点群。

2) 文件中的点

【文件中的点】按钮用来读取文件中的点构建曲面。

3) 阶次

U 向阶次是指曲面行方向的阶次，V 向阶次是指曲面列方向的阶次。在【U 向阶次】和【V
向阶次】文本框中输入曲面的阶次即可。

4) 补片数

U 向补片数是指曲面行方向的补片数，V 向补片数是指曲面列方向的补片数。在【U 向补
片数】和【V 向补片数】文本框中输入曲面的补片数即可。

5) 坐标系

【坐标系】下拉列表框用来指定曲面 U 方向和 V 方向的向量以及曲面的坐标系统。如
图 6.8 所示，【坐标系】下拉列表框中有 5 个选项，各选项的说明如下。

● 选择视图：在【坐标系】下拉列表框中选择【选择视图】选项，系统将根据用户第一
次选择点时的 U、V 方向作为曲面的 U 方向和 V 方向向量。该选项是系统默认的

选项。

- WCS：在【坐标系】下拉列表框中选择 WCS，系统将把工作坐标系作为创建曲面的坐标系。
- 当前视图：在【坐标系】下拉列表框中选择【当前视图】选项，系统把当前视图作为曲面的 U 方向和 V 方向向量。
- 指定的 CSYS：在【坐标系】下拉列表框中选择【指定的 CSYS】，系统将把新建的坐标系作为创建曲面的坐标系。如果用户没有创建新的坐标系，系统将打开如图 6.9 所示的 CSYS 对话框。用户可以在 CSYS 对话框中指定创建曲面的坐标系。

图 6.9　CSYS 对话框

- 指定新的 CSYS：在【坐标系】下拉列表框中选择【指定新的 CSYS】选项，系统直接打开如图 6.9 所示的 CSYS 对话框，提示用户指定 CSYS 作为创建曲面的坐标系。

6) 边界

该下拉列表框用来设置选取点的边界。如图 6.8 所示，【边界】下拉列表框中有三个选项，各选项的说明如下。

- 最小包围盒：在【边界】下拉列表框中选择【最小包围盒】选项，设置选取点的范围在包含点云的最小包围盒内。
- 指定的边界：在【边界】下拉列表框中选择【指定的边界】选项，设置选取点的范围在指定的边界内。如果用户没有指定边界，系统将打开【点】对话框。用户可以利用【点】对话框指定选取点的边界。
- 指定新的边界：在【边界】下拉列表框中，选择【指定新的边界】选项，系统直接打开【点】对话框。用户可以利用【点】对话框指定选取点的新边界。

7) 重置

单击【重置】按钮，取消所有的曲面参数设置，以便用户重新设置曲面的参数。

2. 创建曲面

当设置好曲面参数后，在绘图区选择一定数量的点，然后单击【确定】按钮即可创建曲面。

6.3 依据曲线创建曲面

依据曲线创建曲面的方法有直纹、通过曲线组、通过曲线网格、已扫掠、截形体、桥接、N 边曲面和转换等。下面将分别介绍这些方法中比较常用的依据曲线创建曲面的方法。

6.3.1 直纹

直纹面是通过用户指定的两条截面线串和对齐方式来创建曲面。下面将分别介绍这些方法中比较常用的依据曲线创建曲面的方法。

直纹创建曲面的方法是依据用户选择的两条截面线串来生成片体或者实体。直纹面创建曲面的方法较为简单,它的操作方法说明如下。

1. 选择截面线串

在【曲面】工具条中单击【直纹】按钮,打开如图 6.10 所示的【直纹】对话框。在绘图区选择截面线串 1 后,单击【截面 2】按钮,选择截面线串 2。

图 6.10 【直纹】对话框

2. 设置对齐方式

对齐方式是指截面线串上连接点的分布规律和两条截面线串的对齐方式。当用户指定两条截面线串后,系统将在截面线串上产生一些连接点,然后把这些连接点按照一定的方式对齐。如图 6.11 所示,在【对齐】下拉列表框中,共有两种对齐方式,下面将简单介绍这些对齐方式的含义。

图 6.11　【对齐】下拉列表框

1)　参数

系统在用户指定的截面线串上等参数分布连接点。等参数的原则是：如果截面线串是直线，则等距离分布连接点；如果截面线串是曲线，则等弧长在曲线上分布点。参数对齐方式是系统默认的对齐方式。

2)　根据点

在【对齐】下拉列表框中选择该选项，在【直纹】对话框中的【对齐】选项组中出现【指定点】选项和【重置】按钮，如图 6.12 所示，在绘图区选择指定点后，如果对该点不满意，还可以单击【对齐】选项组中的【重置】按钮，然后重新选择指定点。

图 6.12　【对齐】选项组

3．设置公差

【(G0)位置】文本框用来设置指定曲线和生成的曲面之间的公差。在【(G0)位置】文本框中输入公差值即可。

6.3.2　通过曲线曲面

通过曲线曲面创建曲面的方法是依据用户选择的多条截面线串来生成片体或者实体。用户最多可以选择 150 条截面线串。截面线之间可以线性连接，也可以非线性连接。它的操作方法说明如下。

1．选择截面线串

在【曲面】工具条中单击【通过曲线组】按钮，打开如图 6.13 所示的【通过曲线组】对话框。在【通过曲线组】对话框中的【截面】按钮已经被激活，要求用户选择截面线串。当用户选择截面线串后，被选择的截面线串的名称显示在【列表】列表框中。

在【截面】选项组中的【列表】列表框中选择一个截面线串后，该截面线串高亮度显示在绘图区，同时【移除】按钮被激活。如果【列表】列表框中的截面线串有两个或者两个以上，则【向上移动】和【向下移动】按钮也被激活。通过【向上移动】按钮和【向下移动】按钮可以改变线串选择的先后顺序。

当用户在绘图区选择一个截面线串后，该截面线串高亮度显示在绘图区，同时在线串的一端出现绿色的箭头。该箭头表明曲线的方向，如果用户需要改变曲线箭头的方法，可以单击【反向】按钮，则曲线箭头指向相反的方向。

图 6.13　【通过曲线组】对话框

2. 指定曲面的连续方式

曲面的连续方式是指创建的曲面与用户指定的体边界之间的过渡方式。曲面的连续过渡方式有三种，一种是位置连续过渡；另一种是相切连续过渡；还有一种是曲率连续过渡。

1) 位置连续过渡

在【第一截面】下拉列表框中选择【(G0)位置】选项，指定创建的曲面在第一条线串处与用户指定的体边界之间位置过渡，系统将根据创建的曲面和指定体边界之间的位置来决定连续过渡方式。这是系统默认的连续过渡方式。

在【最后截面】下拉列表框中选择【(G0)位置】选项，指定创建的曲面在最后一条线串处与用户指定的体边界之间位置过渡。

下面的选项类似，即在【第一截面】下拉列表框选择的选项，用来指定创建的曲面在第一条截面线串处与用户指定的体边界之间过渡方式，在【最后截面】下拉列表框选择的选项，用来指定创建的曲面在最后一条截面线串处与用户指定的体边界之间过渡方式。因此下面仅以【第一截面】的下拉列表框为例，【最后截面】下拉列表框中的选项不再说明。

2) 相切连续过渡

在【第一截面】下拉列表框中选择【(G1)相切】选项，指定创建的曲面在第一条线串处与用户指定的体边界之间相切连续过渡。

3) 曲率连续过渡

在【第一截面】下拉列表框中选择【G2(曲率)】，指定创建的曲面在第一条线串处与用户指定的体边界之间等曲率连续过渡。

3. 选择对齐方式

在【对齐】选项组中的【对齐】下拉列表框中选择对齐方式，如图 6.14 所示。

图 6.14　【对齐】下拉列表框

对齐方式有参数、圆弧长、距离、角度、脊线和根据分段等 6 种。其中参数和根据点对齐方式在介绍直纹创建曲面方法时已经说明了，这里不再赘述，下面只介绍其他几种对齐方式。

1) 圆弧长

【圆弧长】选项指定连接点在用户指定的截面线串上等弧长分布。

2) 距离

在【对齐】下拉列表框中选择【距离】选项，则用户选择一个矢量作为对齐轴的方向，并可以设置距离的值。

3) 角度

在【对齐】下拉列表框中选择【角度】选项，用户可以定义一条轴线，然后系统将沿着定义的轴线等角度平分截面线生成连接点。

4) 脊线

脊线对齐方式是指系统根据用户指定的脊线来生成曲面，此时曲面的大小由脊线的长度来决定。在【对齐】下拉列表框中选择【脊线】选项，当用户选择截面线串 1 和截面线串 2 后，还需要选择一个脊线，以控制曲线的形状和对齐方式。

5) 根据分段

根据分段对齐方式是指系统根据样条曲线上的分段来对齐创建曲面。

4. 指定补片类型

下面介绍指定补片类型的方法。

1) 补片类型

补片的类型有三种，如图 6.15 所示，下面将说明这三种补片类型。

图 6.15　【补片类型】下拉列表框

- 单个：该选项指定创建的曲面由单个补片组成。
- 多个：该选项指定创建的曲面由多个补片组成，这是系统默认的补片类型。此时用户可以指定 V 向阶次。
- 匹配线串：在【补片类型】下拉列表框中选择【匹配线串】选项，系统将根据用户选择的截面线串的数量来决定组成曲面的补片数量。

2) 辅助选项

除了指定创建曲面的补片类型外，还可以通过选中【V 向封闭】复选框和【垂直于终止截面】复选框来改变创建曲面的形状。

5. 指定构造方法

【构造】下拉列表框用来指定构造曲面的方法。构造曲面的方法有三种，一种是正常法向构造；另一种是根据样条点；还有一种是简单构造，如图 6.16 所示，这三种方法的说明如下。

图 6.16　【构造】下拉列表框

1) 法向

在【构造】下拉列表框中选择【法向】选项，指定系统按照正常方法构造曲面。这种方法构造的曲面补片较多。

2) 样条点

在【构造】下拉列表框中选择【样条点】选项，指定系统根据样条点来构造曲面。此时选择的截面线串必须是单个的 B—样条曲线。这种方法产生的补片较少。

3) 简单

在【构造】下拉列表框中选择【简单】选项，指定系统采用简单构造曲面的方法生成曲面。这种方法产生的补片也较少。

6. 设置构建方式和阶次

构建曲面的方式有三种，包括【无】、【手工】和【高级】三个选项，如图 6.17 所示，具体说明如下。

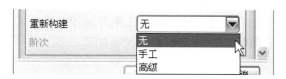

图 6.17　【重新构建】下拉列表框

1) 无

在【重新构建】下拉列表框中选择【无】选项，指定系统按照默认的 V 向阶次构建曲面。该选项也是系统默认的构建曲面的方式。

2) 手工方式

在【重新构建】下拉列表框中选择【手工】选项，指定系统按照用户设置的 V 向阶次构建曲面。用户可以通过单击【阶次】选项中的上下按钮来增加或者减少构建曲面的 V 向阶次，当然也可以直接在【阶次】文本框内输入构建曲面的 V 向阶次，如图 6.18(a)所示。

3) 高级方式

在【重新构建】下拉列表框中选择【高级】选项，指定系统按照用户设置的最高阶次和最大段数构建曲面。当在【重新构建】下拉列表框中选择【高级】选项后，【阶次】选项变为【最高阶次】选项和【最大段数】选项，如图 6.18(b)所示。

(a) 手工   (b) 高级

图 6.18 构建方式

7. 设置公差

公差用来设置曲线和生成曲面之间的误差。用户可以在【(G0)位置】、【(G1)相切】和【(G2)曲率】三个文本框中分别设置这三种连续过渡方式的公差。

8. 预览

如果用户选中【预览】复选框时，当用户满足一定的要求(如至少选择两组截面线串)后，系统将根据当前用户设置的参数和系统默认的一些参数在绘图区生成一个曲面，便于用户及时预览当前参数生成的曲面是否满足设计要求。

如果用户觉得预览后得到的曲面还不够逼真，还可以通过单击【显示结果】按钮，此时显示的曲面和真实得到的曲面完全相同，可以完全真实地显示创建曲面的效果。

6.3.3 网格曲面

通过曲线网格创建曲面的方法是依据用户选择的两组截面线串来生成片体或者实体。这两组截面线串中有一组大致方向相同的截面线串称为主线串，另一组与主线串大致垂直的截面线串称为交叉线串。因此用户在选择截面线串时应该将方向相同的截面线串作为一组，这样两组截面线串就可以形成网格的形状。它的操作方法说明如下。

1. 选择两组截面线串

在【曲面】工具条中单击【通过曲线网格】按钮，打开如图 6.19 所示的【通过曲线网格】对话框。

在【主曲线】选项组中，单击【选择曲线或点】选项后的【主曲线】按钮，在绘图区选择一条曲线作为第一条主曲线，此时该曲线高度显示在绘图区，并在曲线的一段显示一个绿色箭头，表明曲线的方向，同时【反向】按钮被激活。用户如果对此时的曲线方向不满意，可以单击【反向】按钮 ⊠ 来改变曲线的方向。单击【添加新集】按钮 ⊕ 或者单击鼠标中键，可以继续添加第二条主曲线。选择的主曲线都将显示在【主曲线】选项组中的【列表】列表框内，同时【移除】按钮 ⊠ 被激活。如果【列表】列表框中的截面线串有两个或者两个以上，则【向上移动】按钮 ⬆ 和【向下移动】按钮 ⬇ 也被激活。通过【向上移动】按钮和【向下移动】按钮 ⬇ 可以改变线串选择的先后顺序。

图 6.19　【通过曲线网格】对话框

　　完成主曲线的选择后，用户还需要选择交叉曲线。在【交叉曲线】选项组中，单击【选择曲线】选项后的【交叉曲线】按钮 🔍，在绘图区选择一条曲线作为第一条交叉曲线。完成第一条交叉曲线的选择后，单击【添加新集】按钮 ⊕ 或者单击鼠标中键，可以继续添加第二条交叉曲线。与主曲线相同，选择的交叉曲线将显示在【交叉曲线】选项组中的【列表】列表框内，同时【移除】按钮 ⊠ 被激活。

　　在【通过曲线网格】对话框中，只能看到【主曲线】选项组、【交叉曲线】选项组和【连续性】选项组，其他的选项组都看不到。按住鼠标左键不放拖动【通过曲线网格】对话框右侧的滚动条，使其他几个选项组显示出来，如果选项的参数没有完全显示，用户可以单击相应选项右侧的向下箭头 ⌄，使其完全显示在【通过曲线网格】对话框中，【通过曲线网格】对话框最后显示如图 6.20 所示。

图 6.20 选项组完整显示的【通过曲线网格】对话框

2. 指定曲面的连续方式

用户可以在【第一主线串】下拉列表框、【最后主线串】下拉列表框、【第一交叉线串】下拉列表框和【最后交叉线串】下拉列表框中分别指定曲面与指定体边界的连续过渡方式，也可以通过选中【应用于全部】复选框，使得【第一主线串】、【最后主线串】、【第一交叉线串】和【最后交叉线串】4 个下拉列表框中的选项全部相同，如图 6.21 所示。

(a) 全部相切连续   (b) 全部曲率连续

图 6.21 【应用于全部】复选框

3. 设置强调方向

在【输出曲面选项】选项组中有两个参数，分别是【着重】下拉列表框和【构造】下拉列表框。【构造】下拉列表框在【通过曲线组】对话框中已介绍过，因此不再赘述，现只对【着重】下拉列表框进行介绍。

【着重】下拉列表框用来设置创建的曲面更靠近哪一组截面线串。着重的方向包括两者皆是、主线串和十字三种方式。

4. 指定脊线

如果用户希望控制曲面的大致走向，还可以定义一条脊线。在【脊线】选项组中，单击【选择曲线】按钮 ，在绘图区选择一条曲线后，创建曲面的大致走向将与该曲线大致相同。

5. 设置公差

如图 6.22 所示，【公差】选项组包括【交点】选项、【(G0)位置】选项、【(G1)相切】选项和【(G2)曲率】选项，用户只要在相应选项的文本框内输入公差值即可指定交点公差和连续过渡方式的公差。

图 6.22　【公差】选项组

6.3.4　扫掠曲面

扫掠创建曲面的方法是把截面线串沿着用户指定的路径扫掠获得曲面。它的操作方法说明如下。

1. 选择引导线

在【曲面】工具条中单击【扫掠】按钮 ，打开如图 6.23 所示的【扫掠】对话框。

引导线可以是实体面、实体边缘，也可以是曲线，还可以是曲线链。UG 允许用户最多选择 3 条引导线。选择的引导线数目不相同，要求用户设置的参数不相同。下面将分别说明这三种情况。

1) 一条引导线

当用户选择一条引导线串时，用户需要指定扫掠曲面的缩放方式和扫掠曲面的方位控制。扫掠曲面的缩放是指扫掠曲面尺寸大小的变化规律，缩放方式包括恒定、倒圆功能、另一条曲线、一个点、面积规律和周长规律等 6 种方法，这些方法都可以用来控制截面线串在沿引导线串扫掠过程中的截面形状。

扫掠曲面的方位控制是指根据用户指定的一些几何对象(如曲线和矢量等)或者变化规律(如角度变化规律和强制方向等)来控制截面线串的方位。控制截面线串的方位方法包括固定、面的法向、矢量方向、另一条曲线、一个点、角度规律和强制方向等 7 种方法。这些方位控制方法都可以用来进一步控制截面线串在沿引导线串扫掠过程中的截面形状。

2) 两条引导线

当用户选择两条引导线串时，用户只需要指定扫掠曲面的缩放方式，而不需要指定扫掠曲面的方位控制。这是因为，当用户选择两条引导线串后，截面线串在沿引导线串扫掠过程中的

截面形状已经基本上可以得到控制，不需要指定方位控制。当用户选择两条引导线串时，扫掠曲面的缩放方式只包括【均匀】选项和【横向】选项。用户只需要指定扫掠曲面的横向截面和纵向截面的变化规律即可。

3） 三条引导线

当用户选择三条引导线串时，用户既不需要指定扫掠曲面的方位控制，也不需要扫掠曲面的缩放方式。这是因为，当用户选择三条引导线串后，截面线串在沿引导线串扫掠过程中的截面形状已经可以完全控制。

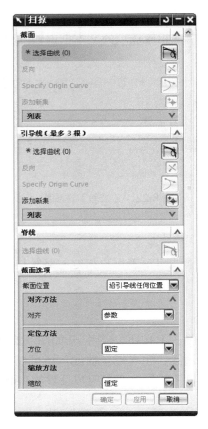

图 6.23 【扫掠】对话框

2. 选择截面线串

在【扫掠】对话框中，单击【截面】选项组中的【截面】按钮，然后在绘图区选择一条曲线作为第一条截面线串。此时，该截面线串高亮度显示在绘图区，同时在线串的一端出现绿色的箭头。该箭头表明曲线的方向，如果用户需要改变曲线箭头的方法，可以单击【反向】按钮，则曲线箭头指向相反的方向。

如果用户需要选择第二条截面线串时，可以通过单击【添加新集】按钮或者直接单击鼠标中键，然后继续选择第二组截面线串，第三条截面线串以此类推。

当用户选择截面线串后，被选择的截面线串的名称显示在【列表】列表框中，同时【移除】按钮被激活。如果【列表】列表框中的截面线串有两个或者两个以上，则【向上移动】按钮

第 6 章
曲面设计基础

和【向下移动】按钮也被激活。通过【向上移动】按钮和【向下移动】按钮可以改变线串选择的先后顺序。

3. 选择引导线串

完成截面线串的选取之后，用户还需要选取引导线串，即指定截面线串的扫掠路径。在【扫掠】对话框中，单击【引导线】选项组中的【引导线】按钮，然后在绘图区选择一条曲线作为第一条引导线串。引导线串的选择方法和截面线串的选择方法相同，这里不再赘述。

4. 选择脊线串

当用户完成截面线串和引导线串的选择后，如果还想进一步控制扫掠曲面的大致扫掠方向，还可以在绘图区选择一条曲线作为脊线串。

在【扫掠】对话框中，按住鼠标左键不放，拖动【扫掠】对话框中右侧的滚动条，使【脊线】等几个选项组显示出来，如果选项的参数没有完全显示，用户可以单击相应选项右侧的向下箭头，使其完全显示在【扫掠】对话框中，【扫掠】对话框最后显示如图 6.24 所示。

图 6.24　选项组完整显示的【扫掠】对话框

在【扫掠】对话框中，单击【脊线】选项组中的【曲线】按钮，在绘图区选择一条曲线即可作为扫掠曲面的脊线。

197

5. 设置曲面参数

1) 对齐方法

对齐方法是指截面线串上连接点的分布规律和截面线串的对齐方式。当用户指定截面线串后，系统将在截面线串上产生一些连接点，然后把这些连接点按照一定的方式对齐。如图 6.25 所示，在【对齐方法】选项中的【对齐】下拉列表框中，有参数和圆弧长两种对齐方法。这两种对齐方法已经在前面讲解过了，这里不再赘述。系统默认的对齐方法是【参数】对齐方法。

2) 截面位置

截面位置是指截面线串在扫掠过程中相对引导线串的位置，这将影响扫掠曲面的起始位置。截面位置有【沿引导线任何位置】和【引导线末端】两个选项，如图 6.26 所示。

图 6.25 【对齐】下拉列表框

图 6.26 【截面位置】下拉列表框

- 沿引导线任何位置：如果在【截面位置】下拉列表框中选择【沿引导线任何位置】选项，截面线串的位置对扫掠的轨迹不产生影响，即扫掠过程中只根据引导线串的轨迹来生成扫掠曲面。【沿引导线任何位置】是系统的默认截面位置。
- 引导线末端：如果在【截面位置】下拉列表框中选择【引导线末端】选项，在扫掠过程中，扫掠曲面从引导线串的末端开始，即引导线串的末端是扫掠曲面的始端。

如图 6.27 所示，选择相同的导引线和截面线串，除截面位置的设置不同外，曲面的其他参数完全相同，得到了两个不同的曲面，其中图 6.27(a)所示的曲面设置的截面位置为【引导线末端】，图 6.27(b)所示的曲面设置的截面位置为【沿引导线任何位置】。

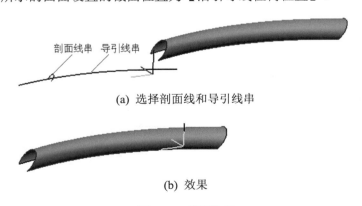

(a) 选择剖面线和导引线串

(b) 效果

图 6.27 截面位置

3) 构建方法

如图 6.28 所示，构建曲面的方式有三种，包括【无】、【手工】和【高级】三个选项。在【重新构建】下拉列表框中选择【无】选项，系统按照默认的 V 向阶次构建曲面。在【重新构建】下拉列表框中选择【手工】选项，指定系统按照用户设置的 V 向阶次构建曲面。在【重新构建】下拉列表框中选择【高级】选项，指定系统按照用户设置的最高阶次和最大段数构建曲面。当在【重新构建】下拉列表框中选择【高级】选项后，【阶次】选项变为【最高阶次】选项和【最大段数】选项。

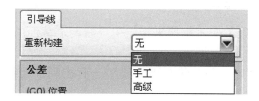

图 6.28　【重新构建】下拉列表框

4)　公差

如图 6.24 所示，扫掠曲面的公差包括【G0(位置)】和【G1(相切)】两个选项。用户只需要在【G0(位置)】文本框和【G1(相切)】文本框内输入满足设计要求的公差值，即可设置连续过渡方式的公差。

注　意

一般来说，【G0(位置)】文本框中的公差默认地为扫掠曲面的距离公差，而【G1(相切)】文本框内的公差默认为扫掠曲面的角度公差。

6. 指定扫掠曲面的缩放方式

缩放方式是指扫掠曲面尺寸大小的变化规律或者控制扫掠曲面大小的方式。如图 6.29 所示，在缩放方法选项中，扫掠曲面的缩放方式包括恒定、倒圆功能、另一条曲线、一个点、面积规律和周长规律等 6 种方法，这 6 种缩放方式的含义及其操作方法说明如下。

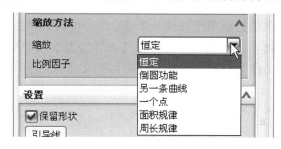

图 6.29　【缩放方法】选项

1)　恒定

恒定的缩放方法是指在扫掠曲面的过程中，曲面的大小按照相同的比例变化。

在【缩放】下拉列表框中选择【恒定】选项，【缩放】下拉列表框的下方显示【比例因子】文本框，系统提示用户指定比例因子。用户输入一个比例值后，曲面尺寸将按照这个恒定的比例值变化，系统默认的比例值为"1"。

2)　倒圆功能

倒圆功能的缩放方法是指在扫掠曲面的过程中，系统将根据用户指定的两个比例值，即起始比例和结束比例创建扫掠曲面。

在【缩放】下拉列表框中选择【倒圆功能】选项，【缩放】下拉列表框的下方显示【倒圆功能】下拉列表框、【开始】文本框和【结束】文本框，如图 6.30 所示。

在【倒圆功能】下拉列表框中包括了两种倒圆方式，一种是线性，另一种是三次。线性倒圆方式是指两条截面线串之间以线性函数连接，三次倒圆方式是指两条截面线串之间以三次函数连接。

【开始】文本框和【结束】文本框原来指定引导线两端截面的放大倍数。

3) 另一条曲线

该选项要求用户指定另外一条曲线和引导线串一起控制剖面线串的扫掠方向和曲面的尺寸大小。

在【缩放】下拉列表框中选择【另一条曲线】选项，【缩放】下拉列表框的下方显示【缩放曲线】按钮，如图 6.31 所示。系统提示用户选择另外一条曲线，该曲线可以是实体的面或者边缘，也可以是曲线，还可以是曲线链。

图 6.30　【倒圆功能】选项

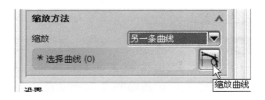

图 6.31　【另一条曲线】选项

4) 一个点

该选项要求用户指定一个点和引导线串一起控制剖面线串的扫掠方向和曲面的尺寸大小。该点可以是已经存在的点，也可以是用户重新构造的点。

在【缩放】下拉列表框中选择【一个点】选项，【缩放】下拉列表框的下方显示【指定点】选项组，如图 6.32 所示。系统提示用户选择一个点，该点可以是面上的点，也可以是曲线上的点，还可以是用户自己构造的点。用户可以单击【点构造器】按钮，打开【点】对话框来指定一个点；也可以通过【自动判断的点】下拉列表框(如图 6.32 所示)选择合适的类型，然后指定一个点。

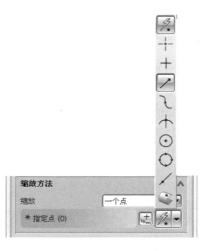

图 6.32　【一个点】选项

5) 面积规律

该选项可以按照某种函数、方程或者脊线来控制曲面的尺寸大小。

在【缩放】下拉列表框中选择【面积规律】选项，【缩放】下拉列表框的下方显示【规律类型】下拉列表框和【值】文本框，如图 6.33 所示。

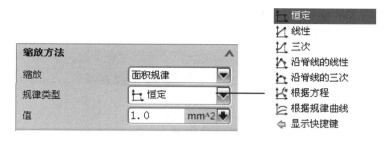

图 6.33 【面积规律】选项

在【规律类型】下拉列表框中包括了 7 种规律类型，它们是恒定、线性、三次、沿脊线的线性、沿脊线的三次、根据方程和根据规律曲线，这 7 种规律类型都是用来控制扫掠曲面过程中面积的变化规律的，即截面线串在扫掠轨迹中的面积变化规律。

6) 周长规律

在【缩放】下拉列表框中选择【周长规律】选项，【缩放】下拉列表框的下方显示【规律类型】下拉列表框和【值】文本框，这与在【缩放】下拉列表框中选择【面积规律】时相同。【周长规律】选项与【面积规律】选项相似，只是【周长规律】选项是以周长为参照量来控制曲面尺寸的，而【面积规律】选项是以面积为参照量来控制曲面尺寸的。它同样可以按照某种函数、方程或者曲线来控制曲面的尺寸大小。

7) 比例

恒定、倒圆功能、另一条曲线、一个点、面积规律和周长规律等 6 种缩放方式是针对一条引导线串的情况来说的，即当用户选择一条引导线串后，缩放下拉列表框中将显示以上 6 种缩放方式。这是因为，当用户只选择一条引导线串时，截面线串的扫掠方向不能完全确定，还需要用户设置其他的参数，如沿引导线上的截面面积的变化规律等才能完全确定扫掠曲面的扫掠方向。

如果用户选择两条导引线串，那么截面线串的扫掠方向就确定下来了，即曲面的方位确定下来了，因此，完成截面线串和引导线串的选择后，【缩放方法】选项显示【缩放】下拉列表框，如图 6.34 所示。在图中可以看到，【缩放】下拉列表框中包括【均匀】和【横向】两个选项，这两个选项是用来指定扫掠曲面变化比例的方向。

图 6.34 【缩放】下拉列表框

7. 指定扫掠曲面的方位

当用户只选择一条引导线串时，截面线串的方位还不能得到完全控制，系统需要用户指定

其他的一些几何对象(如曲线和矢量等)或者变化规律(如角度变化规律和强制方向等)来控制截面线串的方位。

如图 6.35 所示,在【定位方法】选项组的【方位】下拉列表框中,控制截面线串的方位方法包括固定、面的法向、矢量方向、另一条曲线、一个点、角度规律和强制方向 7 种方法,这 7 种定位方法的含义及其操作方法说明如下。

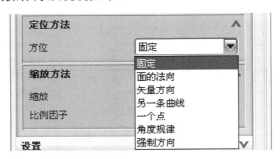

图 6.35 【定位方法】选项组

1) 固定

在【方位】下拉列表框中选择【固定】选项,指定截面沿着引导线串的方向做平移运动,方向保持不变。这是系统默认的定位方法。

2) 面的法向

在【方位】下拉列表框中选择【面的法向】选项,在【方位】下拉列表框中的下面显示【面】按钮,如图 6.36 所示。系统提示用户"选择要定位截面的面"的信息,用户在绘图区选择一个面后,系统将指定截面线串 1 沿着用户指定面的法向和导引线串方向扫掠生成曲面。

图 6.36 【面的法向】选项

3) 矢量方向

在【方位】下拉列表框中选择【矢量方向】选项,在【方位】下拉列表框中的下面显示【指定矢量】选项,如图 6.37 所示。系统提示用户"选择对象以自动判断矢量"的信息,用户在绘图区选择一个对象或者单击【矢量构造器】按钮,在【矢量】对话框中构造一个矢量后,系统将指定截面线串沿着用户指的矢量方向和导引线串方向扫掠生成曲面。

图 6.37 【矢量方向】选项

4) 另一条曲线

在【方位】下拉列表框中选择【另一条曲线】选项，在【方位】下拉列表框中的下面显示【方位曲线】按钮，如图 6.38 所示。系统提示用户"选择方位曲线"的信息，用户在绘图区选择一条曲线后，系统将指定截面线串沿着用户选择的曲线和导引线串方向扫掠生成曲面。

图 6.38 【另一条曲线】选项

5) 一个点

在【方位】下拉列表框中选择【一个点】选项，在【方位】下拉列表框中的下面显示【指定点】选项，如图 6.39 所示。系统提示用户"选择对象以自动判断点"的信息，用户在绘图区选择一个对象或者单击【点构造器】按钮，打开【点】对话框，在该对话框中构造一个点后，系统将指定截面线串沿着用户指的点和导引线串方向扫掠生成曲面。

图 6.39 【一个点】选项

6) 角度规律

在【方位】下拉列表框中选择【角度规律】选项，在【方位】下拉列表框中的下面，显示【规律类型】下拉列表框和【值】文本框，如图 6.40 所示。

【规律类型】下拉列表框中包括恒定、线性、三次、沿脊线的线性、沿脊线的三次、根据方程和根据规律曲线 7 种规律类型。它们都是用来控制扫掠曲面过程中角度的变化规律的，即截面线串在扫掠轨迹中的角度变化规律。由于这些规律类型在扫掠曲面的缩放方式中详细介绍过，这里不再赘述。

图 6.40 【角度规律】选项

7) 强制方向

在【方位】下拉列表框中选择【强制方向】选项，在【方位】下拉列表框中的下面显示【指

定矢量】选项,如图 6.41 所示。系统提示用户"选择对象以自动判断矢量"的信息,这些都与在【方位】下拉列表框中选择【矢量方向】选项相同。

图 6.41 【强制方向】选项

8. 创建曲面

选择导引线和截面线串,设置完曲面参数和尺寸变化规律后,单击【确定】按钮即可完成曲面的创建。

6.3.5 剖切曲面

通过剖切曲面创建曲面的方法是依据用户指定的一些点、曲线或者实体的边缘等几何体来构造截面生成片体或者实体。它的操作方法说明如下。

1. 指定截面类型

单击【曲面】工具条中的【剖切曲面】按钮,打开如图 6.42 所示的【剖切曲面】对话框。系统提示用户指定创建选项,即指定截面类型。

在【剖切曲面】对话框第一项【类型】下拉列表框中可以看到,生成剖切曲线的方式多达 20 种,每种生成方式以一个形象的按钮表示,下面分别介绍这些按钮的含义及其生成方式。

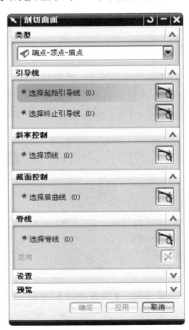

图 6.42 【剖切曲面】对话框

- 端点-顶点-肩点 ：该截面类型由端点、顶点和肩点构建，如图 6.43 所示。用户需要指定起始边、肩、结束边和顶点才能确定一个截面。

- 端点-斜率-肩点 ：该截面类型由端点、斜率和肩点构建，如图 6.44 所示。用户需要指定起始边、起点斜率控制、肩、结束边和端点斜率控制才能确定一个截面。

图 6.43　端点-顶点-肩点剖面

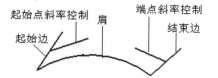

图 6.44　端点-顶点-肩点剖面

- 圆角-肩点 ：该截面类型由圆角和肩点构建，用户需要指定第一组面、第一组面上的曲线、肩、第二组面和第二组面上的曲线才能确定一个截面。

- 三点作圆弧 ：该截面类型由三个点和圆弧构建，如图 6.45 所示。用户需要指定起始边、第一内部点和结束边才能确定一个截面。

- 端点-顶点-Rho ：该截面类型由端点、顶点和 Rho 构建。Rho 是控制二次曲线的一个重要参数，如图 6.46 所示，AEC 是一个二次曲线，其中 AC 和 BC 是该二次曲线的两条切线，交于点 C。Rho 的值为 ED 与 CD 的比值，由此可知 Rho 的值大于 0 小于 1。系统默认的 Rho 值为 0.5。该截面类型需要用户指定起始边和结束边，然后指定脊线，最后打开一个对话框，要求用户设置 Rho 值的定义方式。

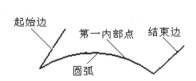

图 6.45　三点作圆弧剖面

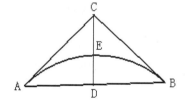

图 6.46　Rho 的示意图

- 端点-斜率-rho ：该截面类型由端点、斜率和 Rho 构建。用户需要指定起始边、起点斜率控制、结束边和端点斜率控制，然后指定脊线，最后打开一个对话框，要求用户设置 Rho 值的定义方式。

- 圆角-rho ：该截面类型由圆角和 Rho 构建，用户需要指定第一组面、第一组面上的曲线、第二组面和第二组面上的曲线，然后指定脊线，最后打开一个对话框，要求用户设置 Rho 值的定义方式。

- 两点-半径 ：该截面类型由两点和半径构建，用户需要指定起始边、起点斜率控制、结束边和端点斜率控制，然后指定脊线，最后打开一个对话框，要求用户指定半径的大小。

- 端点-顶点-顶线 ：该截面类型由端点、顶点和顶线构建，用户需要指定起始边、结束边、顶点、起始点和结束点才能确定一个截面。

- 端点-斜率-顶线 ：该剖面类型由端点、斜率和顶线构建，用户需要指定起始边、起

点斜率控制、结束边、端点斜率控制、起始点和结束点才能确定一个剖面。

- 圆角-顶线⤵：该截面类型由圆角和顶线构建，用户需要指定第一组面、第一组面上的曲线、第二组面、第二组面上的曲线、起始点和结束点才能确定一个截面。
- 端点-斜率-圆弧⤵：该截面类型由端点、斜率和圆弧构建，用户需要指定起始边、起点斜率控制和结束边、起始点和结束点才能确定一个截面。
- 四-斜率⤵：该截面类型由四个点和斜率构建，用户需要指定起始边、起点斜率控制、第一内部点、第二内部点和结束边才能确定一个截面。
- 端点-斜率-三次⤵：该截面类型由端点、斜率和三次构建，用户需要指定起始边、起点斜率控制、结束边、端点斜率控制、起始点和结束点才能确定一个截面。
- 圆角-桥接⤵：该截面类型由圆角和桥接参数等构建，用户需要指定桥接类型、第一组面、第一组面上的曲线、第二组面和第二组面上的曲线以及桥接的一些参数。桥接的详细内容将在下面单独介绍。
- 点-半径-角度-圆弧⤵：该截面类型由一个点、半径、角度和圆弧构建，用户需要指定第一组面和第一组面上的曲线，然后指定脊线，最后打开一个对话框，用户可以在该对话框中指定半径的大小和角度的变化规律。
- 五点⤵：该截面类型由五个点组成。用户需要指定起始边、第一内部点、第二内部点、第三内部点和结束边才能确定一个截面。
- 线性-相切⤵：该截面类型由相切面组、起始边和角度等组成。用户需要选择相切面组和起始边，然后指定脊线，最后打开一个对话框。用户可以在该对话框中指定角度的变化规律。
- 圆形-相切⤵：该截面类型由相切面组、起始边和圆组成，用户需要指定相切面组和起始边，然后指定脊线，最后打开一个对话框。用户可以在该对话框中设置圆的创建类型和半径。
- 圆⊙：该截面类型由圆组成，用户需要指定引导线和方位曲线，然后指定脊线，最后打开一个对话框。用户可以在该对话框中输入圆的半径。

2. 指定 U 向阶次

在【U 向阶次】选项组中有三个选项，分别是二次曲线、三次和五次，如图 6.47 所示。这三个截面类型的说明如下。

图 6.47　【U 向阶次】选项组

1）二次曲线

当用户在【U 向阶次】选项组中选择【二次曲线】选项，指定生成的截面类型，即每一个垂直于脊线的截面轮廓为一个二次曲线。这是系统默认的截面类型。

2）三次

当用户在【U 向阶次】选项组中选择【三次】选项，指定生成的截面类型为一个三次曲面。

该类型的截面比二次截面类型具有更好的参数化特性。

3) 五次

当用户在【U 向阶次】选项组中选择【五次】选项，指定生成的截面类型为一个五次曲率连续的曲面。

3. 选择 V 向阶次

如图 6.48 所示，在【V 向阶次】选项组中有三个选项，它们的说明如下。

图 6.48　【V 向阶次】选项组

1) 无

此选项为系统默认的 V 向阶次。

2) 手工

当用户在【V 向阶次】选项组中选择【手工】选项时，其下侧显示【阶次】微调框，如图 6.49 所示。用户可以根据需要，单击【阶次】微调框，指定 V 向阶次的截面类型的阶次。

图 6.49　【手工】选项

3) 高级

当用户在【V 向阶次】选项组中单击【高级】选项时，其右侧显示【最高阶次】和【最大段数】两个微调框，如图 6.50 所示。用户可以根据需要，单击【阶次】和【最大段数】两个微调框，指定 V 向阶次的截面类型的阶次和段数。

图 6.50　【高级】选项

4. 指定连接公差

在【G0(位置)】文本框、【G1(相切)】文本框和【G2(曲率)】文本框中输入公差，即可指定截面体曲面的连接公差，如图 6.51 所示。

图 6.51　【公差】选项组

6.3.6　桥接

通过桥接创建曲面的方法是依据用户指定的两组主面和侧面上的曲线等几何体来构造截面生成片体或者实体。它的操作方法说明如下。

1. 选择主面和侧面

在【曲面】工具条中单击【桥接】按钮，打开如图 6.52 所示的【桥接】对话框。系统提示用户选择主面。

图 6.52　【桥接】对话框

【选择步骤】选项有四个按钮，这四个按钮的含义已经标注在图上了。如果要在两组曲面之间桥接创建曲面，用户必须指定两个主面，如果用户还想进一步限制曲面，可以指定侧面和侧面上的线串。用户生成的曲面可以和主面、侧面以相切连续过渡方式桥接，也可以以等曲率连续过渡方式桥接。

在绘图区选择一个主面后，单击【确定】按钮，系统自动激活【侧面】按钮。用户也可以手动单击【侧面】按钮来激活它。此时系统提示用户选择侧面，用户可以指定侧面，也可以不指定侧面。

如果用户选择侧面，则单击【确定】按钮后，【第一侧面线串】按钮被激活，系统提示用户选择侧面线串。当选择两条侧面线串后，单击【确定】按钮，此时【主面】按钮再次被激活，系统提示用户选择主面。选择第 2 个主面，单击【确定】按钮即可完成主面和侧面的选择。

2. 设置连续类型

如图 6.53 所示，连续类型有两种，它们分别是相切和曲率，这两种桥接类型的说明如下。

1)　相切

在【连续类型】选项组中选择【相切】选项，指定两组曲面以相切连续过渡方式桥接。如图 6.53(a)所示。

2)　曲率

在【连续类型】选项组中选择【曲率】选项，指定两组曲面以等曲率连续过渡方式桥接。如图 6.53(b)所示。

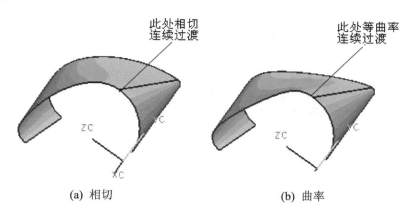

(a) 相切　　　　　　　　　　　　(b) 曲率

图 6.53　桥接连续类型

6.4　依据曲面创建曲面

依据曲面创建曲面的方法有延伸、规律延伸、轮廓线弯边、偏置曲面、大致偏置、熔合、整体变形、修剪的片体、修剪和延伸、条带建构器、圆角曲面和外来的等。下面将介绍一些常用的依据曲面创建曲面的方法。

6.4.1　延伸

延伸曲面创建曲面的方法是以用户指定的曲面作为基面，根据一定的原则，如相切、垂直和角度等延伸基面得到新的曲面。因为四种方式的操作方法基本相同，有些只是操作顺序的不同，所以这里以【相切的】延伸方式为例讲解。

1. 指定延伸方式

在【曲面】工具条中，单击【延伸】按钮，打开如图 6.54 所示的【延伸】对话框。

如图 6.54 所示，曲面的延伸方式有相切的、垂直于曲面、有角度的和圆形等四种，这四种方式的说明如下。

图 6.54　【延伸】对话框

1) 相切的

单击【相切的】按钮，指定系统在相切的方向延伸创建曲面，即新的曲面和基面相切。如图 6.55 所示。

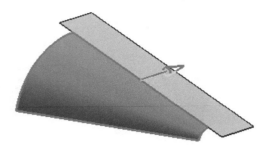

图 6.55 【相切的】延伸

2) 垂直于曲面

单击【垂直于曲面】按钮，指定系统在垂直于基面的方向延伸创建曲面，即创建的曲面和基面相互垂直。如图 6.56 所示。

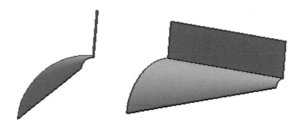

图 6.56 【垂直于曲面】延伸

3) 有角度的

单击【有角度的】按钮，指定系统按照一定的角度和长度延伸创建曲面，即创建的曲面和基面成指定的角度。如图 6.57 所示。

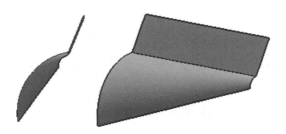

图 6.57 【有角度的】方式延伸

4) 圆形

单击【圆形】按钮，指定系统按照圆的方向延伸创建曲面，即创建的曲面是圆形的曲面。如图 6.58 所示。

(a) 原曲面   (b) 延伸后的曲面

图 6.58   【圆形】方式延伸

因为四种延伸类型的操作方法基本相同，有些只是操作顺序的不同，所以下面的操作步骤仅以【有角度的】延伸类型为例讲解。

2. 选择曲面和曲线

1) 选择曲面

在【延伸】对话框中，单击【有角度的】按钮，打开如图 6.59 所示的【沿角度延伸】对话框，提示用户选择面。

图 6.59   【沿角度延伸】对话框

2) 选择曲线

当用户在绘图区选择一个面后，系统将自动激活如图 6.59 所示的【沿角度延伸】对话框中的【确定】按钮，然后仍然打开如图 6.59 所示的【沿角度延伸】对话框，提示用户选择面上的线。用户在基面选择一条曲线即可指定边。

3. 指定长度和角度

选择基面和基面上的线之后，系统将打开如图 6.60 所示的【角度延伸】对话框，提示用户指定长度和角度。

用户直接在【长度】文本框和【角度】文本框内输入长度数值和角度数值，即可指定延伸的长度和角度。

图 6.60   【角度延伸】对话框

4. 其他选项

长度的指定方式除了图 6.60 所示的直接在【长度】文本框内输入长度数值外，还有可能出现其他指定方法。

在如图 6.54 所示的【延伸】对话框中单击【相切的】按钮，将打开如图 6.61 所示的【相

切延伸】对话框，提示用户选择选项。

图 6.61　【相切延伸】对话框

如图 6.61 所示，相切延伸曲面时，长度的延伸方式有固定长度和百分比两种方式。这两种方式的说明如下。

1)　固定长度

【固定长度】方式指定系统按照固定长度延伸曲面，用户在【长度】文本框内输入长度数值即可指定延伸长度。这种指定延伸长度的方式在上文已经介绍过，这里不再赘述。

2)　百分比

【百分比】方式指定系统延伸的长度为曲面原长的某一百分比。

在如图 6.61 所示的【相切延伸】对话框中单击【百分比】按钮，打开如图 6.62 所示的相切的【延伸】对话框。用户可以在【延伸】对话框中选择曲面的延伸方位。

如图 6.62 所示，曲面的延伸方位有边延伸和拐角延伸两种，分别说明如下。

图 6.62　相切的【延伸】对话框

- 边延伸：该选项指定延伸曲面从基面的一个边开始。在如图 6.62 所示的相切的【延伸】对话框中单击【边延伸】按钮，打开如图 6.63 所示的【边延伸】对话框，提示用户选择面。当用户选择基面和边缘后，系统将打开如图 6.64 所示的【相切延伸】对话框，提示用户指定百分比。用户在【百分比】文本框中输入百分比即可。

图 6.63　【边延伸】对话框　　　　　图 6.64　【相切延伸】对话框

- 拐角延伸：该选项指定延伸曲面从基面的一个拐角处开始延伸。在如图 6.62 所示的相切的【延伸】对话框中单击【拐角延伸】按钮，系统提示用户选择拐角。用户在绘图区选择一个拐角后，系统打开如图 6.65 所示的【拐角延伸】对话框，提示用户指定 U 和 V 的长度。用户分别在 U 文本框和 V 文本框内输入百分比即可指定 U 和 V 的长度。

图 6.65　【拐角延伸】对话框

6.4.2　偏置曲面

偏置曲面创建曲面的方法是用户指定某个曲面作为基面，然后指定偏置的距离后，系统将沿着基面的法线方向偏置基面的方法。偏置的距离可以是固定的数值，也可以是一个变化的数值。偏置的方向可以是基面的正法线方向，也可以是基面的负法线方向。用户还可以设置公差来控制偏置曲面和基面的相似程度。

曲面偏置创建曲面的操作方法说明如下。

1. 选择面

在【曲面】工具条中单击【偏置曲面】按钮 ，打开如图 6.66 所示的【偏置曲面】对话框，提示用户为新集合选择面。

当用户在绘图区选择一个面后，该面出现在面集合的列表框中，同时该基面在绘图区高亮度显示，面上还出现一个箭头，显示面的正法线方向，如图 6.67 所示。此外，在箭头附近还显示了一个【偏置 1】文本框，该文本框用来显示偏置距离。

当用户在绘图区选择一个面后，【反向】按钮和【添加新集】按钮被激活。如果用户需要改变偏置曲面的方向，可以单击【反向】按钮使偏置方向反向。如果用户需要再次选择一个面，可以单击【添加新集】按钮。

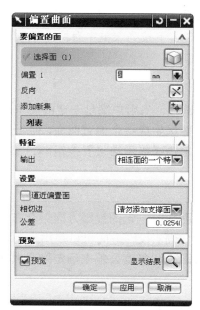

图 6.66　【偏置曲面】对话框

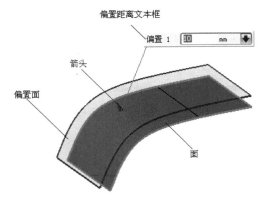

图 6.67　预览效果

2．指定偏置距离

用户可以在【偏置曲面】对话框中的【偏置 1】文本框中直接输入偏置曲面的距离，也可以按下鼠标左键不动，拖动箭头来改变偏置曲面的距离，绘图区显示的【偏置 1】文本框内的数据会实时更新。

3．设置输出特征

在【偏置曲面】对话框中，【特征】选项组中的【输出】下拉列表框中有两个选项，分别是相连面的一个特征和每个面一个特征。

4．设置其他选项

在【偏置曲面】对话框中，设置其他选项包括设置创建偏置曲面的相切边和公差等。设置偏置曲面的公差较为简单，用户直接在【公差】文本框中输入公差值即可指定偏置曲面的公差。因此下面将主要介绍相切边的设置。

在【设置】选项组的【相切边】下拉列表框中有两个选项，分别是请勿添加支撑面和在相切边缘添加支撑面。

5．设置预览

系统默认的选中【预览】复选框，当用户满足一定的要求后，系统将根据用户当前设置的参数和系统默认的一些参数在绘图区生成一个偏置曲面，便于用户及时预览偏置曲面的偏置距离和偏置方向。用户还可以通过单击【显示结果】按钮，显示更为真实的偏置曲面。

6.4.3　熔合

熔合创建曲面的方法是将曲面按照一定的投影方向熔合在目标面上。用于熔合的曲面可以是 B 曲面，也可以是其他类型的曲面。投影方向可以是用户指定的矢量方向，也可以是曲面的法线方向。用户还可以通过设置距离和角度公差来确定融合曲面和原曲面的近似程度。

1．指定驱动类型

在【曲面】工具条中单击【熔合】按钮，打开如图 6.68 所示的【熔合】对话框。系统提示用户选择选项，即选择驱动类型。

驱动类型共有三种，它们是曲线网格、B 曲面和自整修，这三种驱动类型的说明如下。

1) 曲线网格

选中【曲线网格】单选按钮，用户需要选择主曲线和交叉曲线以形成曲线网格。

2) B 曲面

选中【B 曲面】单选按钮，用户可以熔合 B 曲面。此时用户只需要选择驱动 B 曲面即可，不用选择曲线。

3) 自整修

选中【自整修】单选按钮，用户需要选择驱动 B 曲面。指定驱动 B 曲面后，用户不用选择投影方向系统将自动生成一些点来拟合曲面。如果用户选中【显示检查点】复选框，如图 6.69 所示，驱动 B 曲面上将显示检查点，并在提示栏显示创建曲面 U 极点和 V 极点的个数。

2. 选择投影类型

投影类型有两种，一种是沿固定矢量，另一种是沿驱动法向。用户选择前一种投影类型后，在选择完曲线或者曲面后将打开【矢量】对话框。后一种方式将根据用户选择的曲线或者曲面的正法线方向投影熔合曲面。

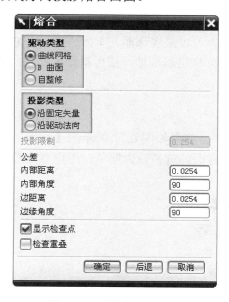

图 6.68　【熔合】对话框

图 6.69　自拟合曲面

3. 设置公差

在此可设置内部距离、内部角度、边距离和边缘角度的公差数值。默认的距离公差为建模距离的公差，默认的角度公差为 90°。

4. 选择曲面或者曲线

当完成曲面的参数设置后，单击【确定】按钮，打开如图 6.70 所示的【选择主曲线】对话框或者如图 6.71 所示的【选择驱动 B 曲面】对话框。用户直接在绘图区选择主曲线或者驱动 B 曲面即可。

图 6.70 【选择主曲线】对话框

图 6.71 【选择驱动 B 曲面】对话框

注 意

主曲线必须选择两条以上，否则仍提示用户选择主曲线。

5. 指定投影矢量

如果选择的投影类型为沿固定矢量(自整修驱动类型除外)，选择曲线或者曲面后，系统将打开【矢量】对话框。用户可以在该对话框中构造一个矢量作为投影方向。

6.4.4 修剪的片体

修剪的片体创建曲面的方法是指用户指定修剪边界和投影矢量后，系统把修剪边界按照投影矢量投影到目标面上修剪得到曲面的方法。修剪边界可以是实体面、实体边缘，也可以是曲线，还可以是基准面。投影矢量可以是面的法向，也可以是基准轴，还可以是坐标轴，如 ZC 轴。它的操作方法说明如下。

1. 选择目标面

单击【曲面】工具条中的【修剪的片体】按钮，打开如图 6.72 所示的【修剪的片体】对话框，提示用户"选择要修剪的片体"的信息。目标面的选择较为简单，用户直接在绘图区选择一个面作为目标面即可。

图 6.72 【修剪的片体】对话框

2. 选择边界对象

完成目标面的选择后，单击【边界对象】选项组中的【选择对象】按钮⊕，然后在绘图区选择一条曲线、一个实体上的面或者一个基准面等作为边界对象。该边界对象将沿着投影方向投影到目标面上裁剪目标面。

3. 指定投影方向

完成目标面和边界对象的选择后，接下来需要指定投影方向。

【修剪的片体】对话框中的【投影方向】下拉列表框内有三个选项，分别是垂直于面、垂直于曲线平面和沿矢量，它们的含义说明如下。

1) 垂直于面

在【投影方向】下拉列表框中选择【垂直于面】选项，指定投影方向垂直于目标面。这是系统默认的投影方向。

2) 垂直于曲线曲面

在【投影方向】下拉列表框中选择【垂直于曲线平面】选项，指定投影方向垂直于边界曲线所在的平面。此时在【投影方向】下拉列表框下方显示【反向】按钮和【投影两侧】复选框，如图 6.73 所示。

图 6.73 【垂直于曲线平面】选项

3) 沿矢量

在【投影方向】下拉列表框中选择【沿矢量】选项，指定投影方向沿着用户指定的矢量方向。此时在【投影方向】下拉列表框下方显示【指定矢量】选项、【反向】按钮和【投影两侧】复选框，如图 6.74 所示。

当用户选择一个矢量或者构造一个矢量(单击【矢量构造器】按钮，打开【矢量】对话框构造矢量)后，该矢量以箭头的形式显示在绘图区，同时【反向】按钮被激活。用户可以单击【反向】按钮，使矢量方向反向，投影方向随之改变。

图 6.74 【沿矢量】选项

4. 选择保留区域

完成目标面、边界对象的选择和投影方向的指定后，还需要选择保留区域，即裁剪目标面的哪一部分，保留目标面的哪一部分。

【修剪的片体】对话框中的【区域】选项组中有两个选项，分别是保持和舍弃，它们的含义说明如下。

1) 保持

当用户在【区域】选项组中选择【保持】选项，鼠标指定的区域将被保留下来，而区域之外的曲面部分被裁剪。

2) 舍弃

当用户在【区域】选项组中选择【舍弃】选项，指定鼠标指定的区域将被舍弃，而区域之外的曲面部分被保留下来。

6.4.5 修剪和延伸

修剪和延伸创建曲面的方法是指用户指定延伸边界后，系统将按照一定的延伸方式和延伸距离延伸曲面获得曲面的方法。它的操作方法说明如下。

1. 选择延伸长度方式

在【曲面】工具条中单击【修剪和延伸】按钮，打开如图 6.75 所示的【修剪和延伸】对话框。系统提示用户选择要延伸的目标边缘。

延伸长度类型有四种，它们分别是按距离、已测量百分比、直至选定对象和制作拐角。在【类型】下拉列表框中选择【按距离】选项，系统将按照一定的距离延伸边界，选择【已测量百分比】，系统将按照边界长度的百分比距离延伸边界；选择【直至选定对象】选项，系统将把边界延伸到用户指定的对象处。

图 6.75 【修剪和延伸】对话框

2. 设置延伸方法

延伸方法有三种,它们分别是自然曲率、自然相切和镜像的。这些方法的说明如下。

自然曲率方法是指定系统以等曲率的方式延伸曲面,即创建的曲面和原曲面之间等曲率方式过渡;自然相切方法是指定系统以相切的方式延伸曲面,即创建的曲面和原曲面之间相切方式过渡;镜像的方法是指定系统以镜像的方式延伸曲面,即创建的曲面和原曲面是镜像的。如图6.76所示,其中图中三个图分别是用自然曲率、自然相切和镜像的延伸方法得到的。

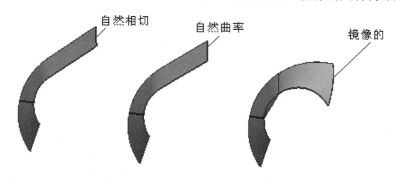

图 6.76 延伸方法

> **注 意**
>
> *曲面延伸后将和原来的曲面连成一个整体,即相当于扩大了原来的曲面,而不是另外单独生成一个曲面。*

6.4.6 圆角曲面

圆角曲面创建曲面的方法是指用户指定两组曲面后,系统根据脊曲线或者其他限制条件在两组曲面间获得曲面的方法。用户可以选择脊曲线,也可以不选择。如果不选择脊曲线则需要指定限制条件,如限制点、限制曲面和限制平面等。它的操作方法说明如下。

1. 选择面

单击【曲面】工具条中的【圆角曲面】按钮,打开如图 6.77 所示的选择面【圆角】对话框,提示用户"选择第一面"的信息。

图 6.77 选择面【圆角】对话框

当用户在绘图区选择一个面后,该面在绘图区高亮度显示,面上还出现一个箭头,显示面的法线方向。

当用户选择一个面作为第一面后,系统打开如图 6.78 所示的法线【圆角】对话框,询问用户"法向对吗?"的信息。

在法线【圆角】对话框中单击【是】按钮,指定法线方向正确,表明用户接受当前的法线方向；如果用户需要改变当前的法线方向，可以在法线【圆角】对话框中单击【否】按钮，此时第一面的法线方向将反向。

无论用户在法线【圆角】对话框中单击【是】按钮还是【否】按钮，系统都将返回到选择面【圆角】对话框，提示用户选择第二面。至此完成第一面的选择。

完成第一面的选择后，紧接着需要选择第二面。第二面的选择方法和第一面的选择类似，这里不再赘述。

2. 选择脊线

完成第一面和第二面的选择后，系统仍打开选择面【圆角】对话框，提示用户选择脊线串。

3. 指定创建类型

不选择脊线串，直接在选择面【圆角】对话框中单击【确定】按钮，跳过脊线串的选择，此时系统将打开如图 6.79 所示的创建类型【圆角】对话框，提示用户选择创建选项。

用户可以创建的选项有两个，一个是圆角，另一个是曲线。圆角选项可以指定是否创建圆角曲面。【曲线】选项可以指定是否创建曲线。

用户在创建类型【圆角】对话框中单击【确定】按钮，指定创建【圆角】类型的曲面，这是系统默认的创建选项。如果用户不需要创建圆角曲面，可以单击【创建圆角-是】按钮，此时【创建圆角—是】按钮将变为【创建圆角—否】按钮。

图 6.78　法线【圆角】对话框

图 6.79　创建类型【圆角】对话框

如果用户需要创建【曲线】类型的曲面，可以单击【创建曲线-否】按钮，此时【创建曲线-否】按钮变为【创建曲线-是】按钮，如图 6.80 所示的创建类型【圆角】对话框。

4. 指定横截面类型

当用户指定创建选项后，在创建类型【圆角】对话框中单击【确定】按钮，打开如图 6.81 所示的截面类型【圆角】对话框，提示用户"选择横截面类型"。

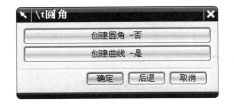

图 6.80　创建类型【圆角】对话框

图 6.81　截面类型【圆角】对话框

横截面类型有两种，分别是圆形和二次曲线，这两种选项的说明如下。

1）　圆形

当用户在截面类型【圆角】对话框中单击【圆形】按钮，指定创建的圆角曲面的横截面类型是圆形。这是系统默认的横截面类型。

2）二次曲线

当用户在截面类型【圆角】对话框中单击【二次曲线】按钮，指定创建的圆角曲面的横截面类型是二次曲线。

5．指定圆角类型

在截面类型【圆角】对话框中单击【圆形】按钮或者【二次曲线】按钮，打开如图 6.82 所示的圆角类型【圆角】对话框，提示用户"选择圆角类型"。

图 6.82　圆角类型【圆角】对话框

圆角类型有三种，分别是恒定、线性和 S 型，这三种类型说明如下。

1）恒定

在圆角类型【圆角】对话框中单击【恒定】按钮，指定圆角曲面的圆角类型是恒定的，此时用户只需要指定一个半径值即可。这是系统默认的圆角类型。

2）线性

在圆角类型【圆角】对话框中单击【线性】按钮，指定圆角曲面的圆角类型是线性的。此时用户需要指定两个半径值，起点半径和终点半径。

3）S 型

在圆角类型【圆角】对话框中单击【S 型】按钮，指定圆角曲面的圆角类型是 S 型的。此时用户需要指定两个半径值，起点半径和终点半径。

6．设置限制条件

当用户指定一种圆角类型后，系统将打开如图 6.83 所示的限制条件【圆角】对话框。

图 6.83　限制条件【圆角】对话框

限制条件【圆角】对话框中有三个选项，分别是限制点、限制面和限制平面，这三个选项说明如下。

1）限制点

在限制条件【圆角】对话框中单击【限制点】按钮，打开【点】对话框，提示用户"圆角-选择对象以自动判断点"的信息。用户可以选择一个点作为圆角的限制条件。

2) 限制面

在限制条件【圆角】对话框中单击【限制面】按钮，打开选择面【圆角】对话框，提示用户"选择面"。用户选择一个面后，系统打开【点】对话框，提示用户"指定参考点—选择对象以自动判断点"的信息。

3) 限制平面

在限制条件【圆角】对话框中单击【限制平面】按钮，打开【平面】对话框，用户可以在【平面】对话框中指定一个平面作为限制条件。用户指定一个平面后，系统打开【点】对话框，提示用户"指定参考点—选择对象以自动判断点"的信息。

7. 指定圆角半径

1) 选择【圆形】横截面类型

在截面类型【圆角】对话框中单击【圆形】按钮，指定一个圆角类型，设置限制条件后，系统将打开如图 6.84 所示的圆半径【圆角】对话框，系统提示用户"指定半径"的信息。在圆半径【圆角】对话框的【半径】文本框中直接输入半径值即可。

图 6.84　圆半径【圆角】对话框

2) 选择【二次曲线】横截面类型

在截面类型【圆角】对话框中单击【二次曲线】按钮，然后指定一个圆角类型，设置限制条件后，系统将打开如图 6.85 所示的 Rho【圆角】对话框，系统提示用户"指定 Rho 功能"的信息。

Rho 功能有两种，分别是与圆角类型相同和最小拉伸，这两个选项的说明如下。

在 Rho【圆角】对话框中单击【与圆角类型相同】按钮，指定系统根据用户选择的圆角类型(如恒定、线性和 S 型等)来计算 Rho。

在 Rho【圆角】对话框中单击【最小拉伸】按钮，指定系统根据用户选择的几何形状按照最小张度的原则计算 Rho。一般来说，选择最小拉伸 Rho 功能后，生成圆角曲面的横截面为一个椭圆。

当用户指定 Rho 功能后，系统将打开如图 6.86 所示的二次曲线【圆角】对话框，提示用户"指定函数值"的信息。用户需要指定半径、比率和 Rho 值。

图 6.85　Rho【圆角】对话框

图 6.86　二次曲线【圆角】对话框

6.5 曲面编辑

曲面创建好以后，用户可能还需要编辑曲面，UG 为用户提供的曲面编辑功能有：移动定义点、移动极点、改变阶次和改变刚度等。

6.5.1 概述

曲面创建以后，用户有时可能需要修改曲面，即编辑曲面。本节我们将学习编辑曲面的方法。编辑曲面的方法有移动定义点、移动极点、扩大、等参数修建/分割、片体边界、改变阶次、改变刚度、更改边和法向反向等。

在介绍各种编辑曲面的方法之前，我们需要首先添加【编辑曲面】工具条。添加【编辑曲面】工具条的方法和添加【曲面】工具条的方法类似，只要在图 6.87 所示的快捷菜单中选择【编辑曲面】命令即可。添加所有的编辑曲面按钮后，【编辑曲面】工具条，如图 6.88 所示。

下面将介绍这些编辑曲面的方法。

图 6.87 添加【编辑曲面】的快捷菜单

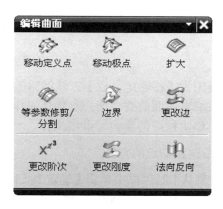

图 6.88 【编辑曲面】工具条

6.5.2 移动定义点

在【编辑曲面】工具条中单击【移动定义点】按钮 ，打开如图 6.89 所示的【移动定义点】对话框，系统提示用户"选择要编辑的面"的信息。

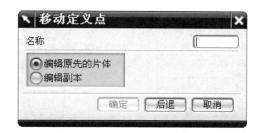

图 6.89 【移动定义点】对话框

下面将介绍移动点编辑曲面的方法。

1. 选择编辑曲面

用户可以选择的编辑曲面有两种，分别是编辑原先的片体和编辑副本，这两个选项的说明如下。

1) 编辑原先的片体

【编辑原先的片体】选项指定系统在用户选择的曲面上直接编辑，而不做副本。选择该单选按钮，所有的编辑直接在原先的曲面上进行。

2) 编辑副本

【编辑副本】选项指定系统在用户选择曲面的副本上编辑。选择该单选按钮，系统首先备份一个用户选择的曲面作为副本，然后所有的后续编辑都在该曲面副本上进行。

用户在绘图区选择一个曲面后，系统打开如图 6.90 所示的【确认】对话框，提示用户"该操作移除特征的参数。您要继续吗？"的信息。

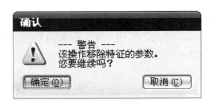

图 6.90　【确认】对话框

这是因为【移动定义点】方法编辑的曲面不再具有参数化的特点，因此在执行【移动定义点】方法编辑曲面前要求用户"确认操作"的信息。用户在【确认】对话框中单击【确定】按钮，指定移除特征的参数，继续操作。

2. 指定移动点的方式

在【确认】对话框中单击【确定】按钮，打开如图 6.91 所示的指定移动点方式的【移动点】对话框，提示用户"选择要移动的点"的信息，同时在选择的曲面上显示定义点。此时曲面的 U 方向和 V 方向以箭头形式高亮度显示在绘图区，有利于用户选择移动点的方式，如图 6.92 所示。

图 6.91　移动点方式的【移动点】对话框

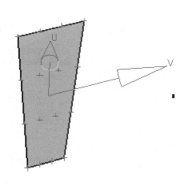

图 6.92　显示的定义点

用户移动点的方式有四种，分别是单个点、整行、整列和矩形阵列，这 4 个选项的说明如下。

- 单个点：用户选中该单选按钮，指定移动点的方式为单个移动点，即用户需要一个点一个点的移动点来编辑曲面。
- 整行：用户选中该单选按钮，指定移动点的方式为在 V 方向整行移动点，即用户可以在曲面的 V 方向整行地移动点来编辑曲面。
- 整列：用户选中该单选按钮，指定移动点的方式为在 U 方向整列移动点，即用户可以在曲面的 U 方向整列地移动点来编辑曲面。
- 矩形阵列：用户选中该单选按钮，指定移动点的方式为一片一片地移动点，即用户可以指定一个矩形，移动矩形内的点来编辑曲面。

3. 指定点的移动方式

在绘图区指定定义点后，打开如图 6.93 所示的指定移动方式的【移动定义点】对话框。

定义点的移动方式有三种，它们分别是增量、沿法向的距离和拖动。这三种方式的说明如下。

图 6.93　指定移动方式的【移动定义点】对话框

- 增量：选中该单选按钮，DXC、DYC 和 DZC 三个文本框被激活，用户可以直接在这三个文本框中输入点的三个坐标值得增量即可。
- 沿法向的距离：选中该单选按钮，【距离】文本框被激活，用户可以直接在【距离】文本框中输入距离值，即可指定点在法线方向的移动距离。
- 拖动：【拖动】按钮需要用户先定义一个拖动矢量。单击【拖动】按钮，用户可以沿着拖动矢量方向拖动指定的点来移动点。

6.5.3　移动极点

移动极点编辑曲面的操作方法与移动定义点编辑曲面的操作方法基本相同。只是极点和定义点生成曲面的原则不同，这个不同点我们在前面的介绍通过极点创建曲面时介绍了，这里不再赘述。

6.5.4　扩大

扩大编辑曲面是指线形或者自然按照一定比例延伸曲面获得曲面。获得的全面可能比原曲面大，也可能比原曲面小，这决定于用户选择的比例值。当比例值为正时，获得的曲面比原全面大，当比例值为负时，获得的曲面比原曲面小。

单击【编辑曲面】工具条中的【扩大】按钮，打开如图 6.94 所示的【扩大】对话框，系统提示用户"选择要扩大的曲面"的信息。

图 6.94　【扩大】对话框

下面将介绍扩大曲面的方法。

1)　选择扩大方式

扩大曲面的方式有两种，即线性和自然两种。线性扩大曲面方式是按照线性规律来扩大曲面，而自然是按照原来曲面的特征自然扩大来获得曲面，如图 6.95 所示，其中图 6.95(a)是线性方式扩大获得的曲面，图 6.95(b)是自然方式扩大获得的曲面。

2)　指定曲面扩大的方向

扩大的方向有四个，即曲面的两个 U 方向和两个 V 方向。用户只要移动相应选项的活动按钮就可以扩大相应的方向。当移动第一个 U 选项中的滑动按钮，曲面就沿着一个 U 方向缩小。这是因为【U 最小值】文本框中的数值为负的原因。用户移动的比例将显示在【U 最小值】文本框中。当然用户也可以在【U 最小值】文本框中直接输入扩大的比例，然后单击【应用】按钮，曲面就按照该比例值扩大了。

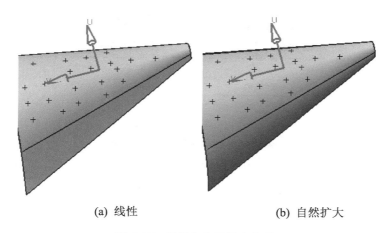

(a) 线性   (b) 自然扩大

图 6.95　线性和自然扩大方式

6.5.5　等参数修剪/分割

【等参数修剪/分割】曲面是指按照一定比例等参数修剪或者分割曲面编辑曲面。

单击【编辑曲面】工具条中的【等参数修剪/分割】按钮 🖱️，打开如图 6.96 所示的参数选项【修剪/分割】对话框，系统提示用户"选择等参数选项"的信息。

图 6.96　参数选项【修剪/分割】对话框

1. 等参数修剪

等参数修剪的操作方法如下。

(1) 在参数选项【修剪/分割】对话框中，单击【等参数修剪】按钮，打开如图 6.97 所示的选择面【修剪/分割】对话框。

(2) 在绘图区选择一个面后，系统打开如图 6.98 所示的【确认】对话框，提示用户"该操作移除特征的参数，您要继续吗？"的信息。要求用户"确认操作"的信息。

图 6.97　选择面【修剪/分割】对话框

图 6.98　【确认】对话框

(3) 在【确认】对话框中单击【确定】按钮，打开如图 6.99 所示的【等参数修剪】对话框，提示用户"指定参数"。

图 6.99　【等参数修剪】对话框

（4）在【等参数修剪】对话框中输入 U、V 方向的修剪比例值，然后单击【确定】按钮即可按照指定的比例值修剪曲面。

2. 等参数分割

等参数分割的操作方法如下。

（1）在参数选项【修剪/分割】对话框中，单击【等参数分割】按钮，打开选择面【修剪/分割】对话框。

（2）在绘图区选择一个面后，系统打开【确认】对话框，要求用户"确认操作"的信息。

（3）在【确认】对话框中单击【确定】按钮，打开如图 6.100 所示的【等参数分割】对话框，提示用户"输入参数或选择点"的信息。

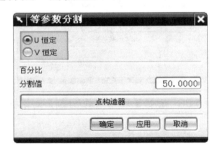

图 6.100　【等参数分割】对话框

用户需要首先选择分割曲面的方向。分割曲面的方向有 U 方向和 V 方向。

（4）在【分割值】文本框中输入分割的百分比或者单击【点构造器】按钮，打开【点】对话框，选择一个点作为曲面的分割点。

（5）设置好分割百分比或者分割点以后，单击【确定】按钮，此时曲面将按照用户指定的分割百分比或者分割点来分割。

6.5.6　边界

【边界】编辑曲面用来移除孔、移除修剪和替换边等。

单击【编辑曲面】工具条中的【边界】按钮，打开如图 6.101 所示的选择面【编辑片体边界】对话框，系统提示用户"选择要修改的片体"的信息。

在绘图区中选择需要的修改的片体后，系统自动打开如图 6.102 所示的操作【编辑片体边界】对话框，提示用户"选择编辑操作"的信息。

图 6.101　选择面【编辑片体边界】对话框

图 6.102　操作【编辑片体边界】对话框

编辑操作有三种，分别是移除孔、移除修剪和替换边三种操作。下面将分别介绍移除孔、移除修剪和替换边三种操作编辑片体边界的方法。

1．移除孔

移除孔编辑片体边界的操作方法如下。

(1)　在编辑操作【编辑片体边界】对话框中，单击【移除孔】按钮，打开如图 6.103 所示的【确认】对话框，提示用户"该操作会移除片体的参数。将要移除 1 个特征。片体(8)您要继续吗？"的信息。要求用户"确认操作"的信息。

(2)　在【确认】对话框中单击【确定】按钮，打开如图 6.104 所示的【选择要移除的孔】对话框，系统提示用户"选择要移除的孔"的信息。

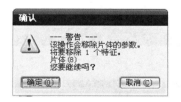

图 6.103　【确认】对话框

图 6.104　【选择要移除的孔】对话框

(3)　用户在片体上选择要移除的孔，然后在【选择要移除的孔】对话框中单击【确定】按钮，即可移除选择的孔。

2．移除修剪

【移除修剪】编辑片体边界的操作方法如下。

在编辑操作【编辑片体边界】对话框中，单击【移除修剪】按钮，将打开如图 6.103 所示的类似【确认】对话框，要求用户"确认操作"的信息，在【确认】对话框中单击【确定】按钮，系统自动移除用户在选择面上进行的修建操作(如移除孔和替换边等操作)。

3．替换边

【替换边】编辑片体边界的操作方法如下。

(1)　在编辑操作【编辑片体边界】对话框中，单击【替换边】按钮，将打开如图 6.103 所示的类似【确认】对话框，要求用户"确认操作"的信息，在【确认】对话框中单击【确定】按钮，打开【类选择】对话框，系统提示用户"选择要被替换的边"的信息。

(2)　用户在绘图区选择需要替换的边后，单击【确定】按钮，打开如图 6.105 所示的边界对象【编辑片体边界】对话框，系统提示用户"指定边界对象"的信息。用户可以选择的边界

对象包括面、平面、沿法向的曲线、沿矢量的曲线和投影矢量等 5 种。

图 6.105　边界对象【编辑片体边界】对话框

　　(3)　在边界对象【编辑片体边界】对话框中选择边界对象的类型后，例如单击【选择面】按钮，打开如图 6.106 所示的选择对象【编辑片体边界】对话框。

　　(4)　在绘图区选择一个面后，在选择对象【编辑片体边界】对话框中单击【确定】按钮，返回到边界对象【编辑片体边界】对话框。此时边界对象【编辑片体边界】对话框的【确定】按钮被激活。单击【确定】按钮，再次打开【类选择】对话框。

　　(5)　用户如果不需要再选择边界对象，可以直接单击【类选择】对话框中的【确定】按钮，打开如图 6.107 所示的【保留区域】对话框，同时鼠标变为十字形状。

图 6.106　选择对象【编辑片体边界】对话框　　　　图 6.107　　【保留区域】对话框

　　(6)　用户在需要保留的片体区域上单击鼠标左键，此时片体上将有一个红点，作为保留区域的记号。单击鼠标左键后，【保留区域】对话框中的【确定】按钮被激活。单击【确定】按钮，被选择的片体部分被保留下来。

6.5.7　更改参数

　　更改参数包括更改阶次、更改刚度、更改边和法向反向等四个选项。由于这些编辑方法的操作过程基本相同，因此我们首先介绍这些操作的一般过程，然后再依次介绍这些编辑方法的操作步骤中打开的不同对话框。

1.　一般步骤

　　更改参数的一般步骤说明如下。

　　(1)　在【编辑曲面】工具条中单击相应的按钮，打开相应的对话框，要求用户"选择要编辑的面"的信息。

　　(2)　在绘图区选择一个曲面后，打开相应的对话框，用户在该对话框中修改曲面的一些参数，如 U 方向和 V 方向的阶次、刚度等。

　　(3)　单击【确定】按钮，结束更改参数的操作。

2. 更改阶次

更改阶次能够改变曲面的数学方程的阶次，但是不能改变曲面的形状。如果增加曲面的阶次，能够使片体的极点数目增加，自由度增加，但曲面的补片数目不发生变化，从而改变了对曲面形状的控制性。但是，如果降低曲面的阶次，则在保持曲面整体形状的情况下保持曲面的原有特性，但由于阶次降低可能降低曲面的拐点，可能使得曲面的形状发生变化。同样也是一种非参数化的曲面编辑方式。

单击【编辑曲面】工具条中的【更改阶次】按钮$\times^{x^3}$，弹出如图 6.108 所示的【更改阶次】对话框。

图 6.108　【更改阶次】对话框

在该对话框中可以选择曲面，也可以选择曲面的编辑性质，即可以选中【编辑原先的片体】单选按钮，也可以选中【编辑副本】单选按钮。由于更改阶次同样也是一种非参数化的编辑方式，因此，可以选中【编辑副本】单选按钮。如果选中【编辑原先的片体】单选按钮，系统弹出如图 6.109 所示的【确认】对话框，提示用户"该操作移除特征的参数。您要继续吗？"的信息。单击【确定】按钮，则弹出如图 6.110 所示的【更改阶次】对话框。如果选中【编辑副本】单选按钮，则在原曲面的副本上进行编辑修改，不会弹出【确认】对话框。

图 6.109　【确认】对话框

图 6.110　【更改阶次】对话框

此时，可以在【更改阶次】对话框中，输入相应的 U 向和 V 向阶次。在更改阶次时，可以输入的两个方向的阶次范围都在 1～24 之间。系统默认的 U 向阶次和 V 向阶次都是"1"。

单击【确定】按钮，即可完成对原曲面的阶次进行的修改和编辑。但需要注意的是，更改阶次只是改变了曲面的阶次而没有改变曲面的形状，即更改阶次只是增加了曲面的自由度。

3. 更改刚度

更改刚度利用降低阶次，减小了曲面的刚度，可更加接近地对控制多边形的波动进行拟合。利用增加阶次，使曲面刚性变硬，对控制多边形的波动变化不敏感。此时，极点数目不发生变化，但曲面的补片数目减少。

通过【更改刚度】命令可以更改曲面的刚度。更改刚度命令同样为非参数化的编辑命令，

可以通过在【编辑曲面】工具条中直接单击【更改刚度】按钮，弹出【更改刚度】对话框，如图 6.111 所示。如果在该对话框中选中【编辑原先的片体】单选按钮，弹出如图 6.112 所示的【确认】对话框，提示用户"该操作移除特征的参数。您要继续吗？"的信息。

图 6.111 【更改刚度】对话框

图 6.112 【确认】对话框

单击【确定】按钮后，弹出如图 6.113 所示的【更改刚度】对话框。该对话框中所显示的 U 向阶次和 V 向阶次数据分别为所选定曲面的 U 向和 V 向阶次数据信息。此时，可以根据分析的需要增加或减小这两个方向的刚度。

图 6.113 【更改刚度】对话框

4. 更改边

通过【更改边】命令提供的多种方法可以修改一个 B 曲面的边线，使其边缘形状发生改变，如匹配另一条曲线或者另一组实体的边线等。更改边操作不能产生新的特征，如果原曲面为参数化曲面特征，那么对曲面进行直接操作，产生的特征则为非参数化操作特征。

一般情况下，要求被修改的边(从属边)未经修剪，并且是利用自由形状曲面建模方法创建的。如果是利用拉伸或旋转扫描方法生成的，那么，不能对曲面进行边界更改。

此外，还需要注意：被修改的边缘线(从属边)应该比要匹配的边缘线(主导边)要短，否则，由于系统不能将从属边的端点投影到主导边上而不能更改边线。

下面对更改边进行基本的介绍。

选择【更改边】命令，可以从【编辑曲面】工具条中直接单击【更改边】按钮。此时，弹出如图 6.114 所示的【更改边】对话框，设定编辑对象为编辑副本还是编辑原先的片体。如果选中【编辑原先的片体】单选按钮，同时提示用户"选择要编辑的面"的信息。选中要编辑的曲面后，弹出如图 6.115 所示的【确认】对话框，表明直接对曲面进行编辑为非参数化编辑。

确认后选择一个曲面，打开如图 6.116 所示的【更改边】对话框，提示用户"选择要编辑的 B 曲面边"的信息。

在刚才所选择的曲面上选择要编辑的边线。此时，系统弹出如图 6.117 所示的选择选项【更改边】对话框。

图 6.114 【更改边】对话框

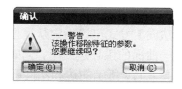

图 6.115 【确认】对话框

图 6.116 【更改边】对话框

图 6.117 选择选项【更改边】对话框

在该对话框中，主要包括四种进行曲面边线修改的方法，下面来分别进行介绍。

1) 仅边方式更改边

【仅边】方式更改边选项只更改曲面的边。当用户单击【仅边】按钮后，打开如图 6.118 所示的匹配【更改边】对话框。系统要求用户"选择选项"。

图 6.118 匹配【更改边】对话框

用户可以选择匹配到曲线、到边、到体和到平面等几何对象上。选择不同的几何对象，系统将打开不同的对话框，要求用户选择曲线、边、体和平面等几何对象。下面介绍一下这几种匹配方式。

- 匹配到曲线：可以根据选定的主导曲线，从属曲面的边线改变其形状和位置，匹配到主导曲线。

- 匹配到边：根据另一曲面的匹配边的形状，更改要修改的从属边的形状和位置，使其匹配到另一主导曲面的匹配边上。所产生的效果和曲面缝合的效果一致。

- 【匹配到体】：此时，需要修改的边改变形状，使其形状能够匹配到另一曲面的边线上，但其位置并不能匹配到另一曲面所提供的主导边上。

- 【匹配到平面】：此时，修改边的位置匹配到指定的平面上，但是，从属曲面的形状却不发生变化。

2) 边和法向方式更改边

【边和法向】方式可以指定从属曲面上的某条边线，使该从属面的边线的形状和位置都能够匹配到另一曲面的主导边线上，同时将从属曲面的形状改变为主导曲面的形状。单击该按钮后，弹出如图 6.119 所示的边和法向匹配【更改边】对话框。

在【更改边】对话框中，主要包括以下三个匹配选项。

- 匹配到边：改变从属曲面的形状，使需要匹配的从属边的法向和位置都能够和另一曲面上所选定的主导边线相匹配。
- 匹配到体：改变从属曲面的形状，使选定的从属边的法线匹配到另一主导的曲面上。
- 匹配到平面：改变从属曲面的形状，使得所选定的该从属曲面的从属边的法线匹配到指定的平面。

3) 边和交叉切线方式更改边

【边和交叉切线】方式可以修改所指定的从属曲面的某个边线，使所选定的从属边的形状和位置匹配到另一个主导对象上，而且需要从属边的所在曲面的交叉切线也能够匹配这个主导对象。交叉切线位于从属边上的从属曲面的等参数曲线在此处的切线。单击该按钮后，弹出如图 6.120 所示的边和交叉切线匹配【更改边】对话框。

图 6.119　边和法向匹配【更改边】对话框　　图 6.120　边和交叉切线匹配【更改边】对话框

在【更改边】对话框中，包括以下三个选项。

- 瞄准一个点：改变从属曲面的形状，使沿所选定从属边每个点上的交叉切线都通过所指定的从属点，但从属边本身的形状不发生变化。
- 匹配到矢量：改变从属曲面的形状，使沿从属边每一点的交叉切线都与所指定的矢量方向平行，但从属边本身的形状并不发生变化。
- 匹配到边：此时，将会改变从属曲面的形状，满足从属边的位置及其交叉切线与指定的主导边相匹配，使修改后的两个曲面能够光滑过渡。

4) 边和曲率方式更改边

【边和曲率】方式可以修改从属曲面上的某个边线，使从属边线的形状和位置匹配到另一主导对象，并且从属边的交叉曲线也匹配到另一主导曲线，同时，使得从属边的交叉切线在从属边上端点的斜率也能够和另一主导对象的曲率相匹配。由此可见和上一种方式的不同在于，过渡连接方式不同，即前者通过 G1 相切方式过渡，后者则通过 G2 曲率方式过渡。

当用户单击【边和曲率】按钮后，打开如图 6.121 所示的选择面【更改边】对话框。系统提示用户"选择第二个面"的信息。用户选择第二个面之后，系统要求"选择第二个曲面边"的信息。系统将根据用户指定这些面和边来修改曲面的边和曲率。

图 6.121 选择面【更改边】对话框

6.6 设 计 范 例

通过上面内容的学习，用户已经掌握了曲面设计基础的相关知识，特别是对生成曲面的一些常用方法有了基本的了解和认识。本节将介绍一个曲面设计范例的设计过程。

6.6.1 范例介绍

这个范例的起始文件是线框图，而最终结果，如 6.122 所示的片体。在这个实例中，将通过已知的曲线进行相关的操作，产生 G2(曲率连续)连续的曲面。并通过与其相关联的表达式对曲面的相切幅度，实行参数化控制。使读者在设置表达式的参数时，可以直观地看出曲面相切的变化情况。

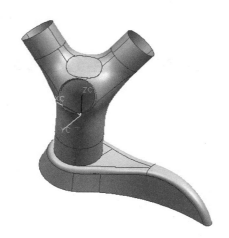

图 6.122 设计范例的模型

本例大致的设计思路是：在最底下的相连曲线的合适位置找出分割点并对它们进行分割，使用分割后的曲线和辅助曲线形成扫掠曲面，最后再使用曲面修剪，整个设计思路，如图 6.123 所示。

通过本范例的学习，将熟悉 UG NX 6.0 的如下内容。

● 曲线的操作：圆弧/圆、曲线的长度和分割、桥接曲线、偏置曲线、相交曲线和抽取曲线等。
● 基准 CSYS 的操作。
● 曲面的操作：扫掠曲面、通过曲线网格、曲面分析、拉伸曲面和片体的修剪等；
● 表达式的创建与关联操作。

图 6.123　设计思路图

6.6.2　范例制作

下面我们将详细介绍这个模型的创建过程。

步骤 1：打开文件

(1)　在桌面上单击 NX 6.0 图标，启动 UG SIEMENS NX 6.0。

(2)　单击【打开】按钮，弹出【打开】对话框，选择起始文件 X7-1.prt，如图 6.124 所示，单击【OK】按钮。

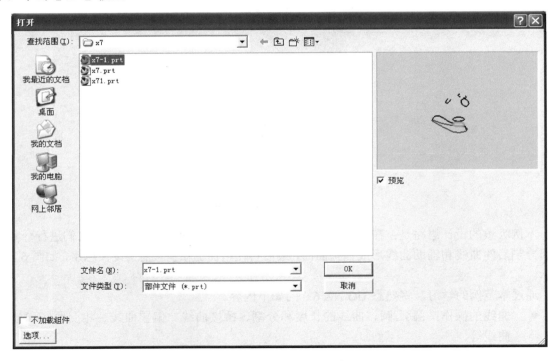

图 6.124　【打开】对话框

步骤 2：创建扫掠曲面

(1) 选择【插入】|【曲线】|【圆弧/圆】菜单命令或单击【特征】工具条中的【圆弧/圆】按钮 ⌐，打开【圆弧/圆】对话框。在【类型】下拉列表框中选择【三点画圆弧】选项，如图 6.125 所示。在如图 6.126 所示的三个【控制点】处单击，并设置其他参数，单击【确定】按钮。创建的圆如图 6.127 所示。

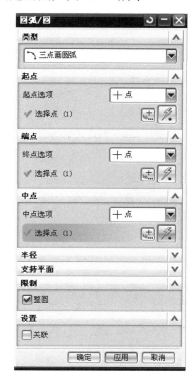

图 6.125　【圆弧/圆】对话框参数设置

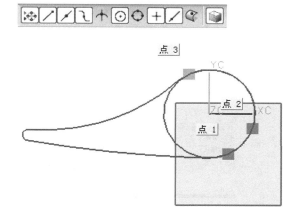

图 6.126　选择三点

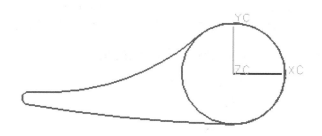

图 6.127　创建的圆

(2) 继续按图 6.128 所示的三点创建圆，创建完成的圆的结果如图 6.129 所示。

(3) 选择【插入】|【曲线】|【基本曲线】菜单命令或单击【特征】工具条中的【基本曲线】按钮 ⚲，打开【基本曲线】对话框。单击【直线】按钮 ◿，打开【直线】对话框。取消选中【线串模式】复选框，在【点方法】下拉列表框中选择【交点】选项，如图 6.130 所示，

先选择大圆，再选择封闭的样条曲线，然后再分别选择一次，创建一条直线。对小圆端也采取同样的作法创建另一条直线。创建完成的直线结果如图 6.131 所示。

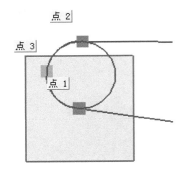

图 6.128　继续创建圆的操作

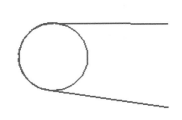

图 6.129　创建完成的圆

图 6.130　【基本曲线】对话框参数设置

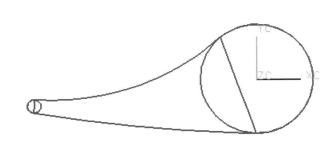

图 6.131　创建完成的直线

（4）选择【编辑】|【曲线】|【分割】菜单命令，打开【分割曲线】对话框。在【边界对象】选项组中的【对象】下拉列表框中选择【现有曲线】选项，如图 6.132 所示。选择封闭的样条为要分割的曲线，选择创建的直线为边界对象，在交点处分别对封闭的样条进行分割。

图 6.132　【分割曲线】对话框

(5) 由于 2 个圆在以后的操作中不会用到，所以需要隐藏。选择 2 个圆，再选择【格式】|
【移动至图层】菜单命令，打开【图层移动】对话框，在【目标图层或类别】文本框中输入"255"，
如图 6.133 所示，单击【确定】按钮。再选择【格式】|【图层设置】菜单命令，打开【图层设
置】对话框。取消启用第"255"层，如图 6.134 所示。这样，2 个圆就被隐藏了(如图 6.135 所
示)。单击【关闭】按钮，关闭【图层设置】对话框。

图 6.133　选择 "255" 层

图 6.134　隐藏 "255" 层

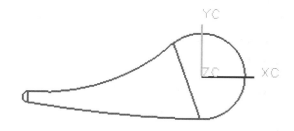

图 6.135　隐藏 2 个圆后的样条

(6) 选择【编辑】|【曲线】|【长度】菜单命令，打开【曲线长度】对话框。选择如
图 6.137 所示的曲线，注意【开始】方向和【结束】方向，如图 6.136 所示设置参数，单击【确
定】按钮，曲线效果如图 6.138 所示。

图 6.136　【曲线长度】对话框参数设置

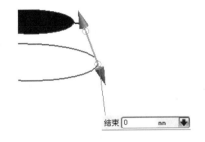

图 6.137　选择曲线

图 6.138　曲线效果

（7）　选择【插入】｜【曲线】｜【直线】菜单命令或单击【特征】工具条中的【直线】按钮，打开【直线】对话框。以小圆的端点为直线的两端点，分别创建平行于 Z 轴、【长度】为"68"的两直线，如图 6.139 所示。

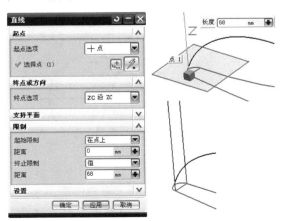

图 6.139　创建两直线

（8）　选择【插入】｜【扫掠】｜【扫掠】菜单命令或单击【特征】工具条中的【扫掠】按钮，打开【扫掠】对话框。选择【截面】线和【引导线】，如图 6.140 所示。设置参数如

图 6.141 所示，单击【确定】按钮。创建的扫掠曲面如图 6.142 所示。

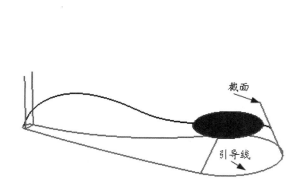

图 6.140　选择截面和引导线

图 6.141　【扫掠】对话框参数设置

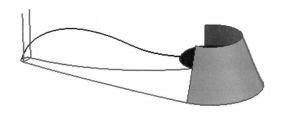

图 6.142　创建的扫掠曲面

(9) 继续使用【扫掠】命令创建曲面，如图 6.143 分别选择截面 1、截面 2 和引导线，单击【确定】按钮，创建的两个曲面如图 6.143 所示。

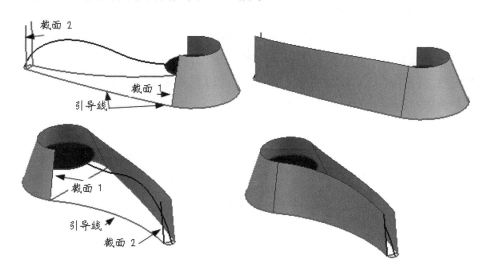

图 6.143　继续创建曲面

步骤 3：修剪片体

(1) 隐藏所有的片体。选择所有片体，单击鼠标右键，在弹出的快捷菜单中选择【隐藏】命令。如图 6.144 所示。

(2) 使用【基本曲线】命令，连接如图 6.145 所示的两端点创建一条直线。

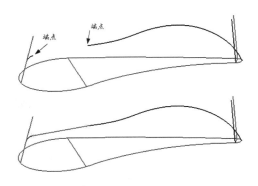

图 6.144 选择【隐藏】命令　　　　　　图 6.145 创建直线操作

(3) 选择【插入】|【来自曲线集的曲线】|【连结】菜单命令或单击【特征】工具条中的【连结曲线】按钮，打开【连结曲线】对话框，分别对如图 6.146 所示的曲线进行操作，单击【确定】按钮。

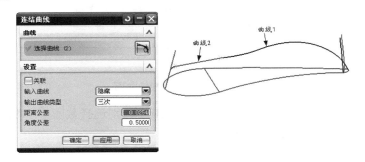

图 6.146 连结曲线操作

(4) 选择【编辑】|【曲线】|【长度】菜单命令，打开【曲线长度】对话框。选择第(3)步连结的曲线(如图 6.147 所示)，注意【开始】方向和【结束】方向，如图 6.148 所示设置参数，单击【确定】按钮，曲线效果如图 6.149 所示。

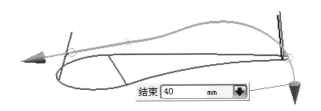

图 6.147 选择连结的曲线

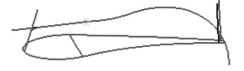

图 6.148　【曲线长度】对话框参数设置　　　　　图 6.149　曲线效果

(5) 选择【插入】|【来自曲线集的曲线】|【偏置】菜单命令或单击【特征】工具条中的【偏置曲线】按钮 ，打开【偏置曲线】对话框，在【类型】下拉列表框中选择【3D 轴向】选项，【方向】设置为"负 ZC 轴"，设置【距离】为"7.5964"，如图 6.150 所示，对如图 6.151 所示的曲线进行操作，单击【确定】按钮。偏置曲线效果如图 6.152 所示。

图 6.150　【偏置曲线】对话框参数设置

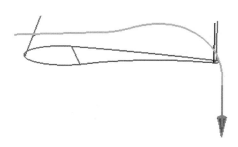

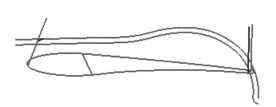

图 6.151　选择曲线　　　　　　　　图 6.152　偏置曲线效果

(6) 选择【插入】|【设计特征】|【拉伸】菜单命令或单击【特征】工具条中的【拉伸】按钮，打开【拉伸】对话框。选择第(4)、第(5)步创建的曲线，设置【拉伸方向】为小圆端的直线两端点，在【结束】下拉列表框中选择【对称值】选项，设置【距离】为"90"，其他按照默认设置，如图 6.153 所示，单击【确定】按钮。拉伸效果如图 6.154 所示。

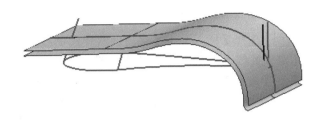

图 6.153　【拉伸】对话框参数设置　　　　　图 6.154　拉伸效果

(7) 隐藏上面的拉伸面，以备后面使用。并显示隐藏的扫掠面。

(8) 选择【插入】|【修剪】|【修剪的片体】菜单命令或单击【特征】工具条中的【修剪的片体】按钮，打开【修剪的片体】对话框。选择扫掠面为目标体，选择拉伸的片体为边界对象，单击【确定】按钮，如图 6.155 所示。

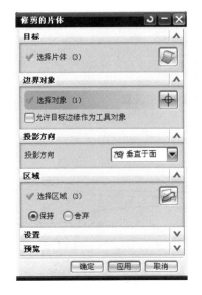

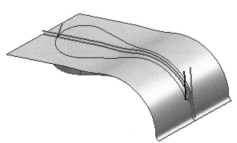

图 6.155　修剪的片体操作

(9) 把图 6.155 的拉伸面和 2 条拉伸曲线移动到"255"层，隐藏它。同时隐藏其他的曲线，如图 6.156 所示。

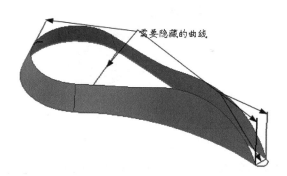

图 6.156　隐藏拉伸面和曲线

步骤 4：创建网格曲面

(1) 选择【插入】|【来自体的曲线】|【抽取曲线】菜单命令或单击【特征】工具条中的【抽取曲线】按钮，打开【抽取曲线】对话框，如图 6.157 所示。单击【等参数曲线】按钮，打开【等参数曲线】对话框，选择如图 6.158 所示面，然后选中【V 恒定】单选按钮，并设置其他参数，如图 6.159 所示，单击【应用】按钮，抽取的等参数曲线如图 6.160 所示。

图 6.157　【抽取曲线】对话框参数设置

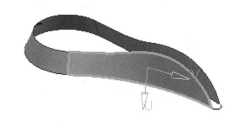

图 6.158　选择面

图 6.159　【等参数曲线】对话框参数设置

图 6.160　抽取的等参数曲线

(2) 在【等参数曲线】对话框中单击【选择新的面】按钮，选择如图 6.161 所示的面，并如图 6.162 所示设置参数，单击【应用】按钮，抽取两条等参数曲线。

图 6.161　抽取 2 条等参数曲线操作

图 6.162　【等参数曲线】对话框参数设置

　　　　(3) 在【等参数曲线】对话框中单击【选择新的面】按钮，选择如图 6.163 所示的面，并如图 6.164 所示设置参数，单击【应用】按钮，抽取 1 条等参数曲线。

图 6.163　抽取 1 条等参数曲线操作　　　　图 6.164　【等参数曲线】对话框参数设置

　　(4)　使用【修剪的片体】命令对扫掠面进行修剪操作，修剪结果如图 6.165 所示。

图 6.165　修剪后的扫掠面

(5) 把抽取的等参数曲线移动到"255"层。

(6) 选择【插入】|【来自曲线集的曲线】|【桥接】菜单命令或单击【特征】工具条中的【桥接曲线】按钮，打开【桥接曲线】对话框，分别选择图 6.167 中的"桥接曲线 1"和"桥接曲线 2"，如图 6.166 所示设置其他参数，单击【应用】按钮。再分别选择"桥接曲线 3"和"桥接曲线 4"，"桥接曲线 5"和"桥接曲线 6"，桥接曲线 7"和"桥接曲线 8"，同样按图 6.166 所示的参数进行设置。桥接曲线的效果如图 6.168 所示。

图 6.166   【桥接曲线】对话框参数设置

图 6.167   选择桥接曲线   图 6.168   桥接曲线的效果

(7) 选择【插入】|【网格曲面】|【通过曲线网格】菜单命令或单击【特征】工具条中的【通过曲线网格】按钮，打开【通过曲线网格】对话框，如图 6.169 所示选择主曲线和交叉曲线以及它们的相切面，单击【确定】按钮。创建的网格曲面如图 6.170 所示。

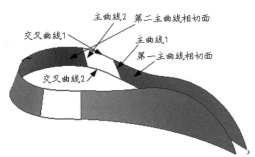

图 6.169　通过曲线网格操作

图 6.170　创建的网格曲面

(8)　使用【通过曲线网格】命令，如图 6.171 所示选择主曲线和交叉曲线以及它们的相切面，单击【确定】按钮。创建另一个网格曲面，如图 6.172 所示。

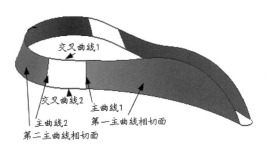

图 6.171　选择主曲线、交叉曲线及相切面　　　　图 6.172　创建的另一个网格曲面

(9)　把桥接的曲线移动到"255"层。

步骤 5：创建顶面

(1)　使用【连结曲线】命令，把步骤 1 中分割的 5 段曲线连结成封闭曲线。不过要注意首先选择大圆端的曲线。如图 6.173 所示。

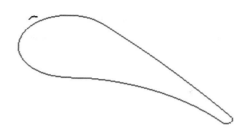

图 6.173　连结曲线

(2) 使用【偏置曲线】命令对连结的曲线进行向内偏置，距离为"22.0907"，效果如图 6.174 所示。

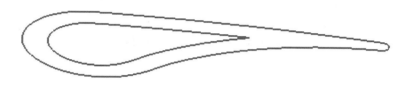

图 6.174　偏置效果

(3) 显示步骤 3 第(7)步隐藏的拉伸面。

(4) 选择【插入】|【来自曲线集的曲线】|【投影】菜单命令或单击【特征】工具条中的【投影】按钮，打开【投影曲线】对话框。在【要投影的曲线和点】中选择偏置曲线，在【要投影对象】中选择拉伸面，【投影方向】设置为"沿矢量"，如图 6.175 所示。单击【确定】按钮。投影曲线效果如图 6.176 所示。

图 6.175　【投影曲线】对话框

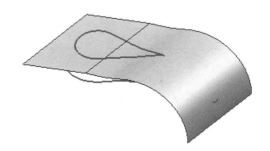

图 6.176　投影曲线效果

(5) 使用【修剪的片体】命令，以投影曲线为边界对象，对拉伸面进行修剪。修剪后的曲线效果如图 6.177 所示。

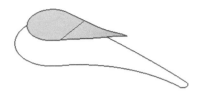

图 6.177　修剪后的曲线效果

(6) 选择【插入】|【基准/点】|【基准平面】菜单命令或单击【特征】工具条中的【基准平面】按钮 ，打开【基准平面】对话框。在【类型】下拉列表框中选择【在曲线上】选项，如图 6.178 所示。选择如图 6.179 所示的曲线，在【曲线上的方位】选项组的【方向】下拉列表框中选择【垂直于轨迹】选项，并设置其他参数，如图 6.178 所示，单击【确定】按钮。创建的基准平面如图 6.180 所示。

图 6.178　【基准平面】对话框参数设置

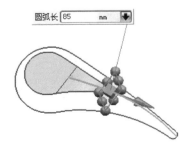

图 6.179　选择的曲线

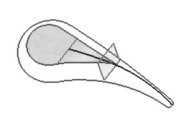

图 6.180　创建的基准平面

(7) 使用【修剪的片体】命令，以基准平面为边界对象，对拉伸面进行修剪。对拉伸面进行修剪好的效果如图 6.181 所示。

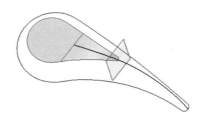

图 6.181 对拉伸面进行修剪好的效果

(8) 选择【插入】|【来自体的曲线】|【求交】菜单命令或单击【特征】工具条中的【相交曲线】按钮，打开【相交曲线】对话框。分别选择基准平面和修剪的扫掠曲面，单击【确定】按钮。求交效果如图 6.182 所示。

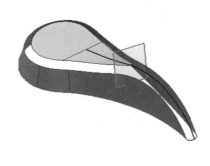

图 6.182 相交曲线操作

(9) 使用【桥接曲线】命令，分别对如图 6.183 所示的"桥接曲线 1"和"桥接曲线 2"、"桥接曲线 2"和"桥接曲线 3"，进行桥接曲线操作，开始和结束以曲率连续，分别单击【确定】按钮。桥接曲线效果如图 6.184 所示。

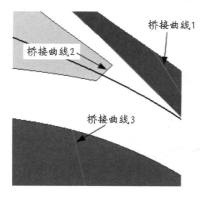

图 6.183 选择桥接曲线　　　　**图 6.184 桥接曲线效果**

(10) 使用【通过曲线网格】命令，如图 6.185 所示选择主曲线和交叉曲线，主曲线 1 以 G0 方式，主曲线 2 以 G2 方式连续，单击【确定】按钮。创建另一个网格曲面，如图 6.186 所示。

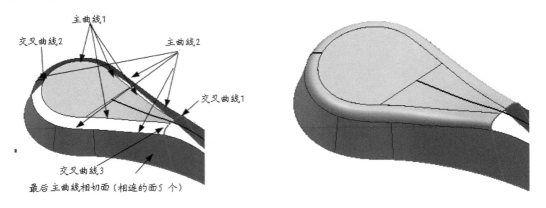

图 6.185　选择主曲线和交叉曲线　　　　　图 6.186　创建的另一个网格曲面

步骤 6：创建侧面相切面

(1)　使用步骤 5 的第(6)步的方法在如图 6.187 所示位置创建两个基准平面，圆弧长分别为 "47" 和 "95"。

图 6.187　创建两个基准平面

(2)　选择【插入】|【来自体的曲线】|【截面】菜单命令或单击【特征】工具条中的【截面曲线】按钮 ，打开【截面曲线】对话框。选择 2 个扫掠面和中间的样条为【要剖切的对象】，选择第(1)步创建的其中一个基准平面为【剖切平面】，单击【确定】按钮。在扫掠面上创建相交线，在样条上创建交点。继续进行操作，选择同样的要剖切的对象，选择第(1)步创建的另一个基准平面为，剖切平面，单击【确定】按钮。截面曲线的操作和效果如图 6.188 所示。

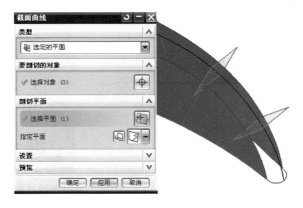

图 6.188　截面曲线操作

(3) 以第(1)步创建的任一基准平面为草图平面，绘制以已知交点为圆心，直径为"12"的圆，再绘制以象限点为圆心，直径为"12"的圆，连接两圆心成一直线，再修剪。如图 6.189所示。

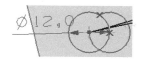

图 6.189　绘制圆

(4) 对另一基准平面作相同的两个圆。

(5) 选择【插入】|【曲线】|【样条】菜单命令或单击【特征】工具条中的【样条】按钮～，打开【样条】对话框。单击【通过点】按钮，设置【阶次】为"3"，单击【确定】按钮，单击【点构造器】按钮，如图 6.190 所示顺序选择"端点 1"、"已存点"、"端点 2"，单击【确定】按钮，单击【赋斜率】按钮，选择"端点 1"，单击【确定】按钮，再选择与它存在的曲线，选择"已存点"，单击【确定】按钮，再选择被修剪的草图圆弧；再选择"端点2"，单击【确定】按钮，再选择与它存在的曲线，单击【确定】按钮，创建样条曲线如图 6.191所示。

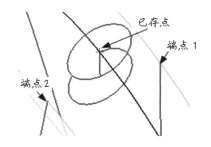

图 6.190　样条曲线操作

图 6.191　创建的样条曲线

(6) 使用相同的方法创建另一条样条曲线，隐藏草图。

(7) 使用【分割曲线】命令，以已存点和"正 ZC 轴方向"矢量对创建的两条样条曲线进行分割。并删除其中的一边。分割曲线效果如图 6.192 所示。

图 6.192　分割曲线效果

(8) 使用【桥接曲线】命令，以曲率连续方式，分别桥接断开的曲线，隐藏另一半的样条，

再桥接曲线。

(9) 使用【桥接曲线】命令，分别对如图 6.193 所示的两端点进行桥接，开始和结束以相切连续，分别单击【确定】按钮。桥接曲线效果如图 6.194 所示。

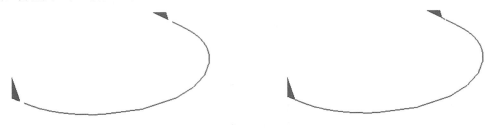

图 6.193　桥接的两端点　　　　　　　　　　图 6.194　桥接曲线效果

(10) 使用【通过曲线网格】命令，如图 6.195 选择主曲线和交叉曲线，主曲线 1 和主曲线 2 以 G2 方式连续，交叉曲线 1 以 G2 方式连续，单击【确定】按钮。创建网格曲面如图 6.196 所示。

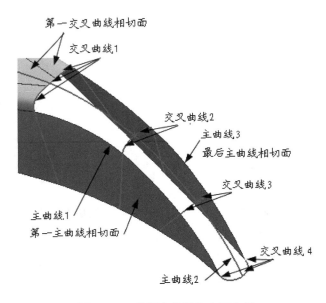

图 6.195　选择主曲线和交叉曲线

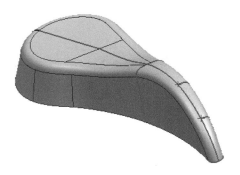

图 6.196　创建的网格曲面

步骤 7：创建桥接曲面

（1）使用【拉伸】命令，对如图 6.197 所示的 4 个圆进行拉伸，拉伸为"片体"，开始距离为"0"，结束距离为"40"，拉伸方向如图所示，拉伸效果如图 6.198 所示。

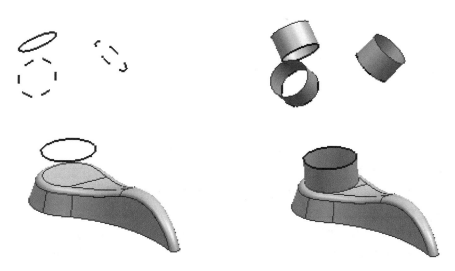

图 6.197　需要拉伸的 4 个圆　　　　　　　　图 6.198　拉伸效果

（2）使用【基本曲线】命令，创建长度为"150"，相互夹角为"120"度的三条直线。如图 6.199 所示。

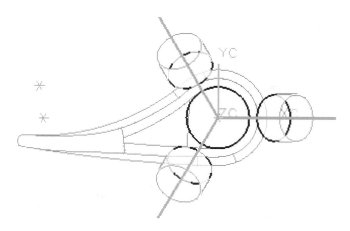

图 6.199　创建 3 条直线

（3）选择【插入】|【来自曲线集的曲线】|【投影】菜单命令或单击【特征】工具条中的【投影】按钮![按钮]，打开【投影曲线】对话框。选择第(2)步创建的三条直线为要投影的曲线和点，选择拉伸面为要投影对象，【投影方向】设置"正(负)ZC 轴方向"，单击【确定】按钮。投影曲线效果如图 6.200 所示。

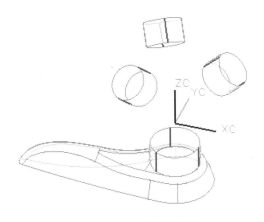

图 6.200　投影曲线效果

(4)　选择【插入】|【修剪】|【分割面】菜单命令或单击【特征】工具条中的【分割面】按钮，打开【分割面】对话框。分别以投影曲线对所在的面进行分割。

(5)　选择【插入】|【细节特征】|【桥接】菜单命令或单击【特征】工具条中的【桥接】按钮，打开【桥接】对话框。在【连续类型】选项组中选中【曲率】单选按钮，如图 6.201 所示。选择如图 6.202 所示的两个面，单击【确定】按钮。再分别对类似的面进行桥接。桥接效果如图 6.203 所示。

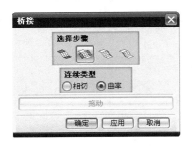

图 6.201　【桥接】对话框参数设置

图 6.202　选择两个面

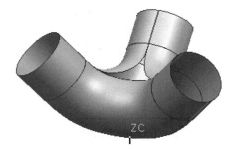

图 6.203　桥接效果

步骤 8：修剪曲面

(1)　使用【桥接曲线】命令，分别对如图 6.204 所示的两端点进行桥接，开始和结束以相切连续，设置【开始相切幅值】为"1"，【结束相切幅值】为"1.2"，分别单击【确定】按钮，对相似的位置进行相同的操作。桥接效果如图 6.205 所示。

图 6.204　桥接的两端点

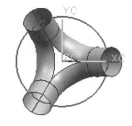

图 6.205　桥接效果

（2）使用【投影曲线】命令，把桥接曲线投影到相对应的桥接曲面上，注意选择投影方向为面的法向，选中【关联】复选框。投影曲线效果如图 6.206 所示。

（3）使用【修剪的片体】命令，以投影曲线对桥接曲面进行修剪，修剪的结果如图 6.207 所示。

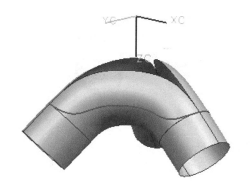

图 6.206　投影曲线效果　　　　　图 6.207　修剪的结果

（4）隐藏投影的曲线。

步骤 9：创建桥接曲线

（1）使用【桥接曲线】功能，分别对如图 6.208 所示的两端点进行桥接，开始和结束以相切连续，设置【开始相切幅值】为"1"，【结束相切幅值】为"1.2"，分别单击【确定】按钮，对相似的位置进行相同的操作。桥接效果如图 6.209 所示。

图 6.208　桥接的两端点

图 6.209　桥接效果

(2)　使用【曲线长度】命令，分别对第(1)步创建的 3 条桥接曲线以如图 6.210 所示的参数进行长度调整，曲线调整结果如图 6.211 所示。

图 6.210　【曲线长度】对话框参数

图 6.211　曲线调整结果

(3)　再次使用【桥接曲线】命令，分别对如图 6.212 所示的两端点进行桥接，开始以"G3 流"连续，结束以"相切"连续，设置【开始相切幅值】为"1"，【结束相切幅值】为"1.2"，分别单击【确定】按钮，对相似的位置进行相同的操作。桥接效果如图 6.213 所示.。

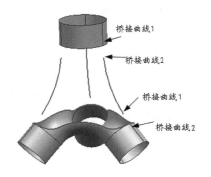

图 6.212　桥接的两端点

图 6.213　桥接效果

步骤 10：创建表达式

选择【工具】|【表达式】菜单命令，打开【表达式】对话框。在【名称】文本框中输入"plane"，在【公式】文本框中输入"-10"，单击【接受编辑】按钮 ，如图 6.214 所示。单击【确定】按钮。

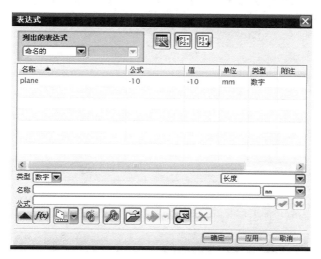

图 6.214 【表达式】对话框参数设置

步骤 11：创建与表达式相关联的因素

(1) 单击【特征】工具条中的【基准平面】按钮 ，打开【基准平面】对话框。在【类型】下拉列表框中选择【按某一距离】选项，单击【距离】右侧的【向下箭头】 ，在弹出的快捷菜单中选择【公式】命令，如图 6.215 所示。

图 6.215 【基准平面】对话框参数设置

（2）　此时弹出【表达式】对话框，如图 6.216 所示，用右键单击公式列表中的 plane，然后在弹出的快捷菜单中选择【插入名称】命令，单击【接受编辑】按钮，然后单击【确定】按钮。此时返回【基准平面】对话框，如图 6.217 所示。

图 6.216　【表达式】对话框参数设置

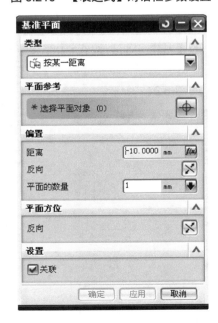

图 6.217　创建表达式后的【基准平面】对话框

（3）　选择【插入】|【基准/点】|【点】菜单命令，打开【点】对话框。在【类型】下拉列表框中选择【交点】选项，选中【关联】复选框，首先选择基准平面，再分别选择桥接的曲线，分别单击【确定】按钮，创建三个关联的交点。如图 6.218 所示。

260

图 6.218　【点】对话框参数设置

(4) 使用【圆弧/圆】命令，以第(3)步创建的三点创建一个整圆。

(5) 使用【直线】命令，创建如图 6.219 所示过已经创建的点、相切于第(4)步创建的圆、长度随意的 3 条直线。

(6) 使用【桥接曲线】命令，分别对第(5)步创建直线的端点进行桥接，开始和结束以"相切"连续，相切幅值都是"0.6"，分别单击【确定】按钮，对相似的位置进行相同的操作。桥接效果如图 6.220 所示。

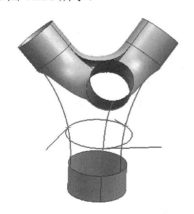

图 6.219　创建 3 条直线

图 6.220　桥接效果

(7) 使用【曲线长度】命令，分别对上步创建的 3 条桥接曲线以如图 6.221 所示的参数进行长度调整，曲线调整结果如图 6.222 所示。

(8) 使用【艺术样条】命令，分别过已经调整长度的样条端点和它们中间的已存点，3 点创建样条，在端点处与已有的样条以 G3 流连续，创建的艺术样条曲线效果如图 6.223 所示。

(9) 使用【基本曲线】中的【修剪】命令，把前面创建的 X 轴正方向上的、样条 Y 轴正方向上的那端修剪掉，如图 6.224 所示。

图 6.221 【曲线长度】对话框参数设置

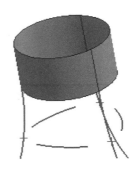

图 6.222 曲线调整结果

图 6.223 创建的艺术样条曲线

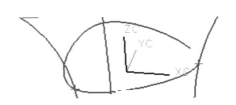

图 6.224 修剪操作

(10) 选择【插入】|【关联复制】|【引用几何体】菜单命令或单击【特征】工具条中的【引用几何体】按钮，打开【引用几何体】对话框，选择修剪后的样条为【引用的几何体】，选择"XC-ZC 平面"为【镜像平面】，如图 6.225 所示设置参数，单击【确定】按钮。

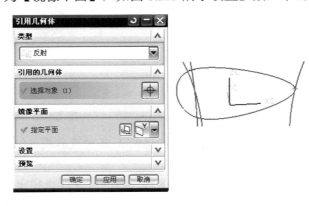

图 6.225 引用几何体操作

(11) 修改表达式 plane 的值为"10"。

(12) 选择【插入】|【网格曲面】|【通过曲线网格】菜单命令或单击【特征】工具条中的【通过曲线网格】按钮，打开【通过曲线网格】对话框，如图 6.226 所示选择主曲线和交叉曲线以及它们的相切面，单击【确定】按钮。创建的网格曲面效果如图 6.227 所示。

(13) 取消消隐的部分，将曲面全部显示出来，这样就得到了这个范例的最终结果，如图 6.228 所示。

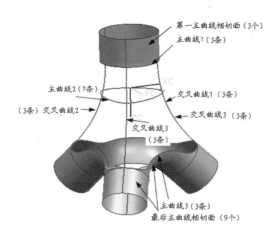

图 6.226　选择主曲线和交叉曲线以及相切面

图 6.227　创建的网格曲面

图 6.228　最终效果

6.7　本章小结

本章介绍了曲面设计基础，包括曲面特征设计、曲面特征编辑和设计范例等。在曲面特征设计内容中，由于 UG NX 6.0 的曲面设计功能非常强大，提供了非常丰富的创建曲面的方法，为了使用户更好地理解和掌握这些创建曲面的方法，我们对这些方法进行了大致地分类，分为依据点创建曲面、依据曲线创建曲面和依据曲面创建曲面。在这三大类中，依据点创建曲面的方法具有非参数化设计的特点，因此一般使用的不多。使用最多的是依据曲线创建曲面的方法，

这些方法都是参数化设计，用户修改曲线后，依据曲线创建的曲面将自动更新。在曲面特征编辑内容中，我们讲解了移动定义点、扩大、等参数修建以及分割、片体边界、改变阶次、改变刚度、更改边和法向反向等编辑曲面的方法。

在本章的最后，还介绍了一个完整曲面的设计范例，该设计范例涉及的知识点很多，用户在练习的过程中如果有什么地方不理解，可以到相关章节去查看知识点，也可以在本书所配的多媒体光盘中认真查看演示中的操作方法。这个设计范例对用户积累设计经验和增强分析问题的能力大有裨益，因此用户在看到这些内容应该仔细琢磨为什么这样做，而不是仅仅满足于一个操作的完成，应该放更多的注意力在分析问题上，这样用户就可以举一反三，遇到其他相关的问题就不会感到无从下手了。

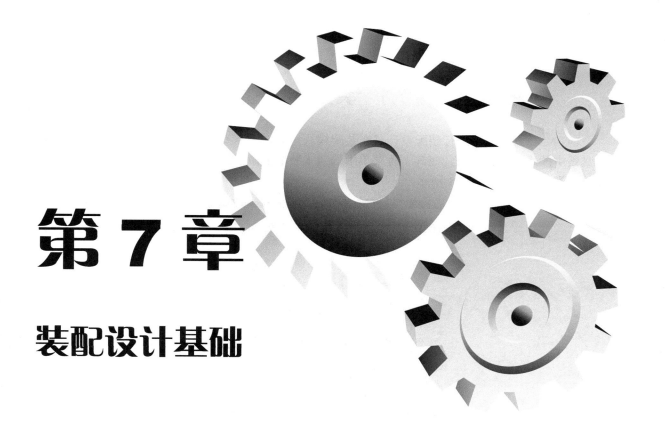

第 7 章

装配设计基础

　　装配设计是把零件组装成部件或产品模型，通过配对条件在各部件之间建立约束关系、确定其位置关系以及建立各部件之间链接关系的过程。UG NX 6.0 中文版的装配设计是由装配模块完成的。UG NX 6.0 装配模块不仅能快速将零部件组合成产品，而且在装配中可参照其他部件进行部件关联设计，即当对某部件进行修改时，其装配体中部件显示为修改后的部件。并可对装配模型进行间隙分析、重量管理等操作。装配模型生成后，可建立爆炸图，并可将其引入到装配工程图中；同时，在装配工程图中可自动产生装配明细表。

7.1 装 配 概 述

UG NX 6.0 中文版进行装配设计是在装配模块里完成的。在 UG 入口环境中单击【标准】
工具条中的【开始】按钮,在其下拉菜单中选择【装配】命令,系统进入装配应用环境,打开
【装配】工具条,如图 7.1 所示。

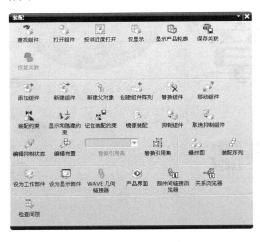

图 7.1 【装配】工具条

进行装配操作时,选择【菜单栏】中的【装配】命令,打开【装配】下拉菜单,如图 7.2
所示。【装配】下拉菜单中包括关联控制、组件、爆炸图、顺序、报告等一系列一级菜单。这
些一级菜单还包括诸多二级菜单命令,如图 7.3 所示为【组件】二级菜单、图 7.4 所示为【爆
炸图】二级菜单等。

图 7.2 【装配】下拉菜单

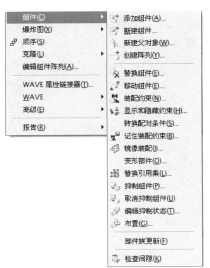

图 7.3 【组件】二级菜单

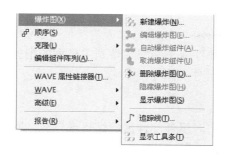

图 7.4 【爆炸图】二级菜单

【装配】菜单的一级菜单选项包含了大多数装配命令和操作功能,其中:【关联控制】包括组件查找和控制的一些菜单命令;【组件】包括在装配体中创建和操作组件的命令选项;【爆炸图】包括创建一个装配体的一个视图。在爆炸图中,各个装配零件或子装配部件都离开它的真实位置;【顺序】用来完成规定装配件装配和拆卸顺序、显示装配顺序和计算装配时间等操作,它是装配模块中的一个子模块,不具有二级菜单。

7.1.1 装配的基本术语

装配设计中常用的概念和术语有装配与子装配、组件、组件对象、自顶向下建模、上下文中设计、从底向上建模、配对条件以及主模型等,下面将对其分别介绍。

1. 装配与子装配

装配是指把单独零件或子装配部件组成的一定结构的装配部件。在 UG NX6.0 中文版中,任何一个“.prt”文件都可以看成装配部件或子装配部件。子装配是指在上一级装配中被当作组件来调用的装配部件。

装配文件中存储的装配部件并不具备几何数据,只是引用了相应的零件文件模型,并没有把零件模型复制到装配文件中来。

2. 组件

组件是指在装配模型中指定配对方式的部件或零件的使用。组件可以是由更低级的组件装配而成的子装配部件,也可以是单个零件。每一个组件都有一个指针指向部件文件,即组件对象。

当对部件模型进行修改时,装配体中通过组件对象调用的组件也跟着自动更新。组件与装配关系结构如图 7.5 所示。

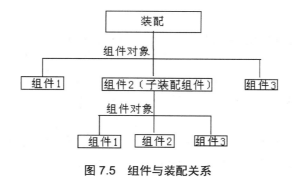

图 7.5 组件与装配关系

3．组件对象

组件对象是用来链接装配部件或子装配部件到主模型的指针实体。它记录着部件的诸多信息，如：颜色、名称、图层和配对条件等。

4．自顶向下建模

这种建模技术是在装配级中对组件部件进行编辑或创建，是在装配部件的顶级向下产生子装配部件和组件的装配设计方法。在这种装配设计方法中，任何在装配级上对部件的改变都会自动反映到个别组件中。

5．上下文中设计

上下文中设计是指当装配部件中某组件设置为工作组件时，可以对其在装配过程中对组件几何模型进行创建和编辑。这种设计方式主要用于在装配过程中参考其他零部件的几何外形进行设计。

6．从底向上建模

这种建模技术是先对部件和组件进行单独编辑或创建，再装配成子装配部件，最后完成装配部件。在这种装配设计方法中，在零件级上对部件进行的改变会自动更新到装配件中。

7．配对条件

配对条件是用来定位一组件在装配中的位置和方位。配对是由在装配部件中两组件间特定的约束关系来完成的。在装配时，可以通过配对条件确定某组件的位置，当具有配对关系的其他组件位置发生变化时，该组件的位置也跟着改变。

注 意

一个组件只能拥有一个配对条件，但配对条件可以由组件相对其他多个组件的关系而构成。

8．主模型

主模型是供 UG 各功能模块共同引用的部件模型。同一主模型可以被装配、工程图、数控加工和 CAE 分析等多个模块引用。当主模型改变时，其他模块如装配、工程图、数控加工和 CAE 分析等也跟着进行相应的改变。

7.1.2　引用集

引用集是要装入到装配体中的部分几何对象。在装配过程中，由于部件文件包括实体、草图、基准轴和基准面等许多图形数据，而装配部件中只需要引用部分数据，因此采用引用集的方式把部分数据单独装配到装配部件中。由于引用集只包含了零件模型的部分数据，在装配时更新速度很快，占用的内存也小。一个模型文件可以建立多个类型不同的引用集。引用集属于当前的模型部件，因此，不同的模型文件可以创建名称相同的引用集。

引用集包括的数据类型很多，包括模型信息，如模型名称等；也包括图形信息，如几何图形、组件信息等。创建引用集时，可以对零件模型数据进行分类，并对其分别创建引用集，如创建一实体引用集，它只包含实体数据。

在 UG NX 6.0 中文版中，对于任何一个装配部件，系统都包括两个默认的引用集，分别是整个部件引用集和空引用集。

- 整个部件引用集是把零件模型中所有的数据作为组件添加到装配部件的引用中。当添加组件时不指定特定的引用集则系统默认为整个部件引用集。
- 空引用集是不包含任何集合数据的引用集。如果想在装配部件中隐藏零件模型，可以在装配时采用添加空引用集的操作方式。

1．创建引用集

选择【格式】|【引用集】命令，弹出如图 7.6 所示的【引用集】对话框。

图 7.6 【引用集】对话框

【引用集】对话框由很多选项组成，包括【工作部件】列表框、【选择对象】选项、【引用集名称】文本框以及【添加新的引用集】、【移除】、【设为当前的】、【属性】、【信息】5 个按钮。下面将对其部分选项进行介绍。

1) 【工作部件】列表框

【工作部件】列表框可列出现有引用集。

由模型引用集名称和轻量化引用集名称用户默认设置的引用集，其名称前面有圆括号括起的内容"模型"或者"轻量化"。

当使用 WAVE 创建链接部件时，可以在起始部件中指定引用集，以关联性标识将复制到链接部件的数据子集。链接部件会自动得到一个相同名称的引用集。这些链接的引用集在【工作部件】列表框中以链接图标表示。

> **注意**
>
> 如果删除引用集，虽然保存了链接数据，但将从父组件处失去对数据的控制。

2) 【添加新的引用集】按钮

主要用来新建引用集。

3) 【引用集名称】文本框

可以为【工作部件】列表中高亮显示的引用集命名。

4) 【设为当前的】按钮

将当前引用集更改为高亮显示的引用集。

【引用集】对话框包括一个【自动添加组件】复选框，它用来指定是否将新建的组件自动添加到高亮显示的引用集。同样，新建引用集时，该复选框控制是否将现有组件自动添加到新引用集中。

另外，【移除】按钮用来完成引用集的删除操作；【属性】按钮用来编辑引用集的属性，如图 7.7 所示；【信息】按钮是用来显示引用集的基本信息，如图 7.8 所示。

图 7.7 【引用集 属性】对话框

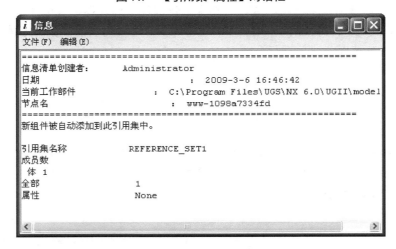

图 7.8 【信息】窗口

2. 引用集的使用

引用集的使用是指把创建好的引用集在装配过程中作为组件添加到装配部件中来。引用集的使用方法简单：弹出【添加组件】对话框，在【设置】选项组中选择 Reference Set 下拉列表框中的部件引用集，如图 7.9 所示。

图 7.9 【添加组件】对话框

3. 替换引用集

替换引用集是指在装配中部件引用集之间的替换。替换引用集操作方法如下：选择【装配】|【组件】|【替换引用集】菜单命令，弹出【类选择】对话框，如图 7.10 所示。在绘图工作区选择要替换引用集的组件，单击【确定】按钮，弹出【替换引用集】对话框，如图 7.11 所示，在【引用集】列表框中选择用户要替换的引用集，单击【确定】按钮，完成操作。

替换引用集的另外一种方法是在【装配导航器】窗口中，选择相应的组件，用鼠标右键单击，打开快捷菜单，选择【替换引用集】命令，在展开的低级菜单选项中选择替换引用集即可完成操作。如图 7.12 所示。

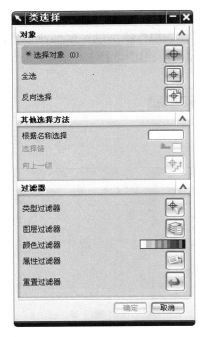

图 7.10 【类选择】对话框

图 7.11 【替换引用集】对话框

图 7.12 在【装配导航器】中替换引用集

7.1.3　装配约束

使用装配约束定义装配中组件的位置。UG NX 6.0 使用无向定位约束，这意味着两个组件中的任一个均可以移动来解算约束。

如果存在多个解，则可使用诸如返回上一个约束之类的选项来修改约束。或者，如果要指定某个组件是固定的，可先在该组件上放置固定约束，然后再添加其他约束。

下面来具体介绍装配约束。

当添加已存在部件作为组件到装配部件时，在【装配】工具条中单击【添加组件】按钮 ，打开【添加组件】对话框，在【已加载的部件】列表框中选择部件，在【方位】下拉列表框中选择配对方式，单击【确定】按钮。也可以直接单击【装配】工具条中的【装配约束】按钮 ，打开【装配约束】对话框，如图 7.13 所示，进入装配约束的创建环境。

1.【类型】选项组

在【装配约束】对话框中，类型是指配对的约束类型，包括角度、中心、胶合、适合、接触对齐、同心、距离、固定、平行和垂直等选项，如图 7.14 所示。

图 7.13　【装配约束】对话框　　　　图 7.14　【类型】选项组

- 角度方式：该装配约束类型是定义两个对象之间的角度尺寸。这种角度尺寸约束是在具有方向矢量的两对象之间定位。两方向矢量间夹角为定位角度，其中顺时针方向为正，逆时针方向为负。
- 中心方式：该装配约束类型是使一对对象之间的一个或两个对象居中，或使一对对象沿着另一个对象居中。
- 胶合方式：该装配约束类型是将组件"焊接"在一起，使它们作为刚体移动。
- 适合方式：该装配约束类型是使具有等半径的两个圆柱面合起来。此约束对确定孔中销或螺栓的位置很有用。如果以后半径变为不等，则该约束无效。
- 接触对齐方式：该装配约束类型是约束两个组件，使它们彼此接触或对齐。
- 同心方式：该装配约束类型是约束两个组件的圆形边界或椭圆边界，以使中心重合，

并使边界的面共面。

- 距离方式：该装配约束类型是指定两个对象之间的最小 3D 距离。选择该配对类型需要输入两对象之间的最小距离。距离可正可负，根据两对象方向矢量来判断。
- 固定方式：该装配约束类型是将组件固定在其当前位置上。
- 平行方式：该装配约束类型是定义两个对象的方向矢量为互相平行。对于平面对象而言，该配对类型与接触对齐方式类似。
- 垂直方式：该装配约束类型是定义两个对象的方向矢量为互相垂直。该配对类型约束与平行方式类似，只是方向矢量由平行改为垂直。

2.【要约束的几何体】选项组

1)【方位】下拉列表框

仅在装配约束类型为接触对齐时才出现，如图 7.15 所示。

图 7.15　【方位】下拉列表框

下面依次介绍各个选项。

(1)【首选接触】选项：当接触和对齐解都可能时显示接触约束。当接触约束过度约束装配时，将显示对齐约束。

(2)【接触】选项：约束对象，使其曲面法向在反方向上。

(3)【对齐】选项：约束对象，使其曲面法向在相同的方向上。

(4)【自动判断中心/轴】选项：指定在选择圆柱面、圆锥面、球面或圆形边界时，UG NX 6.0 将自动使用对象的中心或轴作为约束。

2)　子类型

仅在装配约束类型为角度或中心时才出现。

选择中心装配约束类型时，其对话框中的【子类型】下拉列表框，如图 7.16 所示。其包括三个选项：1 对 2、2 对 1 和 2 对 2。

图 7.16　【中心】装配约束类型时的【子类型】下拉列表框

- 【1 对 2】选项：此选项是指添加的组件一个对象中心与原有组件的两个对象中心对齐，它需在原有组件上选择两个对象中心。
- 【2 对 1】选项：此选项是指添加的组件两个对象中心与原有组件的一个对象中心对齐，它需在添加组件上选择两个对象中心。

(3) 【2 对 2】选项：此选项是指添加的组件两个对象中心与原有组件的两个对象中心对齐，它需在添加组件和原有组件上选择两个对象中心。

选择角度装配约束类型时，其对话框中的【子类型】下拉列表框，如图 7.17 所示。其中包括两个选项： 3D 角和方向角度。

图 7.17　【角度】装配约束类型时的【子类型】下拉列表框

- 【3D 角】选项：此选项是指在不需要已定义的旋转轴的情况下在两个对象之间进行测量。
- 【方向角度】选项：此选项是指添使用选定的旋转轴来测量两个对象之间的角度约束。

3) 【轴向几何体】下拉列表框

仅在装配约束类型为中心并且子类型为 1 对 2 或 2 对 1 时才出现，如图 7.18 所示，当选择了一个面(圆柱面、圆锥面或球面)或圆形边界时，指定 NX 所用的中心约束。

其中包括两个选项：使用几何体和自动判断中心/轴。

- 【使用几何体】选项：使用面(圆柱面、圆锥面或球面)或边界作为约束。
- 【自动判断中心/轴】选项：使用对象的中心或轴。

图 7.18　【轴向几何体】下拉列表框

4) 【选择几何体】按钮⊕

允许选择对象作为约束。

5) 【点构造器】按钮

仅在装配约束类型为中心、适合、接触对齐或距离时才出现。

单击【点构造器】按钮，打开【点】对话框可定义约束的点。

6) 【创建约束】按钮

仅在装配约束类型为【胶合】时才出现。

将选定的对象胶合在一起，以便它们必须作为一个刚体移动。

7) 【返回上一个约束】按钮

仅在一个约束有两个解时才可用，显示约束的另一个解。

8) 【循环上一个约束】按钮

当存在两个以上的解时，并仅对【距离】约束出现。

允许在距离约束可能的解之间循环。

9) 【角度】文本框

仅在装配约束类型设置为【角度】时选择对象之后出现，指定选定对象之间的角度。

10) 【距离】文本框

仅在装配约束类型设置为【距离】时选择对象之后出现，指定选定对象之间的距离。

3.【设置】选项组

1) 【布置】下拉列表框

指定约束如何影响其他布置中的组件定位，其下拉列表框如图 7.19 所示，其中包括两个选项：【使用组件属性】和【应用到已使用的】。

图 7.19 【布置】下拉列表框

- 【使用组件属性】选项：指定设置确定位置。布置设置可以是单独地定位，也可以是位置全部相同。
- 【应用到已使用的】选项：指定将约束应用于当前已使用的布置。

2) 【动态定位】复选框

指定 NX 解算约束，并在创建约束时移动组件。

如果取消选中【动态定位】复选框，则在单击【装配约束】对话框中的【确定】或【应用】按钮之前，NX 不解算约束或移动对象。

3) 【关联】复选框

指定在关闭装配约束对话框时，将约束添加到装配。(在保存组件时将保存约束。)

如果清除关联复选框，则约束是临时存在的。在单击确定退出对话框或单击应用时，它们将被删除。

4) 【移动曲线和管线布置对象】复选框

在约束中使用管线布置对象和相关曲线时移动它们。

7.2 装配方式方法

装配是在零部件之间创建联系。装配部件与零部件的关系可以是引用，也可以是复制。因此，装配方式包括多零件装配和虚拟装配两种方式，大多数 CAD 软件采用的装配方式是这两种，下面将对它们分别介绍。

1.多零件装配方式

这种装配方式是在装配过程中先把要装配的零部件复制到装配文件中，然后在装配文件环境下进行相关操作。由于在装配前就已经把零部件复制到装配文件中，所以装配文件和零部件文件不具有相关性，也就是零部件更新时，装配文件不再自动更新。这种装配方式需要复制大量的部件数据，生成的装配文件是实体文件，运行时占用大量的内存，所以速度较慢，现在已很少使用。

2. 虚拟装配方式

虚拟装配方式是 UG NX 6.0 中文版采用的装配方式，也是大多数 CAD 软件所采用的装配方式。虚拟装配方式不需要生成实体模型的装配文件，它只需引用各零部件模型，而引用是通过指针来完成的，也就是前面所说的组件对象。因此，装配部件和零部件之间存在关联性，也就是零部件更新时，装配文件一起自动更新。采用虚拟装配方式进行装配具有所需内存小、运行速度快和存储数据小等优点。本章所讲到的装配内容是针对 UG NX 6.0 中文版的，也就是针对虚拟装配方式的。

UG NX 6.0 中文版的装配方法主要包括从底向上装配设计、自顶向下装配设计以及两者的混合装配设计。

7.2.1 从底向上装配设计

从底向上装配设计方法是先创建装配体的零部件，然后把它们以组件的形式添加装配文件中来，这种装配设计方法先创建最下层的子装配件，再把各子装配件或部件装配更高级的装配部件，直到完成装配任务为止。因此，这种方法要求在进行装配设计前就已经完成零部件的设计。从底向上装配设计方法包括一个主要的装配操作过程，即添加组件，下面将对它进行重点介绍。

从底向上装配设计方法最初的执行操作是从组件添加开始的，在已存在的零部件中选择要装配的零部件作为组件添加到装配文件中。选择【装配】|【组件】|【添加组件】菜单命令，打开【添加组件】对话框，如图 7.20 所示，进入添加组件的操作过程。

图 7.20 【添加组件】对话框

【添加组件】对话框主要包括【部件】选项组、【放置】选项组、【复制】选项组和【设置】选项组等。其中选择部件可以在视图中选择，或者通过单击【打开】按钮在文件中选择，也可以在【已加载的部件】列表框中选择。

注 意

在【已加载的部件】列表框中显示的部件为原先装配操作的加载过的部件，而没加载的部件不能显示在列表框中。

添加组件包括以下基本操作过程。

(1)　选择部件。在打开的【添加组件】对话框中选择添加的部件。

(2)　选择引用集。此操作方法在引用集的使用中已经详细叙述，这里就不再赘述。

(3)　选择定位方式。在【添加组件】对话框的【定位】下拉列表框中选择要添加组件的定位方式，如图 7.21 所示。

(4)　选择安放的图层。在【添加组件】对话框的【图层选项】下拉列表框中选择安放的图层。图层分为三类：工作、原先的和按指定的三种图层，其中工作层是指装配的操作层；原先的是添加组件所在的图层；按指定的图层是用户指定的图层。

图 7.21　【定位】下拉列表框

在新建的装配文件中添加组件时，第一个添加的组件只能是采用绝对方式定位，因为此时装配文件中没有任何可以作为参考的原有组件。当装配文件中已经添加了组件后，就可以采用配对方式进行定位。

如果采用配对方式进行定位，应该注意以下几点。

● 配对条件不能循环创建，如进行组件 1→组件 2→组件 1 配对是错误的。

● 在组件配对时，作为参考的原有组件位置不变，被添加的组件按配对约束移动到约束位置。

7.2.2　自顶向下装配设计

自顶向下装配设计主要用于装配部件的上下文中设计。自顶向下装配设计包括两种设计方法。一是在装配中先创建几何模型，再创建新组件，并把几何模型加到新组件中；二是在装配中创建空的新组件，并使其成为工作部件，再按上下文中设计的设计方法在其中创建几何模型，如图 7.22 所示为两种设计方法的示意图。

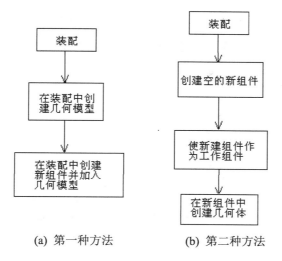

(a) 第一种方法　　　(b) 第二种方法

图 7.22　自顶向下装配设计的两种方法示意图

1. 创建新组件

在自顶向下装配设计中需要的进行新组件的创建操作。该操作创建的新组件可以是空的，也可以加入几何模型。创建新组件的过程如下。

(1) 选择【装配】|【组件】|【新建组件】菜单命令，或者在【装配】工具条中单击【新建组件】按钮，打开【新组件文件】对话框，如图 7.23 所示。选择一个模板，需要更改默认名称和文件夹保存的位置路径，然后单击【确定】按钮。

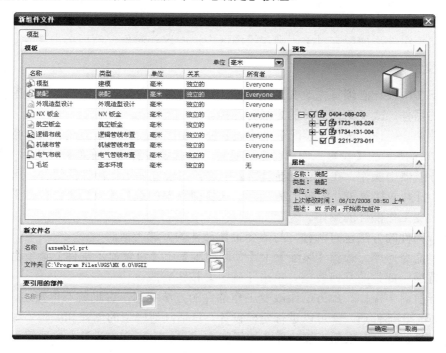

图 7.23　【新组件文件】对话框

(2) 此时打开如图 7.24 所示的【新建组件】对话框，在【设置】选项组中根据需要进行参

数修改。

图 7.24 【新建组件】对话框

- 组件名：在【组件名】文本框中，输入新组件的名称。
- 引用集：从【引用集】下拉列表框中，选择组件的引用集。
- 图层选项：从【图层选项】下拉列表框中，选择放置组件几何体的图层。
- 零件原点：从【零件原点】下拉列表框中，选择 WCS 或【绝对】。指定你希望组件原点是与父装配的 WCS 对齐，还是与绝对坐标系对齐。
- 删除原对象：选中或取消选中【删除原对象】复选框来指明是否要从装配中删除原始几何体，因为原始几何体现在是从组件部件中引用的。删除原始几何体与移动操作类似，而保留该几何体与复制操作类似。

(3) 如果要创建空白新组件，则单击【确定】按钮。

如果要向新组件添加现有对象，则在绘图区中选中这些对象，然后单击【确定】按钮。

2. 上下文中设计

进行上下文中设计必须首先改变工作部件、显示部件。它要求显示部件为装配体，工作部件为要编辑的组件。改变工作部件的方法有两种。

- 菜单命令操作。选择【装配】|【关联控制】|【设置工作部件】菜单命令，打开如图 7.25 所示的【设置工作部件】对话框，选择要设置为工作部件的部件文件。
- 在导航器中操作。在【装配导航器】中选择要设置为工作部件的组件，用鼠标右键单击，打开快捷菜单，如图 7.26 所示。在快捷菜单中选择【设为工作部件】命令即可完成改变工作部件的操作。

改变显示部件的方法也有两种，与改变工作部件的方法类似。

- 菜单命令操作。选择【装配】|【关联控制】|【设置显示部件】菜单命令，选择要设置显示部件的几何模型，单击【确定】按钮完成。
- 在导航器中操作。此方法跟改变工作部件的方法相同，这里就不再赘述。

在设置好工作部件后，就可以进行建模设计，包括几何模型的创建和编辑。如果组件的尺寸不具有相关性，则可以采用直接建模和编辑的方式进行上下文中设计；如果组件的尺寸具有相关性，则应在组件中创建链接关系，创建关联几何对象。创建链接关系的方法是：先设置新组件为工作部件，在【装配】工具条中单击【WAVE 几何链接器】按钮，打开如图 7.27 所示的【WAVE 几何链接器】对话框，该对话框用于链接其他组件到当前工作组件，它上部的按钮用来指定链接的类型。链接的类型有复合曲线、点、基准、草图、面、面区域、体、镜像体和管线布置对象等。选择类型后，按照选择方式在其他组件上选择，可以把它们链接到工作部件中。

图 7.25　【设置工作部件】对话框　　　　图 7.26　在【装配导航器】中改变工作部件

图 7.27　【WAVE 几何链接器】对话框

7.3 爆 炸 图

完成装配操作后，用户可以创建爆炸图来表达装配部件内部各组件之间的相互关系。爆炸图是把零部件或子装配部件模型从装配好的状态和位置拆成特定的状态和位置的视图。

7.3.1 爆炸图基本特点

爆炸图最大的好处是能清楚地显示出装配部件内各组件的装配关系，当然，它还有其他的特点，包括以下三点。

- 爆炸图中的组件可以进行任何 UG 操作，任何对爆炸图中组件的操作均影响到非爆炸图中的组件。
- 一个装配部件可以建立多个爆炸图，要求爆炸图的名称不同。
- 爆炸图可以在多个视图中显示出来。

除此之外，爆炸图还有一些限制，如爆炸图只能爆炸装配组件，不能爆炸实体等。

7.3.2 爆炸图工具条及菜单命令

爆炸图的操作命令都可以在【爆炸图】工具条中找到，【爆炸图】工具条如图 7.28 所示。显示【爆炸图】工具条的方法是：选择【装配】|【爆炸图】|【显示工具条】菜单命令即可。

选择【装配】|【爆炸图】菜单命令，显示爆炸图的二级菜单选项，如图 7.29 所示，包括新建爆炸、编辑爆炸图、自动爆炸组件、取消爆炸组件、删除爆炸图、隐藏爆炸图、显示爆炸图、追踪线和显示工具条菜单选项。下面将对它们进行介绍。

图 7.28 【爆炸图】工具条

图 7.29 【爆炸图】二级菜单选项

- 【新建爆炸】选项：用来创建一爆炸图。
- 【编辑爆炸图】选项：该选项用来对爆炸图进行编辑。进行此操作时，首先选择要爆炸的对象，然后输入爆炸的参数。
- 【自动爆炸组件】选项：指按配对条件自动爆炸组件。
- 【取消爆炸组件】选项：将爆炸图取消，把组件恢复到装配位置。
- 【删除爆炸图】选项：删除一存在的爆炸图。

- 【显示爆炸图】选项：显示一爆炸图，如果装配部件中包括多个爆炸图，则需要指定展现的视图。
- 【隐藏爆炸图】选项：用来隐藏选择的组件。
- 【追踪线】选项：用来创建跟踪线。
- 【显示工具条】选项：用来显示爆炸图工具条。

7.3.3 创建爆炸图

创建爆炸图的操作方法如下。

(1) 选择【装配】|【爆炸图】|【新建爆炸】菜单命令，或者单击【爆炸图】工具条中的【创建爆炸图】按钮 ，打开如图 7.30 所示的【创建爆炸图】对话框。

图 7.30 【创建爆炸图】对话框

(2) 在【创建爆炸图】对话框中的【名称】文本框中输入视图名，默认名称为 Explosion 1。

注意

如果装配部件中已经创建爆炸图，则默认名称变成 "Explosion 2" 的形式。

7.3.4 编辑爆炸图

编辑爆炸图是对组件在爆炸图中的爆炸位移值进行编辑，其操作方法如下。

(1) 选择【装配】|【爆炸图】|【编辑爆炸图】菜单命令，或者单击【爆炸图】工具条中的【编辑爆炸图】按钮 ，打开如图 7.31 所示的【编辑爆炸图】对话框。

图 7.31 【编辑爆炸图】对话框

(2) 在【编辑爆炸图】对话框中选中【选择对象】单选按钮，在装配部件中选择要爆炸的组件。

(3) 在【编辑爆炸图】对话框中选中【移动对象】单选按钮，用鼠标拖动移动手柄，组件也一起移动，如果选中【只移动手柄】单选按钮，则用鼠标拖动移动手柄时，组件不移动。

注意

移动手柄的位置确定通过选择点来实现。默认的移动手柄的位置在组件的几何中心。

7.3.5 爆炸图及组件可视化操作

爆炸图及组件可视化操作包括自动爆炸图、取消爆炸组件、删除爆炸图、显示爆炸图、隐藏爆炸图、隐藏组件、显示组件以及爆炸图的保存等操作功能。

1. 自动爆炸图

自动爆炸图是把组件沿一配对条件的矢量方向自动建立爆炸图。选择【装配】|【爆炸图】|【自动爆炸组件】菜单命令，或者在【爆炸图】工具条中单击【自动爆炸组件】按钮，打开【类选择】对话框，在装配部件中选择自动爆炸的组件，打开如图 7.32 所示的【爆炸距离】对话框。在此对话框中，【距离】文本框表示组件的爆炸位移；【添加间隙】复选框表示是否添加间隙偏置，选中该复选框表示自动生成一间隙。自动爆炸图操作的结果如图 7.33 所示。

图 7.32 【爆炸距离】对话框

图 7.33 爆炸图

2. 取消爆炸组件

取消爆炸组件操作是恢复组件的装配位置，选择【装配】|【爆炸图】|【取消爆炸组件】菜单命令，或者单击【爆炸图】工具条中的【取消爆炸组件】按钮，选择要恢复的组件即可。

3. 删除爆炸图

选择【装配】|【爆炸图】|【删除爆炸图】菜单命令，或者单击【爆炸图】工具条中的【删除爆炸图】按钮，打开【删除爆炸图】对话框，如图 7.34 所示。如果爆炸图处于显示的状态，则不能删除，系统会打开如图 7.35 所示的【删除爆炸图】提示信息。

图 7.34　删除【爆炸图】对话框

图 7.35　【删除爆炸图】提示信息

4. 显示爆炸图

显示爆炸图操作非常简单，可以在【爆炸图】工具条中的【工作视图爆炸】下拉列表中选择要显示的视图名称，也可以选择【装配】｜【爆炸图】｜【显示爆炸图】菜单命令，打开显示【爆炸图】对话框，如图 7.36 所示。

图 7.36　显示【爆炸图】对话框

5. 隐藏爆炸图

选择【装配】｜【爆炸图】｜【隐藏爆炸图】菜单命令完成隐藏爆炸图操作，也可以在【爆炸图】工具条中选择【工作视图爆炸】下拉列表中的【无爆炸】选项完成操作。

6. 爆炸图的保存

选择【视图】｜【操作】｜【另存为】菜单命令，输入爆炸图名称，保存爆炸图。

7.4　组 件 阵 列

组件阵列是利用配对条件生成阵列组件的一种快速装配方式，它是一种用对应的配对条件快速生成多个组件的方法。如图 7.37 所示为一盘形装配部件的组件阵列实例，其孔的装配采用组件阵列的方式。

图 7.37　组件阵列实例

进行组件阵列前，必须要创建一模板组件。模板组件是用来定义添加组件的基本特性，如组件部件及名称、颜色和图层等。任何一个组件都可以定义为模板组件，当一个模板组件变化

时，已经创建好的组件阵列不发生变化。

组件阵列的创建方法是：选择【装配】|【组件】|【创建阵列】菜单命令，或者在【装配】工具条中选择【创建组件阵列】按钮，打开【类选择】对话框选择组件后，打开【创建组件阵列】对话框，如图 7.38 所示。

图 7.38 　【创建组件阵列】对话框

组件阵列的类型有三种，基于特征的阵列、线性阵列和圆形阵列，分别对应组件阵列创建的三种方式：实例特征阵列、线性阵列和圆形阵列。其中基于实例特征的阵列也称作特征引用集阵列；线性阵列和圆形阵列属于主组件阵列。

7.4.1　基于实例特征的阵列

这种组件阵列是根据模板组件的配对条件生成阵列组件的配对条件，它要求模板组件和起参考作用的原有组件配对的特征是按实例特征的阵列方式产生的。

基于特征的阵列主要用于螺栓、孔等组件的装配。

注意

　　基于特征的组件阵列与原有组件具有关联性，当原有组件发生变化时，组件阵列也跟着变化。这里要求选择的文件后缀只能为 asm。

创建基于实例特征的阵列过程如下。

(1) 选择【装配】|【组件】|【创建阵列】菜单命令，打开【类选择】对话框。

(2) 在装配部件中选择按配对方式装配好的模板组件，打开【创建组件阵列】对话框。

(3) 在【创建组件阵列】对话框的【阵列定义】选项组中选中【从实例特征】单选按钮，在【组件阵列名】文本框中输入组件阵列名称，单击【确定】按钮完成操作，如图 7.39 所示为基于特征的阵列实例。

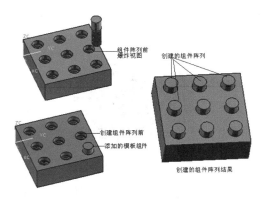

图 7.39　基于特征的阵列实例

7.4.2 线性阵列

线性阵列属于主组件阵列类型。主组件阵列也是按照配对条件定位组件阵列的，在创建主组件阵列同时创建它的配对条件。

创建线性阵列的过程如下。

(1) 添加模板组件到装配部件中，并创建其配对条件。

(2) 在【创建组件阵列】对话框中选中【阵列定义】选项组中的【线性】单选按钮，单击【确定】按钮，打开如图 7.40 所示的【创建线性阵列】对话框。

图 7.40 【创建线性阵列】对话框

在【创建线性阵列】对话框中，主要的选项是【方向定义】，它包括四种方式：面的法向、基准平面法向、边和基准轴。

- 面的法向：选中该单选按钮可通过选择表面的法向方向作为阵列的方向。
- 基准平面法向：选中该单选按钮可通过选择基准平面的法线方向作为阵列的 XC、YC 方向。
- 边：选中该单选按钮可通过选择边缘线确定阵列方向。
- 基准轴：选中该单选按钮可通过选择基准轴确定阵列方向。

(3) 按用户要求选中【方向定义】选项组中的单选按钮，选择一个 XC 方向作为参考，输入 XC 方向的阵列数和偏置值。

(4) 选择一个 YC 方向作为参考，输入 YC 方向的阵列数和偏置值，单击【确定】按钮完成操作，图 7.41 显示创建线性阵列过程中方向定义和参数输入实例。

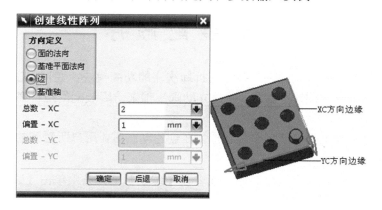

图 7.41 【创建线性阵列】对话框及创建的实例

7.4.3　圆形阵列

圆形阵列也属于主组件阵列类型。创建圆形阵列的过程如下。

(1)　添加模板组件到装配部件中，并创建其配对条件。

(2)　在【创建组件中阵列】对话框的【阵列定义】选项组中选中【圆形】单选按钮，打开如图 7.42 所示的【创建圆形阵列】对话框。

图 7.42　【创建圆形阵列】对话框

在【创建圆形阵列】对话框中，【轴定义】选项包含三类：圆柱面、边和基准轴。

(3)　在【创建圆形阵列】对话框中选择适当的轴定义类型。

(4)　输入参数值：组件阵列总数和偏置角度，单击【确定】按钮完成操作。其中，图 7.43 所示为创建一圆形阵列的实例。

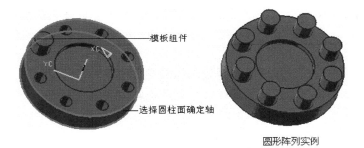

图 7.43　创建圆形阵列实例

7.5　装 配 顺 序

装配顺序是用来控制装配部件的装配和拆卸次序的功能模块。通过 UG 的装配顺序功能，用户可以建立和回放装配的次序信息，并建立动画步骤来仿真装配的组件在装配和拆卸过程的移动情况。

装配顺序的每一步由一个或多个帧构成，在创建动画时，用户所看到的任何运动都是由特定的帧来完成的。

选择【装配】|【顺序】菜单命令，或者在【装配】工具条中单击【装配序列】按钮，系统进入装配序列应用环境中。

7.5.1 应用环境介绍

UG NX 6.0 中文版装配序列应用环境简洁，它是从属于装配模块的子模块。装配序列模块在资源条区域增加了序列导航器。序列导航器显示了各序列的基本信息，如图 7.44 所示。

装配顺序的建立是从新建任务开始的，即从选择【任务】|【新建】菜单命令开始的。

退出 UG NX 6.0 中文版装配序列应用环境采用的方式：单击【标准】工具条中的【精加工序列】按钮 ![精加工序列]，完成装配序列操作，或者选择【任务】|【完成序列】菜单命令也可退出装配序列操作。

装配序列应用模块包括的工具条有【装配次序和运动】工具条、【标准】工具条和【动态碰撞检测】工具条等，分别如图 7.45、图 7.46 和图 7.47 所示。

图 7.44　序列导航器

图 7.45　【装配次序和运动】工具条

图 7.46　【标准】工具条

图 7.47　【动态碰撞检测】工具条

1. 【标准】工具条

- 【精加工序列】按钮：此按钮用来完成和退出装配顺序应用环境。
- 【新建序列】下拉列表框：此按钮用来建立新的装配序列。

● 【设置关联序列】下拉列表框：在此下拉列表框中选择序列设置为关联序列。

2. 【装配次序和运动】工具条

此工具条提供了快速建立装配次序和运动的相关功能按钮。默认打开的工具条并没有全部显示所有的工具条按钮，用户可以针对自身要求重新定制工具条。【装配次序和运动】工具条包括的装配次序和运动的操作功能按钮很多，下面将对它们分别介绍。

● 【插入运动】按钮：此按钮用来在装配序列中创建运动。单击该按钮，打开如图 7.48 所示的【记录组件运动】工具条。

图 7.48　【记录组件运动】工具条

● 【装配】按钮：此按钮用来为组件在关联序列创建装配步骤。如果选择的组件有多个，则按组件的选择次序来创建步骤。
● 【一起装配】按钮：此按钮是用来在一步序列中完成一些子装配件或组件的装配。
● 【拆卸】按钮：此按钮用来对选择组件创建拆卸步骤。
● 【一起拆卸】按钮：此按钮是对同一次序步骤内的装配组件或子装配件同时拆卸。
● 【记录摄像位置】按钮：此按钮用来建立一摄像步骤。它在次序回放视图中能改变观看位置和方向。如在回放装配次序的某步骤时，为了更清晰展现比较细小的组件，需要改变观察方位，可以采用记录摄像位置的方法来改变。
● 【插入暂停】按钮：此按钮用来在装配序列中插入暂停。
● 【删除】按钮：此按钮用来删除组件或序列。
● 【在序列中查找】按钮：此按钮用来在序列导航器中查找特定的组件。
● 【显示所有序列】按钮：此按钮用来显示所有的序列。
● 【捕捉布置】按钮：此按钮用来捕捉当前装配组件的位置作为一种布置。单击此按钮，打开如图 7.49 所示的【捕捉布置】对话框。

图 7.49　【捕捉布置】对话框

3. 【装配次序回放】工具条

【装配次序回放】工具条是用来回放和显示装配次序和运动的命令集。当系统中没有可播放的装配序列时，【装配次序回放】工具条呈灰色，没被激活。当在【标准】工具条的【设置关联序列】下拉列表框中选择要回放的装配序列时，【装配次序回放】工具条就激活并可以进行回放。下面对此工具条中的按钮分别进行介绍。

- 【倒回到开始】按钮：此按钮是指装配序列回放时倒回到最开始状态。
- 【前一帧】按钮：此按钮是指装配序列倒回到前面一帧。
- 【向后播放】按钮：此按钮是指装配序列回放时向后播放。
- 【向前播放】按钮：此按钮是指装配序列回放时向前播放。
- 【下一帧】按钮：此按钮是指向装配序列当前帧的下面一帧。
- 【快进到结尾】按钮：此按钮是快速回放装配序列至最后一帧。
- 【停止】按钮：此按钮是在回放序列时暂时停止。
- 【设置当前帧】下拉列表框：此下拉列表框用来设置序列回放时起始的帧。
- 【回放速度】下拉列表框：此下拉列表框用来设定回放速度，如图 7.50 所示。

4. 【动态碰撞检测】工具条

当移动和选择装配组件时，某些组件可能与其他组件相碰撞或抵触。为了在装配时及早发现这些问题，可以利用【动态碰撞检测】工具条中的按钮来检验。

【动态碰撞检测】工具条包括【无检查】按钮、【高亮显示碰撞】按钮、【在碰撞前停止】按钮、【认可碰撞】按钮和【检查类型】下拉列表框，如图 7.51 所示。

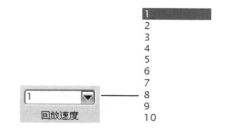

图 7.50 【回放速度】下拉列表框

图 7.51 【动态碰撞检测】工具条按钮及下拉列表

- 【无检查】按钮：单击该按钮是忽略系统的动力学检测，即系统忽略任何碰撞。
- 【高亮显示碰撞】按钮：发生碰撞后仍能移动组件，只是系统以高亮度的形式显示碰撞部位。
- 【在碰撞前停止】按钮：发生碰撞后停止移动。
- 【认可碰撞】按钮：如果组件由于发生碰撞而停止移动，单击该按钮可以使移动继续。如可以把组件拖动到远离碰撞对象的范围。
- 【检查类型】下拉列表框：包括两类选项，小平面/实体和快速小平面。

7.5.2 创建装配序列

装配顺序是以序列的形式显示出来。序列中包括许多操作，如运动、装配和拆卸等，用户可以按自身要求新建装配序列。

创建装配序列主要操作如下。

1. 新建

选择【任务】|【新建】菜单命令，或者在【标准】工具条中单击【新建序列】按钮，创建一新序列并命名为序列 1，则在【标准】工具条中的【设置关联序列】下拉列表框中显示

为序列 1。

2. 插入运动

选择【插入】|【运动】菜单命令，或者在【装配次序和运动】工具条中单击【插入运动】按钮 <img>，按用户要求和状态栏的提示操作把组件拖动或旋转成特定的状态，完成插入运动操作，如图 7.52 所示。

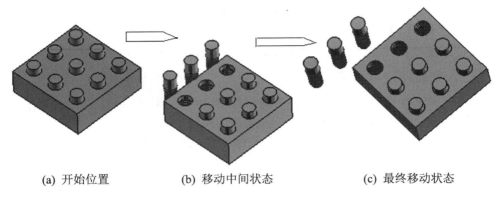

(a) 开始位置   (b) 移动中间状态   (c) 最终移动状态

图 7.52　插入运动

3. 记录摄像位置

把视图调整到较好的观察位置并进行放大，选择【插入】|【摄像位置】菜单命令，或者在【装配次序和运动】工具条中单击【记录摄像位置】按钮 <img>，完成记录摄像位置操作，如图 7.53 所示。

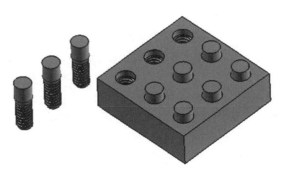

图 7.53　记录摄像位置

4. 拆卸

选择【插入】|【拆卸】菜单命令，或者在【装配次序和运动】工具条中单击【拆卸】按钮 <img>，选择要拆卸的组件，单击【确定】按钮后完成拆卸操作，如图 7.54 所示。

5. 装配

在装配序列中，装配是相对拆卸而言的。其操作方法与拆卸操作类似。选择【插入】|【装配】菜单命令，或者在【装配次序和运动】工具条中单击【装配】按钮 <img>，打开【类选择】对话框，选择拆卸过的组件，单击【确定】按钮完成装配操作，如图 7.55 所示。装配序列中还

可以添加一些运动步骤，如一起拆卸、一起装配等操作。

图 7.54　拆卸　　　　　　　　　　　　　　　图 7.55　装配

7.5.3　回放装配序列

回放装配序列是按照【装配次序回放】工具条的命令按钮完成。回放装配序列操作方法如下。

(1)　在【标准】工具条的【设置关联序列】下拉列表框中设置要回放的装配序列为关联序列。

(2)　在【装配次序回放】工具条中单击【向前播放】按钮 ▶，装配序列开始回放，直到结束为止。

> **注　意**
>
> 在装配序列的回放过程中，【设置当前帧】列表值会发生变化，直到回放完成为止。在装配序列中，每一个运动步骤可以由多个帧构成，而一个装配序列也是这些帧的集合。

7.6　设计范例

本节将通过一个设计范例的操作过程来说明 UG NX 6.0 中文版的装配基本功能，UG 装配模块不仅能够快速组合零部件成为产品，同时在装配模型生成后可建立装配爆炸图。

7.6.1　范例介绍

范例的部件设计好之后，需要通过装配操作形成产品。本章的范例就是一个行星变速器的装配产品范例，其范例的效果如图 7.56 所示，通过对这个范例中相关组件的设计，主要来讲述 UG NX 6.0 自底向上装配方法和爆炸图的创建方法。

通过这个范例的学习，将熟悉如下内容。

- 装配的操作流程。
- 自底向上装配的技巧。
- 组件的创建方法。
- 组件的约束方法。
- 组件的定位方法。

● 创建爆炸图的方法。

图 7.56　行星变速器装配产品的效果

7.6.2　范例制作

步骤 1：新建文件

(1)　在桌面上双击 UG NX 6.0 图标，启动 UG SIEMENS NX 6.0。

(2)　单击【新建】按钮，打开【新建】对话框，选择【模板】为【装配】，在【名称】栏中输入适当的名称，选择适当的文件存储路径，如图 7.57 所示。单击【确定】按钮。

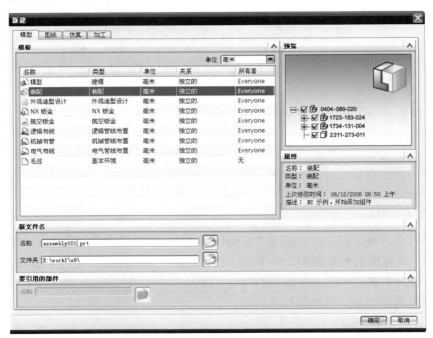

图 7.57　【新建】对话框

步骤 2：新建第 1 个组件

(1)　单击【装配】工具条中的【新建组件】按钮，打开【新组件文件】对话框。在【模板】选项组中选择【模型】选项，在【名称】文本框中输入名称 as-1，选择与装配文件同一文件夹的文件存储路径，如图 7.58 所示。单击【确定】按钮。

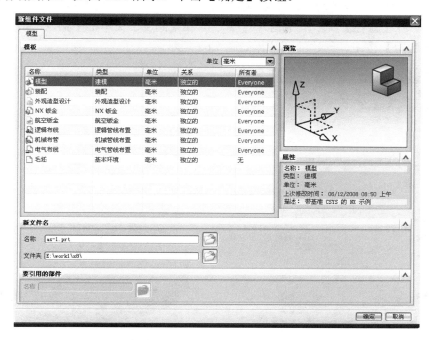

图 7.58　【新组件文件】对话框

(2)　在弹出的【新建组件】对话框中单击【确定】按钮。如图 7.59 所示。

(3)　在【装配导航器】中，右键单击第(2)步创建的部件名，在弹出的快捷菜单中选择【设为工作部件】命令。如图 7.60 所示。

图 7.59　【新建组件】对话框

图 7.60　设置工作部件

(4)　选择【插入】｜【设计特征】｜【圆柱体】菜单命令或单击【特征】工具条中的【圆

柱】按钮，打开【圆柱】对话框。在【类型】下拉列表框中选择【轴、直径和高度】选项，
设置【指定矢量】为"正 ZC 轴"，在【指定点】选项中单击【点构造器】按钮，输入点坐
标为(0，0，0)，在【直径】文本框中输入"120"，在【高度】文本框中输入"15"，如图 7.61
所示。单击【应用】按钮。创建的圆柱体如图 7.62 所示。

图 7.61 【圆柱】对话框参数设置

图 7.62 创建的圆柱体

(5) 单击【特征】工具条中的【圆柱】按钮，打开【圆柱】对话框。在【类型】下拉列
表框中选择【轴、直径和高度】选项，设置【指定矢量】为"正 ZC 轴"，在【指定点】选项
中单击【点构造器】按钮，输入点坐标为(0, 0, 35)，在【直径】文本框中输入"50"，在【高
度】文本框中输入"26.6"，单击【应用】按钮。创建另一个圆柱体后的实体效果如图 7.63
所示。

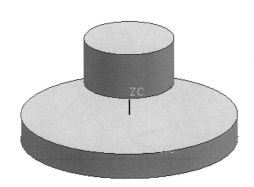

图 7.63 创建另一个圆柱体后的实体

(6) 选择【插入】|【设计特征】|【圆锥】菜单命令或单击【特征】工具条中的【圆锥】
按钮，打开【圆锥】对话框。在【类型】下拉列表框中选择【直径和高度】选项，设置【指
定矢量】为"正 ZC 正轴"，【指定点】为(0, 0, 15)，设置【底部直径】为"90"，设置【顶
部直径】为"70"，设置【高度】为"20"，如图 7.64 所示。单击【确定】按钮。创建圆锥后

的实体效果如图 7.65 所示。

图 7.64 【圆锥】对话框参数设置

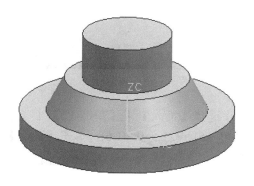

图 7.65 创建圆锥后的实体

(7) 选择【插入】|【组合体】|【求和】菜单命令或单击【特征】工具条中的【求和】按钮，打开【求和】对话框。选择步骤 2 中第(4)步创建的圆柱体为【目标】，选择第(5)、(6)步创建的圆柱体和圆锥为【刀具】，如图 7.66 所示，单击【确定】按钮。

(8) 单击【特征】工具条中的【圆柱】按钮，打开【圆柱】对话框。在【类型】下拉列表框中选择【轴、直径和高度】选项，设置【指定矢量】为"正 ZC 轴"，分别按照如下的参数和坐标点创建 5 个圆柱体。

A. 坐标点(0, 0, 0)，直径为"115"，高度为"8"；

B. 坐标点(0, 0, 8)，直径为"72"，高度为"4"；

C. 坐标点(0, 0, 12)，直径为"58"，高度为"13.5"；

D. 坐标点(0, 0, 50)，直径为"36"，高度为"11.6"；

E. 坐标点(0, 0, 0)，直径为"12"，高度为"70"。

创建完成的 5 个圆柱体如图 7.67 所示。

图 7.66 【求和】对话框

图 7.67 创建的 5 个圆柱体

(9) 选择【插入】|【组合体】|【求差】菜单命令或单击【特征】工具条中的【求差】按钮，打开【求差】对话框。选择求和实体为目标，选择第(8)步创建的所有实体为刀具，

单击【确定】按钮。求差后的效果如图 7.68 所示。

图 7.68　求差操作及效果

(10) 选择【插入】|【基准/点】|【点】菜单命令，打开【点】对话框。分别输入坐标为(52.5, 0, 15)和(21.5, 0, 61.6)，单击【确定】按钮，创建两个点。如图 7.69 所示。

图 7.69　创建两个点的操作

(11) 选择【插入】|【设计特征】|【孔】菜单命令或单击【特征】工具条中的【孔】按钮 ，打开【孔】对话框。在【类型】下拉列表框中选择【常规孔】选项，在【形状和尺寸】选项组的【成形】下拉列表框中选择【简单】选项，选择第(10)步创建的坐标为(21.5, 0, 61.6)的点，在【直径】文本框中输入"4"，在【深度限制】下拉列表框中选择【值】选项，在【深度】文本框中输入"8"，在【尖角】文本框中输入"118"，如图 7.70 所示。单击【确定】按钮，创建的孔如图 7.71 所示。

图 7.70　【孔】对话框参数设置　　　　　　　图 7.71　创建的孔

(12) 选择【插入】|【关联复制】|【实例特征】菜单命令或单击【特征】工具条中的【实例特征】按钮，打开【实例】对话框。单击【圆形阵列】按钮，在打开的【实例】对话框中选择如图 7.72 所示的孔特征，单击【确定】按钮。在圆形阵列【实例】对话框的【方法】选项组中，选中【常规】单选按钮，在【数字】文本框中输入"4"，在【角度】文本框中输入"90"，如图 7.73 所示，单击【确定】按钮。再单击【点和方向】按钮，在【矢量】对话框中选择"正 ZC 轴"，如图 7.74 所示，单击【确定】按钮，输入点坐标为(0, 0, 0)，单击【确定】按钮，返回【实例】对话框，再单击【确定】按钮，创建的实例特征如图 7.75 所示。

图 7.72　选择孔特征

图 7.73　圆形阵列【实例】对话框参数设置

图 7.74　【实例】对话框和【矢量】对话框参数设置

图 7.75　创建的实例特征

(13) 单击【特征】工具条中的【孔】按钮，打开【孔】对话框。在【类型】下拉列表框中选择【常规孔】选项。在【形状和尺寸】选项组的【成形】下拉列表框中选择【沉头孔】选项，选择第(10)步创建的坐标为(52.5, 0, 15)的点，在【沉头孔直径】文本框中输入"8"，在【沉头孔深度】文本框中输入"4"，在【直径】文本框中输入"6.2"，在【深度限制】下拉列表框中选择【贯通体】选项，单击【确定】按钮，创建的孔如图 7.76 所示。

(14) 单击【特征】工具条中的【实例特征】按钮，打开【实例】对话框。单击【圆形阵列】按钮，在【实例】对话框中选择沉头孔特征，单击【确定】按钮。在【方法】选项组中选中【常规】单选按钮，在【数字】文本框中输入"6"，在【角度】文本框中输入"60"，单击【确定】按钮。单击【点和方向】按钮，在【矢量】对话框中选择"正 ZC 轴"，单击【确定】按钮，输入点坐标为(0, 0, 0)，单击【确定】按钮，返回【实例】对话框，再单击【确定】按钮，创建的实例特征如图 7.77 所示。

图 7.76　创建的孔　　　　　　　　　　图 7.77　创建的实例特征

(15) 选择【插入】|【细节特征】|【边倒圆】菜单命令或单击【特征】工具条中的【边倒圆】按钮，打开【边倒圆】对话框。选择图 7.78 中倒圆边 1 所指的边，设置【半径】为"5"，单击【应用】按钮。再对图 7.78 中倒圆边 2 所指的边进行【半径】为"2"的边倒圆，创建的第 1 个组件如图 7.79 所示。

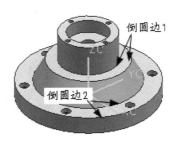

图 7.78　【边倒圆】对话框参数设置及倒圆边的选择

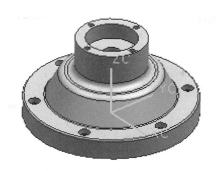

图 7.79　创建的第 1 个组件

(16) 单击【保存】按钮，保存部件文件。

步骤 3：创建第 2 个部件文件

(1)　单击【装配】工具条中的【新建组件】按钮 ⊞，打开【新组件文件】对话框。在【模板】选项组中选择【模型】选项，在【名称】文本框中输入名称 as-2，选择与装配文件同一文件夹的文件存储路径，单击【确定】按钮。

(2)　在【装配导航器】中，双击 as-2 部件名，在打开的快捷菜单中，选择【设为工作部件】命令。再将 as-1 部件抑制。

(3)　单击【特征】工具条中的【圆柱】按钮 ▯，打开【圆柱】对话框。在【类型】下拉列表框中选择【轴、直径和高度】选项，设置【指定矢量】为"正 ZC 轴"，分别按照如下的参数和坐标点创建 5 个圆柱体。

A. 坐标点(0, 0, 8)，直径为"72"，高度为"4"；

B. 坐标点(0, 0, 12)，直径为"45"，高度为"13.5"；

C. 坐标点(0, 0, 8)，直径为"12"，高度为"76"；

D. 坐标点(0, 0, 8)，直径为"38"，高度为"6"；

E. 坐标点(30, 0, -8)，直径为"5"，高度为"16"。

创建的 5 个圆柱体效果如图 7.80 所示。

图 7.80　创建的 5 个圆柱体

(4)　单击【特征】工具条中的【求和】按钮 ⬚，打开【求和】对话框。选择第(3)步创建的编号为 A 的圆柱体为目标，选择第(3)步创建的编号为 B\C\E 的圆柱体为刀具，单击【确定】按钮。

(5) 单击【特征】工具条中的【求差】按钮 🔲，打开【求差】对话框。选择第(4)步的求和实体为目标，选择创建的编号为 D 的圆柱实体为刀具，单击【确定】按钮。求差后的效果如图 7.81 所示。

(6) 单击【特征】工具条中的【实例特征】按钮 🔳，打开【实例】对话框。单击【圆形阵列】按钮，在【实例】对话框中设置【直径】为"5"、设置【高度】为"16"的圆柱体，单击【确定】按钮。在【方法】选项组选中【常规】单选按钮，设置【数字】为"7"、设置【角度】为"360/7"，单击【确定】按钮。单击【点和方向】按钮，在【矢量】对话框选择"正ZC 轴"，单击【确定】按钮，输入点坐标为(0, 0, 0)，单击【确定】按钮，创建的实例特征如图 7.82 所示。

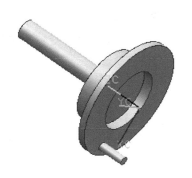

图 7.81　求差后的效果

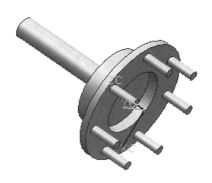

图 7.82　创建的实例特征

(7) 选择【插入】|【基准/点】|【基准平面】菜单命令或单击【特征】工具条中的【基准平面】按钮 🔲，打开【基准平面】对话框。在【类型】下拉列表框中选择【XC-ZC 平面】选项，在【距离】文本框中输入"6.3"，如图 7.83 所示，单击【确定】按钮。创建的基准平面如图 7.84 所示。

图 7.83　【基准平面】对话框参数设置

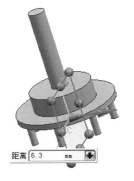

图 7.84　创建的基准平面

(8) 选择【插入】|【设计特征】|【键槽】菜单命令或单击【特征】工具条中的【键槽】按钮 🔳，打开【键槽】对话框。选中【矩形】单选按钮(如图 7.85 所示)，单击【确定】按钮，

打开【矩形键槽】对话框(如图 7.86 所示),选择第(7)步创建的基准面为放置面,打开【方向】对话框(如图 7.87 所示),本实例方向为"负 YC 轴",单击【确定】按钮,打开【选择实体】对话框(如图 7.88 所示),选择实体。

图 7.85　【键槽】对话框参数设置

图 7.86　【矩形键槽】对话框

图 7.87　【方向】对话框

图 7.88　【选择实体】对话框

(9)　接着,打开【水平参考】对话框(如图 7.89 所示),如图 7.90 所示选择水平参考,打开【编辑参数】对话框,在【长度】文本框中输入"10",在【宽度】文本框中输入"4",在【深度】文本框中输入"2.5",如图 7.91 所示,单击【确定】按钮。在打开的【定位】对话框中单击【水平】按钮,如图 7.92 所示,打开【水平】对话框,选择如图 7.93 所示的目标对象,此时打开【设置圆弧的位置】对话框,如图 7.94 所示,单击【圆弧中心】按钮,如图 7.95 所示选择刀具边,在【创建表达式】对话框中的【p130】文本框中输入"7",如图 7.96 所示,单击【确定】按钮。创建的第 2 个部件文件如图 7.97 所示。

图 7.89　【水平参考】对话框

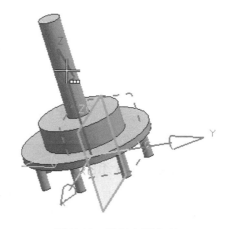

图 7.90　选择水平参考

图 7.91 【编辑参数】对话框参数设置

图 7.92 【定位】对话框

图 7.93 选择目标对象

图 7.94 【设置圆弧的位置】对话框

图 7.95 选择刀具边

图 7.96 【创建表达式】对话框参数设置

图 7.97 创建的第 2 个部件文件

(10) 保存部件文件。

步骤 4：创建第 3 个组件

(1) 单击【装配】工具条中的【新建组件】按钮，打开【新组件文件】对话框。在【模板】选项组中选择【模型】选项，在【名称】文本框中输入名称为 as-3，选择与装配文件同一文件夹的文件存储路径，单击【确定】按钮。

(2) 在【装配导航器】中，双击 as-3 部件名，在弹出的快捷菜单中选择【设为工作部件】命令。再将 as-1 和 as-2 部件抑制。

(3) 单击【特征】工具条中的【圆柱】按钮，打开【圆柱】对话框。在类型下拉列表框中选择【轴、直径和高度】选项，设置【指定矢量】为"正 ZC 轴"，分别以如下的参数和坐标点创建 2 个圆柱体。

A. 坐标点(0, 0, 61.6)，直径为"50"，高度为"5"；
B. 坐标点(0, 0, 61.6)，直径为"12"，高度为"5"；
创建的两个圆柱体如图 7.98 所示。

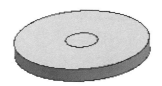

图 7.98　创建的两个圆柱体

(4) 使用【求差】命令，进行求差。

(5) 选择【插入】|【基准/点】|【点】菜单命令，打开【点】对话框。分别输入坐标为(21.5, 0, 66.6)，如图 7.99 所示。单击【确定】按钮，创建 1 个点。

图 7.99　【点】对话框参数设置

(6) 单击【特征】工具条中的【孔】按钮，打开【孔】对话框。在【类型】下拉列表框中选择【常规孔】选项。在【形状和尺寸】选项组的【成形】下拉列表框中选择【埋头孔】选项，选择第(5)步创建的点，在【埋头孔直径】文本框中输入"6.8"，在【埋头孔角度】文本框中输入"90"，在【直径】文本框中输入"4"，在【深度限制】下拉列表框中选择【贯通体】选项，单击【确定】按钮，创建的孔如图 7.100 所示。

(7) 单击【特征】工具条中的【实例特征】按钮，打开【实例】对话框。单击【圆形阵列】按钮，在圆形阵列【实例】对话框中选择第(6)步创建的埋头孔，单击【确定】按钮。在【方法】选项组中选中【常规】单选按钮，在【数字】文本框中输入"4"，在【角度】文本框中输入"90"，单击【确定】按钮。单击【点和方向】按钮，在【矢量】对话框中选择"正 ZC 轴"，单击【确定】按钮，输入点坐标为(0, 0, 0)，单击【确定】按钮，创建的第 3 个组件如图 7.101 所示。

图 7.100　创建的孔

图 7.101　创建的第 3 个组件

(8)　保存部件文件。

步骤 5：创建第 4 个部件

(1)　单击【装配】工具条中的【新建组件】按钮，打开【新组件文件】对话框。在【模板】选项组中选择【模型】选项，在【名称】文本框中输入名称为 as-4，选择与装配文件同一文件夹的文件存储路径，单击【确定】按钮。

(2)　在装配导航器中，双击 as-4 部件名，在弹出的快捷菜单中，选择【设为工作部件】命令。再将 as-1、as-2 和 as-3 部件抑制。

(3)　单击【特征】工具条中的【圆柱】按钮，打开【圆柱】对话框。在【类型】下拉列表框中选择【轴、直径和高度】选项，设置【指定矢量】为"正 ZC 轴"，分别以如下的参数和坐标点创建 4 个圆柱体。

A. 坐标点(0, 0, -8)，直径为"115"，高度为"16"；

B. 坐标点(0, 0, -8)，直径为"85"，高度为"16"；

C. 坐标点(42.5, 0, -8)，直径为"3"，高度为"16"；

D. 坐标点(52.5, 0, -8)，直径为"6"，高度为"16"。

创建的 4 个圆柱体如图 7.102 所示。

(4)　选择【编辑】|【移动对象】菜单命令，打开【移动对象】对话框。选择第(3)步创建的直径为"3"，高度为"16"的圆柱体，在【运动】下拉列表框中选择【角度】选项，在【角度】文本框中输入"6"，设置【指定矢量】为"正 ZC 轴"，设置【指定轴点】为"坐标原点"，在【结果】选项组中选中【复制原先的】单选按钮，在【非关联副本数】文本框中输入"59"，如图 7.103 所示，单击【确定】按钮，移动对象后的结果如图 7.104 所示。

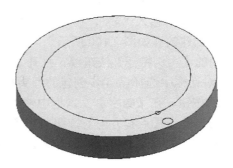

图 7.102　创建的 4 个圆柱体

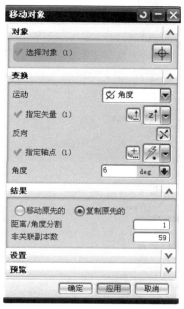

图 7.103　【移动对象】对话框参数设置　　　　图 7.104　移动对象后的结果

(5) 选择【编辑】|【移动对象】菜单命令，打开【移动对象】对话框。选择第(3)步创建的直径为"6"，高度为"16"的圆柱体，在【运动】下拉列表框中选择【角度】选项，在【角度】文本框中输入"60"，设置【指定矢量】为"正 ZC 轴"，设置【指定轴点】为"坐标原点"，在【结果】选项组中选中【复制原先的】单选按钮，在【非关联副本数】文本框中输入"5"，单击【确定】按钮，移动结果如图 7.105 所示。

(6) 单击【特征】工具条中的【求差】按钮，打开【求差】对话框。选择第(3)步创建的编号为 A 的圆柱体为目标，选择第(3)步创建的编号为 B 的圆柱实体和上步的复制实体为刀具，单击【确定】按钮。求差后的效果如图 7.106 所示。

图 7.105　移动另一对象后的结果　　　　图 7.106　求差后的效果

(7) 单击【特征】工具条中的【求差】按钮，打开【求差】对话框。选择第(6)步的求差体为目标，选择第(4)步创建的复制实体为刀具，在【设置】选项组中选中【保持工具】复选框，如图 7.107 所示，单击【确定】按钮。然后保存文件。

图 7.107　【求差】对话框参数设置

步骤 6：创建第 5 个部件

(1)　单击【装配】工具条中的【新建组件】按钮，打开【新组件文件】对话框。在【模板】选项组中选择【模型】选项，在【名称】文本框中输入名称为 as-5，选择与装配文件同一文件夹的文件存储路径，单击【确定】按钮。

(2)　在装配导航器中，双击 as-5 部件名，在弹出的快捷菜单中选择【设为工作部件】命令。再将 as-1、as-2、as-3 和 as-4 部件抑制。

(3)　单击【特征】工具条中的【圆柱】按钮，打开【圆柱】对话框。在【类型】下拉列表框中选择【轴、直径和高度】选项，设置【指定矢量】为"正 ZC 轴"，分别以如下的参数和坐标点创建 3 个圆柱体。

A. 坐标点(0, 0, 3)，直径为"85"，高度为"5"；

B. 坐标点(0, 0, 3)，直径为"36"，高度为"5"；

C. 坐标点(42.5, 0, 3)，直径为"3"，高度为"5"。

创建的 3 个圆柱体如图 7.108 所示。

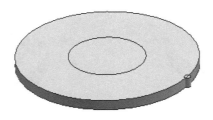

图 7.108　创建的 3 个圆柱体

(4)　选择【编辑】｜【移动对象】菜单命令，打开【移动对象】对话框。选择第(3)步创建的【直径】为"3"，【高度】为"5"的圆柱体，在【运动】下拉列表框中选择【角度】选项，在【角度】文本框中输入"6"，设置【指定矢量】为"正 ZC 轴"，设置【指定轴点】为"坐标原点"，在【结果】选项组中选中【复制原先的】单选按钮，在【非关联副本数】文本框中

输入 "59"，单击【确定】按钮，移动对象结果如图 7.109 所示。

(5) 进行求差操作，将中间的圆柱切掉，得到的结果如图 7.110 所示。

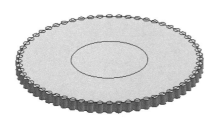

图 7.109　移动对象结果

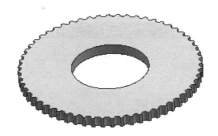

图 7.110　求差后的效果

(6) 选择【插入】｜【基准/点】｜【点】菜单命令，打开【点】对话框。输入点的坐标为(30, 0, 8)，单击【确定】按钮，创建 1 个点。

(7) 单击【特征】工具条中的【孔】按钮，打开【孔】对话框。在【类型】下拉列表框中选择【常规孔】选项。在【形状和尺寸】选项组的【成形】下拉列表框中选择【简单】选项，选择第(6)步创建的点，在【直径】文本框中输入"13"，在【深度限制】下拉列表框中选择【贯通体】选项，单击【确定】按钮，创建的孔如图 7.111 所示。

图 7.111　创建的孔

(8) 单击【特征】工具条中的【实例特征】按钮，打开【实例】对话框。单击【圆形阵列】按钮，在圆形阵列【实例】对话框中选择孔特征，单击【确定】按钮。在【方法】选项组中选中【常规】单选按钮，在【数字】文本框中输入"7"，在【角度】文本框中输入"360/7"，单击【确定】按钮。单击【点和方向】按钮，在【矢量】对话框中选择"正 ZC 轴"，单击【确定】按钮，输入点坐标为(0, 0, 0)，单击【确定】按钮，阵列效果如图 7.112 所示。

图 7.112　阵列效果

(9) 选择【插入】|【关联复制】|【镜像体】菜单命令或单击【特征】工具条中的【镜像体】按钮，打开【镜像体】对话框，选择工作区的实体为体，选择 XY 平面为镜像平面，参数设置如图 7.113 所示，单击【确定】按钮。镜像效果如图 7.114 所示。

图 7.113　【镜像体】对话框参数设置　　　　　图 7.114　镜像效果

(10) 选择【插入】|【曲线】|【基本曲线】菜单命令或单击【特征】工具条中的【基本曲线】按钮，打开【基本曲线】对话框。取消选中【线串模式】复选框，在【点方法】下拉列表框中选择【点构造器】选项，打开【点】对话框，分别捕捉孔的圆心连成直线，单击【确定】按钮，创建的 7 条直线如图 7.115 所示。

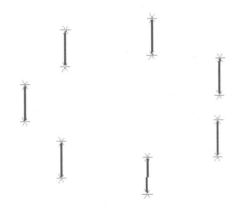

图 7.115　创建的 7 条直线

(11) 选择【插入】|【扫掠】|【管道】菜单命令或单击【特征】工具条中的【管道】按钮，打开【管道】对话框。分别选择第(10)步创建的直线为路径，再分别在【外径】文本框中输入 "12.5"、在【内径】文本框中输入 "11.5"，如图 7.116 所示。再次选择第(10)步创建的直线为路径，在【外径】文本框中输入 "7.5"、在【内径】文本框中输入 "6.5"，单击【确

定】按钮。创建 14 条管道。创建的第 5 个部件如图 7.117 所示。

图 7.116　【管道】对话框参数设置

图 7.117　创建的第 5 个部件

(12) 保存文件。

步骤 7：创建第 6 个部件

(1)　单击【装配】工具条中的【新建组件】按钮，打开【新组件文件】对话框。在【模板】选项组中选择【模型】选项，在【名称】文本框中输入名称为 as-6，选择与装配文件同一文件夹的文件存储路径，单击【确定】按钮。

(2)　在装配导航器中，双击 as-6 部件名，在弹出的快捷菜单中选择【设为工作部件】命令。再将 as-1、as-2、as-3、as-4 和 as-5 部件抑制。

(3)　单击【特征】工具条中的【基本曲线】按钮，打开【基本曲线】对话框。取消选中【线串模式】复选框，在【点方法】下拉列表框中选择【点构造器】选项，打开【点】对话框，分别输入点(0, 0, 3)和(0, 0, -3)连成直线，如图 7.118 所示，单击【确定】按钮。

图 7.118　【点】对话框参数设置

(4) 单击【特征】工具条中的【管道】按钮 ，打开【管道】对话框。选择第(3)步创建的直线为路径，在【外径】文本框中输入"81"，在【内径】文本框中输入"74"。单击【确定】按钮。创建的第 6 个部件如图 7.119 所示。

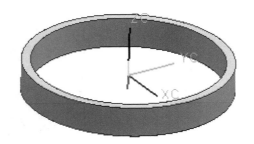

图 7.119　创建的第 6 个部件

(5) 保存文件。

步骤 8：创建第 7 个部件

(1) 单击【装配】工具条中的【新建组件】按钮 ，打开【新组件文件】对话框。在【模板】选项组中选择【模型】选项，在【名称】文本框中输入名称为 as-7，选择与装配文件同一文件夹的文件存储路径，单击【确定】按钮。

(2) 在装配导航器中，双击 as-7 部件名，在弹出的快捷菜单中选择【设为工作部件】命令。再将 as-1、as-2、as-3、as-4、as-5 和 as-6 部件抑制。

(3) 单击【特征】工具条中的【圆柱】按钮 ，打开【圆柱】对话框。在【类型】下拉列表框中选择【轴、直径和高度】选项，设置【指定矢量】为【正 ZC 轴】，分别以如下的参数和坐标点创建 9 个圆柱体。

A. 坐标点(0, 0, -8)，直径为"30"，高度为"2"；
B. 坐标点(0, 0, -1)，直径为"30"，高度为"2"；
C. 坐标点(0, 0, 6)，直径为"30"，高度为"2"；
D. 坐标点(2, 0, -6)，直径为"20"，高度为"5"；
E. 坐标点(-2, 0, 1)，直径为"20"，高度为"5"；
F. 坐标点(0, 0, -11)，直径为"12"，高度为"3"；
G. 坐标点(0, 0, -72)，直径为"10"，高度为"86"；
H. 坐标点(15, 0, -6)，直径为"6"，高度为"5"；
I. 坐标点(-15, 0, 1)，直径为"6"，高度为"5"。
创建的 9 个圆柱体，如图 7.120 所示。

图 7.120　创建的 9 个圆柱体

(4) 使用【求和】命令，对第(3)步创建的编号为 A、B、C、D 和 E 的 5 个圆柱进行求和。再对第(3)步创建的编号为 F、G 的两个圆柱进行求和。

(5) 使用【求差】命令，使用第(4)步 5 个圆柱的求和体对两个圆柱的求和体进行求差操作。注意在【求差】对话框的【设置】选项组中要选中【保持工具】复选框。

(6) 单击【特征】工具条【键槽】按钮 ，打开【键槽】对话框。选中【矩形】单选按钮，单击【确定】按钮，打开【矩形键槽】对话框，使用与步骤 3 的第(8)步和第(9)步相同的方法和参数创建 1 个键槽，创建的键槽如图 7.121 所示。

图 7.121　创建的键槽

(7) 选择【编辑】|【移动对象】菜单命令，打开【移动对象】对话框。选择第(3)步创建的编号为 H 的圆柱体，在【运动】下拉列表框中选择【角度】选项，在【角度】文本框中输入"30"，设置【指定矢量】为"正 ZC 轴"，设置【指定轴点】为(2, 0, -6)，在【结果】选项组中选中【复制原先的】单选按钮，在【非关联副本数】文本框中输入"5"，单击【确定】按钮，移动对象的结果如图 7.122 所示。

(8) 选择【编辑】|【移动对象】菜单命令，打开【移动对象】对话框。选择第(3)步创建编号为 I 的圆柱体，在【运动】下拉列表框中选择【角度】选项，在【角度】文本框中输入"30"，设置【指定矢量】为"正 ZC 轴"，设置【指定轴点】为(-2, 0, 1)，在【结果】选项组中选中【复制原先的】单选按钮，在【非关联副本数】文本框中输入 "5"，单击【确定】按钮，再次移动对象的结果如图 7.123 所示。

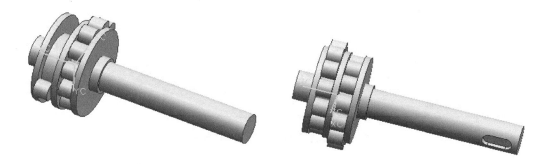

图 7.122　移动对象的结果　　　　图 7.123　再次移动对象的结果

(9) 单击【装配】工具条中的【添加组件】按钮 ，打开【添加组件】对话框。如图 7.124 所示。

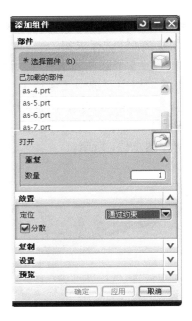

图 7.124　打开的【添加组件】对话框

(10) 单击【打开】按钮 ，打开【部件名】对话框，从中选择轴承部件文件 C31，如图 7.125 所示。单击 OK 按钮，返回【添加组件】对话框，再单击【确定】按钮。

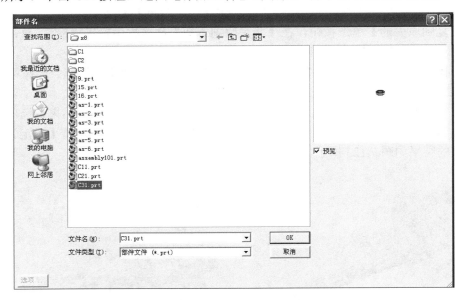

图 7.125　在【部件名】对话框中选择部件文件

(11) 接着，打开【装配约束】对话框，在【类型】下拉列表框中选择【接触对齐】选项，在【方位】下拉列表框中选择【首选接触】选项，如图 7.126 所示。选择如图 7.127 所示的轴承 "负 ZC 轴" 方向上的平面。再选择如图 7.128 所示的平面，单击【确定】按钮。装配结果如图 7.129 所示。

图 7.126 【装配约束】对话框参数设置

图 7.127 选择平面

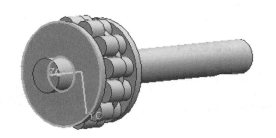

图 7.128 选择另一个平面

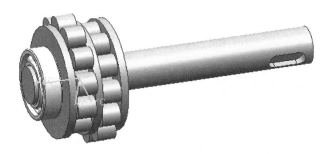

图 7.129 装配结果

(12) 在【装配导航器】中，双击 as-7 部件名，在弹出的快捷菜单中选择【设为工作部件】命令。

(13) 选择【插入】|【设计特征】|【坡口焊】菜单命令或单击【特征】工具条中的【坡口焊】按钮 ，打开【槽】对话框(如图 7.130 所示)，单击【矩形】按钮，打开【矩形槽】对话框(如图 7.131 所示)，如图 7.133 所示为选择放置面，在【槽直径】文本框中输入"8"，在【宽度】文本框中输入"0.5"，如图 7.132 所示，单击【确定】按钮。如图 7.134 所示选择目标对象和刀具边，在【创建表达式】对话框中输入"0.5"，如图 7.135 所示单击【确定】按钮，

创建的槽如图 7.136 所示。

图 7.130 【槽】对话框

图 7.131 【矩形槽】对话框

图 7.132 【矩形槽】对话框参数设置

图 7.133 选择放置面

图 7.134 选择目标对象和刀具边

图 7.135 【创建表达式】对话框参数设置

图 7.136 创建的槽

(14) 单击【装配】工具条中的【添加组件】按钮，打开【添加组件】对话框。单击【打开】按钮，打开【部件名】文本框，从中选择卡簧部件文件 9.prt，单击 OK 按钮，返回【添加组件】对话框，再单击【确定】按钮，打开【装配约束】对话框，在【类型】下拉列表框中选择【接触对齐】选项，在【方位】下拉列表框中选择【首选接触】选项，如图 7.137 所示。如图 7.138 所示为选择卡簧 "负 ZC 轴" 方向上的平面。再选择如图 7.139 所示的平面，单击【确定】按钮。创建的第 7 个部件如图 7.140 所示。

图 7.137　【装配约束】对话框参数设置

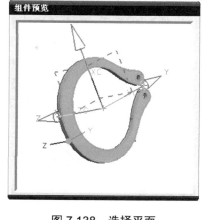

图 7.138　选择平面

图 7.139　选择另一个面

图 7.140　创建的第 7 个部件

步骤 9：装配其他组件

(1)　在【装配导航器】中，双击 assembly101 部件名，在弹出的快捷菜单中选择【设为工作部件】命令。对其他被抑制的组件解抑制。解抑制后的效果如图 7.141 所示。

(2)　下面装配下壳。单击【装配】工具条中的【添加组件】按钮 ，打开【添加组件】对话框。单击【打开】按钮 ，打开【部件名】文本框，从中选择下壳部件文件 13.prt，单击 OK 按钮，返回【添加组件】对话框，在【放置】选项组的【定位】下拉列表框中选择【绝对原点】选项，单击【确定】按钮。装配下壳后的产品如图 7.142 所示。

图 7.141　解抑制后的效果

图 7.142　装配下壳后的产品

（3）　下面装配轴承。首先抑制 as-3.prt 部件，单击【装配】工具条中的【添加组件】按钮，打开【添加组件】对话框。单击【打开】按钮，打开【部件名】文本框，从中选择轴承部件文件 C11.prt，单击 OK 按钮。返回【添加组件】对话框，在【放置】选项组中的【定位】下拉列表框中选择【移动】，单击【确定】按钮。打开【移动组件】对话框，选择(0, 0, 0)为原点，在【类型】下拉列表框中选择【沿矢量】选项，设置【指定矢量】为"正 ZC 轴"，在【距离】文本框中输入"50"，如图 7.143 所示，装配"as-3.prt"轴承轴承部件后的效果如图 7.144 所示。

图 7.143　【移动组件】对话框参数设置　　　图 7.144　装配 as-3.prt 轴承部件后的效果

（4）　继续装配轴承。首先抑制 as-3.prt 和 as-1.prt 部件，单击【装配】工具条中的【添加组件】按钮，打开【添加组件】对话框。单击【打开】按钮，打开【部件名】文本框，从中选择轴承部件文件 C21.prt，单击 OK 按钮。返回【添加组件】对话框，在【放置】选项组的【定位】下拉列表框中选择【移动】选项，单击【确定】按钮。打开【移动组件】对话框，选择(0, 0, 0)为原点，在【类型】下拉列表框中选择【沿矢量】选项，设置【指定矢量】为"正 ZC 轴"，在【距离】文本框中输入"12"，装配 C21.prt 部件后的效果如图 7.145 所示。

图 7.145　装配 C21.prt 轴承部件后的效果

(5) 继续装配轴承。首先抑制 as-3.prt 和 as-1.prt 部件，单击【装配】工具条中的【添加组件】按钮 ，打开【添加组件】对话框。单击【打开】按钮 ，打开【部件名】文本框，从中选择轴承部件文件 C31.prt，单击 OK 按钮。返回【添加组件】对话框，在【放置】选项组的【定位】下拉列表框中选择【移动】选项，单击【确定】按钮。打开【移动组件】对话框，选择(0, 0, 0)为原点，在【类型】下拉列表框中选择【沿矢量】选项，设置【指定矢量】为"负 ZC 轴"，在【距离】文本框中输入"51"，装配 C31.prt 轴承部件后的效果如图 7.146 所示。

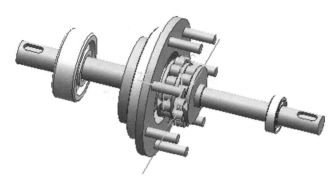

图 7.146 装配 "C31.prt" 轴承部件后的效果

(6) 接着装配端盖。单击【装配】工具条中的【添加组件】按钮 ，打开【添加组件】对话框。单击【打开】按钮 ，打开【部件名】文本框，从中选择端盖部件文件 14.prt，单击 OK 按钮。返回【添加组件】对话框，在【放置】选项组的【定位】下拉列表框中选择【移动】选项，单击【确定】按钮。打开【移动组件】对话框，选择(0, 0, 0)为原点，在【类型】下拉列表框中选择【沿矢量】选项，设置【指定矢量】为"负 ZC 轴"，在【距离】文本框中输入"54"，装配端盖后的效果如图 7.147 所示。

(7) 接着装配螺栓。单击【装配】工具条中的【添加组件】按钮 ，打开【添加组件】对话框。单击【打开】按钮 ，打开【部件名】文本框，从中选择螺栓部件文件 15.prt，单击 OK 按钮。返回【添加组件】对话框，在【放置】选项组的【定位】下拉列表框中选择【移动】选项，单击【确定】按钮。打开【移动组件】对话框，选择(0, 0, 0)为原点，在【类型】下拉列表框中选择【沿矢量】选项，设置【指定矢量】为"正 ZC 轴"，在【距离】文本框中输入"15"，装配螺栓后的效果如图 7.148 所示。

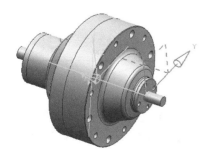

图 7.147 装配端盖后的效果

图 7.148 装配螺栓后的效果

(8) 装配双头螺栓。单击【装配】工具条中的【添加组件】按钮，打开【添加组件】对话框。单击【打开】按钮，打开【部件名】文本框，从中选择双头螺栓文件 16.prt，单击 OK 按钮。返回【添加组件】对话框，在【放置】选项组的【定位】下拉列表框中选择【移动】选项，单击【确定】按钮。打开【移动组件】对话框，选择(0, 0, 0)为原点，在【类型】下拉列表框中选择【沿矢量】选项，设置【指定矢量】为"负 ZC 轴"，在【距离】文本框中输入"17"，装配双头螺栓后的效果如图 7.149 所示。

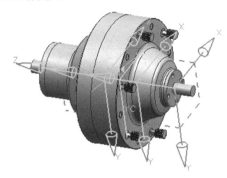

图 7.149　装配双头螺栓后的效果

(9) 完成装配的剖视效果如图 7.150 所示。

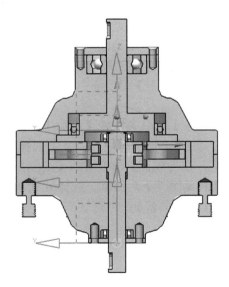

图 7.150　装配的剖视效果

步骤 10：创建爆炸图

(1) 单击【装配】工具条中的【爆炸图】按钮，打开【爆炸图】对话框。如图 7.151 所示，单击【创建爆炸图】按钮，打开【创建爆炸图】对话框，在【名称】文本框中输入 baozhatu，如图 7.152 所示，单击【确定】按钮。

图 7.151　【爆炸图】对话框

图 7.152　【创建爆炸图】对话框设置

(2)　在【爆炸图】对话框中单击【编辑爆炸图】按钮，如图 7.153 所示。打开【编辑爆炸图】对话框，选择正 ZC 轴方向的端盖为选择对象，再选中【移动对象】单选按钮，把鼠标在需要爆炸的方向箭头上停留片刻，出现一个双向箭头后，在【距离】文本框中输入精确的数字，或直接拖动手柄移动对象。如图 7.154 所示。单击【确定】按钮。

图 7.153　单击【编辑爆炸图】按钮

图 7.154　编辑爆炸图操作

(3)　重复第(2)步操作，对其他组件进行编辑，最终结果如图 7.155 所示。

图 7.155　最终效果

7.7　本 章 小 结

本章主要介绍了 UG NX 6.0 的装配功能和操作命令，包括装配的基本术语、引用集、配对条件、装配方法、爆炸图操作、组件阵列和装配顺序等。其中引用集内容包括引用集的创建、

使用和替换操作；配对条件的基本内容包括配对条件树、配对类型和操作步骤等方面；装配方法分为从底向上装配设计和自顶向下装配设计两种方法；爆炸图包括爆炸图的创建、编辑等操作以及工具条介绍；组件阵列内容主要包括组件的三种创建方式；装配顺序主要内容是装配顺序应用环境介绍以及对装配顺序的创建、回放等操作的介绍。最后，本章通过一个装配的设计范例来对 UG NX 6.0 的装配功能和操作命令进行详细介绍，希望大家能够认真学习掌握。

第 8 章

工程图设计基础

　　本章讲解的内容是工程图设计基础，即 UG NX 6.0 中文版的制图功能。UG NX 6.0 中文版的制图功能非常强大，它可以生成各种视图，如俯视图、前视图、右视图、左视图、一般剖视图、半剖视图、旋转剖视图、展开视图、局部放大图、阶梯剖视图和断开视图等。UG NX 6.0 中文版制图功能的另外一大特点是二维工程图和几何模型的关联性，即二维工程图随着几何模型的变化而自动变化，不需要用户再手动进行修改。

　　本章首先介绍 UG NX 6.0 中文版的制图功能和操作界面及其工程图的管理，然后详细讲解各种视图的生成方法。在此基础上，又讲解了尺寸标注和注释、表格和零件明细表的插入等。最后，本章还讲述了一个设计范例，设计范例包含了一个零件图制作的全部过程。通过这个设计范例的讲解，读者将更加深刻地领会一些基本概念，掌握工程图的分析方法、设计过程以及制图的一般方法和技巧。

8.1 UG 工程图设计概述

下面讲解 UG NX 6.0 中文版的制图功能，首先简单地介绍制图功能。

8.1.1 UG NX 6.0 中文版的制图功能

UG NX 6.0 中文版的制图功能包括图纸页的管理、各种视图的管理、尺寸和注释标注管理以及表格和零件明细表的管理等。这些功能中包含很多子功能，例如在视图管理中，它包括基本视图(俯视图、前视图、右视图和左视图等)的管理、剖视图(一般剖视图、半剖视图和旋转剖视图等)的管理、展开视图的管理、局部放大图的管理等；在尺寸和注释标注功能中，它包括水平、竖直、平行和垂直等常见尺寸的标注，也包括水平尺寸链、竖直尺寸链的标注，它还包括形位公差和文本信息等的标注。

因此，UG NX 6.0 中文版的制图功能非常强大，可以满足用户的各种制图功能。此外，UG NX 6.0 中文版的制图功能生成的二维工程图和几何模型之间是相互关联的，即模型发生变化以后，二维工程图也自动更新。这给用户修改模型和修改二维工程图带来了同步的好处，节省了不少时间，提高了工作效率。当然，如果用户不需要这种关联性，还可以对它们的关联性进行编辑。因此，UG NX 6.0 可以适应各种用户的要求。

8.1.2 进入【制图】功能模块

启动 UG NX 6.0，进入 UG NX 6.0 的基本操作界面后，单击【标准】工具条中的【开始】按钮 ，在其下拉菜单中，选择【制图】命令，如图 8.1 所示，即可进入【制图】功能模块。

图 8.1 进入【制图】功能模块

此时工具条中显示的按钮除了一些常用的按钮外，还显示了一些有关【制图】功能模块的按钮，包括【尺寸】工具条、【注释】工具条、【表格】工具条和【制图编辑】工具条等。这些工具条的功能和操作方法将在后续内容中介绍。

注 意

　　如果用户是第一次进入【制图】功能模块，除了显示这些和【制图】功能模块相关的按钮外，还将打开【图纸页】对话框，要求用户新建一个过程图。关于【图纸页】对话框的详细内容将在下面进行介绍。

8.1.3　工程图的管理

　　工程图的管理主要是【新建图纸页】操作，下面将进行介绍。

　　在【图纸】工具条中，单击【新建图纸页】按钮，打开如图 8.2 所示的【工作表】对话框。【工作表】对话框中各选项的说明如下。

　　1)　名称

　　【图纸页名称】文本框用来输入新建图纸的名称。用户直接在文本框中输入图纸的名称即可。如果用户不输入图纸名称，系统将自动为新建的图纸指定一个名称。

　　【图纸中的图纸页】文本框中能显示所有相关的图纸名称。

图 8.2　【工作表】对话框

　　2)　图纸规格

　　图纸规格是指用户新创建图纸的大小。根据用户选择单位的不同，【大小】下拉列表框中的选项也不相同，如图 8.3 所示，当用户选择毫米为单位时，【大小】下拉列表框中的显示，如图 8.3(a)所示；当用户选择英寸为单位时，【大小】下拉列表框中的显示如图 8.3(b)所示。系统默认选择毫米为单位。

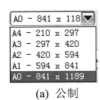

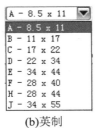

(a) 公制　　　　　　　　(b)英制

图 8.3　图纸规格

3)　刻度尺

该选项用来指定图纸中视图的比例值。系统默认的比例值为 1∶1。

4)　投影方式

投影方式包括第一象限角投影和第三象限角投影两种。系统默认的投影方式为第三象限角投影。

5)　使用模板的图纸设置

如果选中【使用模板】单选按钮，则【工作表】对话框如图 8.4 所示，在【大小】选项组中可以选择图纸的大小，需要注意视图和无视图的区别，【无视图】选项是创建 1 个空白的图纸，按系统默认的名称进行命名。【视图】选项是系统自动在图纸上创建主视图、俯视图、侧视图和正二测等视图。

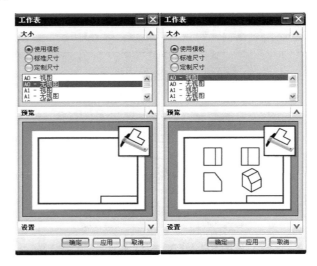

图 8.4　选中【使用模板】单选按钮后的【工作表】对话框

8.1.4　工程图预设置

下面介绍几种工程图预设置的方法。

1. 边框的显示与隐藏

系统默认在每个视图中产生 1 个边框，用户可以根据自己的喜好确定是否需要显示，边框的设置方法是：选择【首选项】|【制图】菜单命令，打开【制图首选项】对话框，单击【视

图】标签，切换到【视图】选项卡，选中【显示边界】复选框后，显示边框的效果如图 8.5(a)
所示；取消选中【显示边界】复选框后，隐藏边框的效果如图 8.5(b)所示。

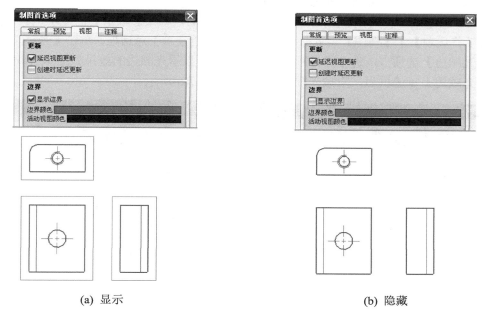

(a) 显示   (b) 隐藏

图 8.5　工程图边框的显示与隐藏

2. 隐藏边的显示与隐藏

系统默认的是只显示视图投影方向的边缘，例如在图 8.6 中零件中间的孔在主视图和侧视
图中没有显示出来。设置方法是：选择【首选项】|【视图】菜单命令，打开【视图首选项】
对话框，单击【隐藏线】标签，切换到【隐藏线】选项卡，选中【隐藏线】复选框，如果要隐
藏边，【线型】选择"不可见"选项，如图 8.6(a)所示；如果要显示隐藏边，【线型】选择虚线
选项，如图 8.6(b)所示(在确定以后，图纸中的视图是不会立即更新的，需要重新添加视图)。

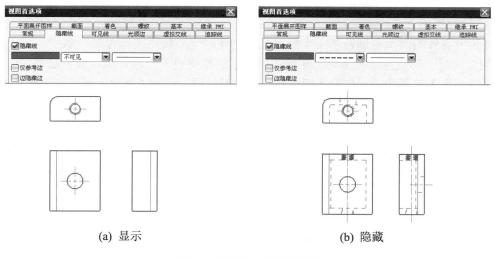

(a) 显示   (b) 隐藏

图 8.6　隐藏边与显示和隐藏

3. 光顺边的显示与隐藏

光顺边是指具有相同曲面的相邻面的切线边缘。

如图 8.7 所示中零件的倒圆角边，系统默认是显示的。如果想取消它的显示，其设置方法是：选择【首选项】|【视图】菜单命令，打开【视图首选项】对话框，单击【光顺边】标签，切换到【光顺边】选项卡，选中【光顺边】复选框后，显示光顺边的效果如图 8.7(a)所示，取消选中【光顺边】复选框后，隐藏光顺边的效果如图 8.7(b)所示。

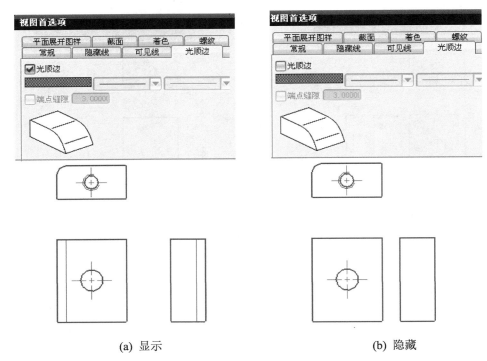

(a) 显示   (b) 隐藏

图 8.7 光顺边的显示和隐藏

4. 螺纹的显示

图 8.8 中零件的侧面各创建了 1 个螺纹孔，创建时一个使用"符号的"螺纹，另一个使用"详细的"螺纹。创建方法的不同，在视图中显示的结果也不一样。其设置方法是：选择【首选项】|【视图】菜单命令，打开【视图首选项】对话框，单击【螺纹】标签，切换到【螺纹】选项卡，选择【ISO/简化的】螺纹显示效果如图 8.8(a)所示，选择【ISO/详细的】螺纹显示效果如图 8.8(b)所示。

5. 剖视图的显示

剖视图可以使用着色方式显示，设置方法是：选择【首选项】|【视图】菜单命令，打开【视图首选项】对话框，单击【着色】标签，切换到【着色】选项卡，在【渲染样式】下拉列表框中选择【线框】选项的剖视图着色效果如图 8.9(a)所示，在【渲染样式】下拉列表框中选择【完全着色】选项的剖视图着色效果如图 8.9(b)所示。

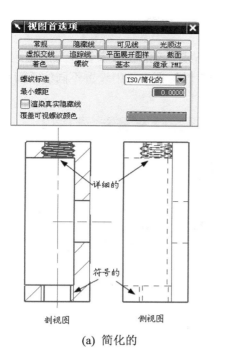

(a) 简化的

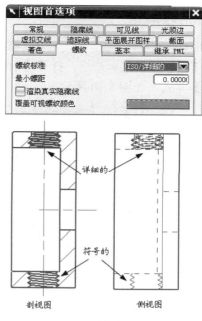

(b) 详细的

图 8.8　螺纹的显示

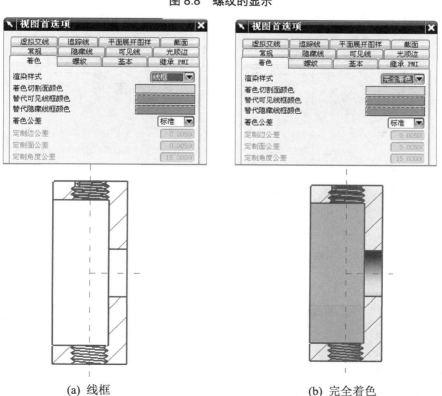

(a) 线框　　　　　　　　　　　　　(b) 完全着色

图 8.9　剖视图的显示

6. 剖切线的编辑

如图 8.10(a)中所示的剖切线，可以修改成图 8.10(b)所示的样式。其操作方法是：选择【首选项】|【剖切线】菜单命令，打开【剖切线首选项】对话框，从中设置不同的【箭头】样式和【标准】样式，如图 8.10 所示。

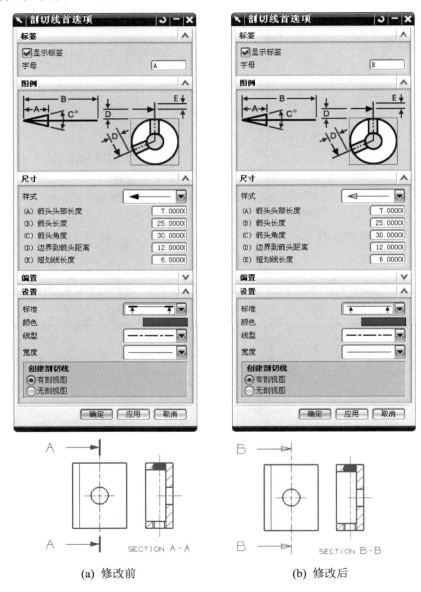

(a) 修改前   (b) 修改后

图 8.10　剖切线的编辑

7. 视图标签的编辑

如图 8.11(a)中所示的视图标签，可以修改成图 8.11(b)所示的样式。其操作方法是：选择【首选项】|【视图标签】菜单命令，打开【视图标签首选项】对话框，单击【截面】标签，切换到【截面】选项卡，进行不同参数的设置，如图 8.11 所示。

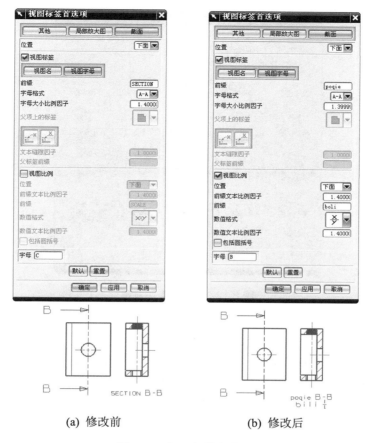

(a) 修改前　　　　　　　　　(b) 修改后

图 8.11　视图标签的编辑

8.2　视　图　操　作

用户新建一个图纸页后，最关心的是如何在图纸页上生成各种类型的视图，如生成基本视图、剖面图、或者其他视图等，这就是本节要讲解的视图操作。视图操作包括生成基本视图、部件视图、投影视图、剖视图(包括一般剖视图、半剖视图和旋转剖视图)、局部放大图和断开视图等。

8.2.1　【图纸】工具条

在 UG 制图环境中，用鼠标右键单击非绘图区，从弹出的快捷菜单中选择【图纸】命令，添加【图纸】工具条到制图环境用户界面中。添加所有的按钮，【图纸】工具条显示如图 8.12 所示。

【图纸】工具条包含工程图的管理命令，如【新建图纸页】命令，这个命令我们已经在上一节中做了介绍。【图纸】工具条还包含视图操作命令，如基本视图、剖视图、移动/复制视图和对齐视图等命令。这些命令将在本节做详细介绍。

图 8.12　【图纸】工具条

8.2.2　基本视图

　　基本视图包括 TOP(俯视图)、FRONT(前视图)、RIGHT(右视图)、BACK(后视图)、BOTTOM(仰视图)、LEFT(左视图)、TFR-ISO(正等测视图)和 TFR-TRI(正二测视图)等。在【图纸】工具条中单击【基本视图】按钮，可以打开如图 8.13 所示的【基本视图】对话框。生成各种基本视图的方法说明如下。

图 8.13　【基本视图】对话框

1．【放置】选项组

打开【方法】下拉列表框提供以下选项如图 8.14 所示。

- 【自动判断】选项：基于所选静止视图的矩阵方向对齐视图。
- 【水平】选项：将选定的视图相互间水平对齐。视图的对齐方式取决于选择的对齐选项(模型点、视图中心或点到点)以及选择的视图点。
- 【竖直】选项：将选定的视图相互间竖直对齐。视图的对齐方式取决于选择的对齐选项(模型点、视图中心或点到点)以及选择的视图点。
- 【垂直于直线】选项：将选定的视图与指定的参考线垂直对齐。
- 【叠加】选项：在水平和竖直两个方向对齐视图，以使它们相互重叠。
- 【跟踪】：选中【光标跟踪】复选框将打开偏置、X 和 Y 跟踪，如图 8.15 所示。偏置文本框设置视图中心之间的距离。XC 和 YC 设置视图中心和 WCS 原点之间的距离。如果没有指定任何值，则偏置与坐标框会在您移动光标时跟踪视图。

图 8.14　【方法】下拉列表框

图 8.15　【跟踪】选项

2．指定视图样式

在【基本视图】对话框中单击【视图样式】按钮，打开如图 8.16 所示的【视图样式】对话框。【视图样式】对话框包括常规、隐藏线、可见线、光顺边、虚拟交线、追踪线、截面、螺纹、着色和基本等选项。用户在【视图样式】对话框中单击相应的标签即可切换到相应的选项卡。图 8.16 所示为【基本】选项卡的显示情况。

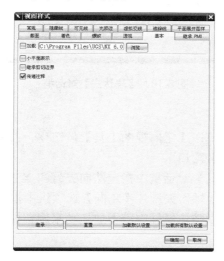

图 8.16　【视图样式】对话框

3. 选择基本视图

如图 8.13 所示，基本视图包括 TOP(俯视图)、FRONT(前视图)、RIGHT(右视图)、BACK(后视图)、BOTTOM(仰视图)、LEFT(左视图)、TFR-ISO(正等测视图)和 TFR-TRI(正二测视图)等。用户只要在【基本视图】对话框中的 Model View to Use 下拉列表框中选择相应的选项即可生成对应的基本视图。

4. 指定视图比例

用户可以直接选择【刻度尺】下拉列表框中的比例值，也可以定制比例值，还可以使用表达式来指定视图比例。用户可以在【刻度尺】下拉列表框中选择【比率】选项来定制比例值，如图 8.17 所示。在【刻度尺】下拉列表框中选择【表达式】选项，打开【表达式】对话框，如图 8.18 所示，来定制比例值。

图 8.17　选择【比率】选项

图 8.18　【表达式】对话框

5. 设置视图的方向

在【基本视图】对话框中单击【定向视图工具】按钮，打开如图 8.19 所示的【定向视图工具】对话框和【定向视图】窗口。

用户可以在【定向视图工具】对话框中指定法向矢量和 X 向矢量。如图 8.20 所示，为在【法向】选项组中指定"负 XC 轴"矢量，【X 向】选项组中指定"负 ZC 轴"矢量时【定向视图】窗口中的显示。用户可以按住鼠标中键不放拖动来旋转视图到合适的角度。

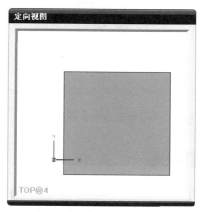

图 8.19　【定向视图工具】对话框和【定向视图】窗口

图 8.20　选择的参数及【定向视图】窗口中的显示

当用户执行某个操作后，视图的操作效果图立即显示在【定向视图】窗口中，方便用户观察视图的方向并不断调整，直到调整到用户满意的视图方向。

6. 移动视图

当用户指定视图样式、选择基本视图、指定视图比例和设置视图方向后，如果觉得视图在工作表中的位置不合适时，可以在【基本视图】对话框中单击【移动视图】选项中的【视图】按钮，然后移动光标到合适的位置，视图随着光标移动，单击鼠标左键即可确定视图在工作表中的位置。

7. 【隐藏的组件】选项

【隐藏的组件】选项，如图 8.21 所示，其【选择对象】用于选择要在装配图纸中隐藏的组件。

8. 【非剖切】选项

【非剖切】选项，如图 8.22 所示，其【选择对象】用于选择要设为非剖切的对象。

图 8.21　【隐藏的组件】选项

图 8.22　【非剖切】选项

8.2.3　投影视图

投影视图可以生成各种方位的部件视图。该命令一般在用户生成基本视图后使用并以基本视图为基础，按照一定的方向投影生成各种方位的视图。

在【图纸】工具条中单击【投影视图】按钮，打开如图 8.23 所示的【投影视图】对话框。

图 8.23　【投影视图】对话框

由于视图样式、方法、跟踪、隐藏的组件、非剖切和移动视图等已经在【基本视图】对话框中介绍过了，这里不再介绍，下面仅对【投影视图】工具条不同的几个按钮做一些介绍。

1)　基本视图

单击【视图】按钮，系统提示用户"选择视图"的信息。系统将以用户选择父视图为基础，按照一定的矢量方向投影生成投影视图。

2)　铰链线

用户可以在图纸页中选择一个几何对象，系统将自动判断矢量方向。用户也可以自己手动定义一个矢量作为投影方向。

3)　矢量

用户在【矢量选项】下拉列表框中选择【已定义】选项，在其下方显示【指定矢量】选项，系统提供多种定义矢量的方法，如图 8.24 所示。用户可以选择其中的一种方法来定义一个矢量作为投影矢量。

图 8.24　定义矢量的方法

4)　反向

当用户对投影矢量的方向不满意时,可以选中【反转投影方向】复选框,则投影矢量的方向变为原来矢量的相反方向。

8.2.4　剖视图

剖视图包括一般剖视图、旋转剖视图、半剖视图和其他剖视图。下面将分别介绍这几种剖视图及其操作方法。

1. 一般剖视图

在【图纸】工具条中,单击【剖视图】按钮☺,打开如图 8.25 所示的【剖视图】对话框,系统提示用户"选择父视图"的信息。

图 8.25　【剖视图】对话框

由于【剖视图】对话框中的一些参数和【投影视图】对话框中的参数相同,这里不再赘述。下面仅介绍剖切线样式的按钮。

剖切线样式可以允许用户根据自己的需要,改变系统的一些默认参数来设置剖切线样式。单击【剖切线样式】按钮🖼,打开如图 8.26 所示的【剖切线首选项】对话框。可以进行参数设置。

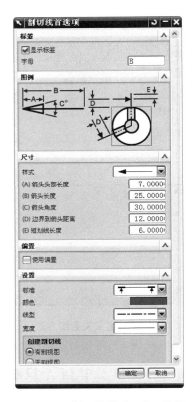

图 8.26 【剖切线首选项】对话框

下面介绍一般剖视图的操作步骤。

(1) 在【图纸】工具条中单击【剖视图】按钮，打开【剖视图】对话框，在图纸页中选择一个视图作为剖视图的父视图。

(2) 定义剖切位置。用户可以使用自动判断的点指定剖切位置。

(3) 指定片体上剖面视图的中心。用户在图纸页中选择一个合适的位置后，单击鼠标左键即可指定剖面视图的中心。

2. 半剖视图

在【图纸】工具条中单击【半剖视图】按钮，打开【半剖视图】对话框，如图 8.27 所示，它基本上和【剖视图】对话框相同，因此这里不再介绍。下面仅介绍生成半剖视图的操作方法。

(1) 在图纸页中选择父视图并定义剖切位置。这两步的操作方法和一般剖视图的操作方法相同，这里不作详细介绍。

(2) 定义剖切位置后，还需要定义折弯位置。用户可以使用自动判断的点来指定折弯位置。

(3) 指定片体上剖面视图的中心。

3. 旋转剖视图

在【图纸】工具条中，单击【旋转剖视图】按钮，打开【旋转剖视图】对话框，如图 8.28 所示。生成选择剖视图的操作方法如下。

图 8.27 【半剖视图】对话框

图 8.28 【旋转剖视图】对话框

(1) 打开【旋转剖视图】对话框后，在图纸页中选择父视图。

(2) 定义旋转点。可以使用自动判断的点来定义旋转点，也可以用点构造器来定义旋转点。

(3) 定义段的两个新位置。定义旋转点后，用户还需要定义两个点以确定两个段的位置。指定点的方法同上。

(4) 指定片体上剖面视图的中心。

8.2.5　局部放大图

有时为了更清晰地观察一些小孔或者其他特征，需要生成该特征的局部放大图。

在【图纸】工具条中，单击【局部放大图】按钮，打开如图 8.29 所示的【局部放大图】对话框。生成局部放大图的操作方法说明如下。

(1) 指定局部放大图的中心位置：当用户打开如图 8.29 所示的【局部放大图】对话框后，系统提示用户"选择对象以自动判断点"的信息。

图 8.29 【局部放大图】对话框

(2) 设置放大比例值：在【刻度尺】下拉列表框中选择放大比例值即可。

(3) 设置边界形状：系统默认的边界形状为圆形边界，用户还可以在【类型】下拉列表框中选择其他边界，如矩形边界。

(4) 指定放大区域的大小：如果用户设置的边界类型为圆形边界，则用户需定义圆形局部放大图的边界点；如果用户设置的边界类型为矩形边界，则用户需定义局部放大图的拐角点。

(5) 指定局部放大图的中心位置：当用户指定局部放大图的大小后，用户需指定局部放大图的中心位置。在图纸页中选择一点作为局部放大图的中心位置就可。局部放大图就生成在用户指定的位置。

8.2.6 断开视图

在【图纸】工具条中单击【断开视图】按钮 ，打开如图 8.30 所示的【断开视图】对话框和【跟踪条】对话框。

下面将以生成一个轴的断开视图为例，说明生成断开视图的方法。

(1) 选择成员视图：打开如图 8.30 所示的【断开视图】对话框后，在图纸页中选择轴的一个视图作为成员视图。选中成员视图后，该视图自动充满整个屏幕，便于用户观察。

图 8.30　【断开视图】对话框和【跟踪条】对话框

(2) 定义第一个封闭线框：如图 8.31 所示，依次选择边界上的两个点，然后用直线或者曲线定义一个封闭线框。当封闭线框定义好之后，【断开视图】对话框的【应用】按钮被激活，同时自动生成一个锚点。系统提示用户单击【应用】按钮接受边界。

(3) 定义第二个封闭线框：在轴的另一端定义第二个封闭线框，方法和前面基本相同，这里不再赘述。当第二个封闭线框定义好之后，系统自动生成另一个锚点。再次单击【断开视图】对话框的【应用】按钮，显示如图 8.32 所示。

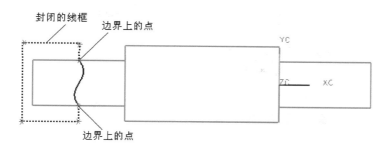

图 8.31　定义第一个封闭线框

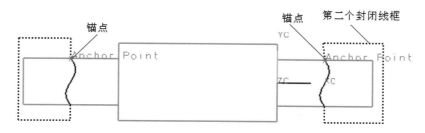

图 8.32　定义第二个封闭线框

(4)　观察断开视图：单击【断开视图】对话框的【取消】按钮，此时系统自动恢复到创建断开视图的图纸页状态。断开视图显示，如图 8.33 所示。其中图 8.33(a)为轴最初的视图，图 8.33(b)为该视图生成的断开视图。

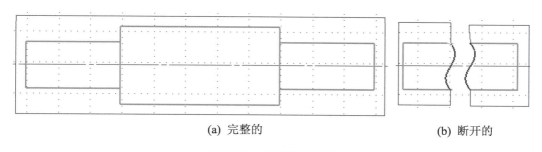

(a)　完整的　　　　　　　　　　　　　(b)　断开的

图 8.33　轴的断开视图

8.3　编辑工程图

工程图创建以后，用户有时可能还需要修改或者编辑工程图。编辑工程图包括移动/复制视图、对齐视图、视图边界、剖切线、视图中的剖切组件、视图关联编辑和更新视图等。下面将分别介绍这些编辑工程图的操作方法。

8.3.1　移动/复制视图

视图生成以后，用户有时可能需要移动或者复制视图。

1. 执行【移动/复制视图】命令

执行【移动/复制视图】命令的方法有以下两种。

● 在【图纸】工具条中，单击【移动/复制视图】按钮，打开如图 8.34 所示的【移动/复制视图】对话框和【跟踪条】对话框。

图 8.34 【移动/复制视图】和【跟踪条】对话框

● 如图 8.35 所示，选择【编辑】|【视图】|【移动/复制视图】菜单命令，同样可以打开【移动/复制视图】对话框。

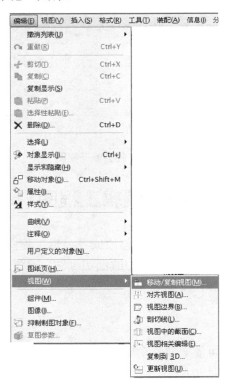

图 8.35 选择【移动/复制视图】菜单命令

移动/复制一个视图的方式有 5 种，它们是【至一点】、【水平】、【竖直】、【垂直于直线】和【至另一图纸】。

2. 移动/复制视图的方法如下

(1) 选择视图。在图纸页中或者在【移动/复制视图】对话框的视图列表框中选择要移动的视图即可。

(2) 是否复制。如果用户需要复制选择的视图，那么可以选中【移动/复制视图】对话框中的【复制视图】复选框，如果只是移动，这个步骤可以跳过。

(3) 设置移动方式。在移动方式选项中单击其中的一个按钮即可设置视图的移动方式。

(4) 指定移动距离或者移动目的地。用户选择视图后，可以通过移动鼠标到合适的位置来指定视图的移动距离。也可以选中【移动/复制视图】对话框中的【距离】复选框，然后在【距离】文本框中输入视图的移动距离即可。当用户的移动方法为垂直于直线时，【移动/复制视图】对话框中的【自动判断的矢量】下拉列表框被激活，用户可以利用【自动判断的矢量】下拉列表框来构造矢量。

8.3.2　对齐视图

在【图纸】工具条中，单击【对齐视图】按钮，或者选择【编辑】|【视图】|【对齐视图】菜单命令，打开如图 8.36 所示的【对齐视图】对话框。系统提示用户"定义静止的点—选择对象以自动判断点"的信息。

图 8.36　【对齐视图】对话框

对齐视图的操作方法说明如下。

(1) 定义静止的点。打开【对齐视图】对话框后，在视图中选择一个点作为静止的点或者选择一个视图作为基准视图。

(2) 选择要对齐的视图。定义静止的点后，在图纸页中或者在【对齐视图】对话框的视图列表框中选择要对齐的视图。

(3) 指定对齐方式。对齐方式有五种，它们分别是【叠加】、【水平】、【竖直】、【垂直于直线】和【自动判断】，单击其中的一个按钮即可指定对齐方式。当用户指定对齐方式后，视图自动以静止的点或者视图为基准对齐。

8.3.3 定义视图边界

在【图纸】工具条中，单击【视图边界】按钮，或者选择【编辑】|【视图】|【视图边界】菜单命令，打开如图 8.37 所示的【视图边界】对话框。系统提示用户"选择要定义其边界的视图"的信息。

定义视图边界的方式有四种，这四种方式的说明如下。

1. 截断线/局部

该方式要求用户指定链来定义视图边界。定义该类型的方法说明如下：

(1) 选择要定义边界的视图。在图纸页中或者视图列表框中选择要定义边界的视图。

(2) 选择截断线/局部放大图。在【视图边界类型】下拉列表框中选择【截断线/局部放大图】选项，此时【链】按钮被激活。

(3) 形成链。单击【链】按钮，打开如图 8.38 所示的【成链】对话框，系统提示用户"边界—选择链的起始曲线"的信息。用户在图中选择一条曲线后，还需要再选择另外一条作为链的结束曲线。系统将自动把起始曲线和结束曲线之间的曲线形成链来定义视图边界。

图 8.37 【视图边界】对话框

图 8.38 【成链】对话框

(4) 生成视图边界。选择成链曲线后，单击【确定】按钮，完成视图边界的定义。

2. 手工生成矩形

该方式要求用户指定矩形的两个点来定义视图边界。因为手工生成矩形方式定义视图边界与截断线/局部放大图方式定义视图边界基本类似，这里不再详细说明了，仅说明它们的不同之处。

用户在【视图边界类型】下拉列表框中选择【手工生成矩形】选项，系统提示用户"通过按下并拖动鼠标可定义一个手工矩形视图边界"的信息。用户在视图的适当位置单击鼠标左键，指定矩形的一个点，然后按住鼠标左键不放拖动直到另一个合适点的位置，放开鼠标左键，则鼠标形成的矩形成为视图的边界。

3. 自动生成矩形

该选项是系统默认的定义视图边界的方式。该选项只要用户选择需要定义边界的视图后，单击【应用】按钮就可自动生成矩形作为视图的边界。

4. 由对象定义边界

当用户在【视图边界类型】下拉列表框中选择【由对象定义边界】选项后，系统提示用户"选择/取消选择要定义边界的对象"的信息，对象可以是实体上的边或者点。

8.3.4 编辑剖切线

编辑剖切线包括增加剖切线段、删除剖切线段、移动剖切线段、移动旋转点、重新定义铰链线、改变切削角、重新定义剖切矢量和重新定义箭头矢量等。

执行【编辑剖切线】命令的方法有以下两种。

- 在制图环境中添加【制图编辑】工具条，显示如图 8.39 所示。添加【制图编辑】工具条的方法与添加【图纸】工具条的方法类似，这里不再赘述。在【制图编辑】工具条中单击【编辑剖切线】按钮 ，打开如图 8.40 所示的【剖切线】对话框。
- 选择【编辑】|【视图】|【剖切线】菜单命令，同样可以打开如图 8.40 所示的【剖切线】对话框。

图 8.39 【制图编辑】工具条

图 8.40 【剖切线】对话框

当用户打开【剖切线】对话框后，系统提示用户"选择要编辑的剖切线"的信息。用户选择剖切线后，【剖切线】对话框中的部分选项被激活。用户可以根据这些选项，如添加段、删

除段、移动段和重新定义铰链线等选项来编辑选取的剖切线段。

注 意

随着用户选取的剖切线的不同，【剖切线】对话框中被激活的选项也不相同。例如用户选取的剖切线是一个旋转剖切线时，【增加段】、【删除段】、【移动段】、【移动旋转点】和【重新定义铰链线】5 个选项被激活。

8.3.5　视图相关编辑

视图相关性是指当用户修改某个视图的显示后，其他相关的视图也随之发生变化。视图相关编辑允许用户编辑这些视图之间的关联性，当视图的关联性被用户修改，用户修改某个视图的显示后，其他的视图可以不受修改视图的影响。用户可以擦除对象，可以编辑整个对象，还可以编辑对象的一部分。

在【制图编辑】工具条中，单击【视图相关编辑】按钮，或者选择【编辑】｜【视图】｜【视图相关编辑】菜单命令，打开如图 8.41 所示的【视图相关编辑】对话框。系统提示用户"选择要编辑的视图"的信息。

图 8.41　【视图相关编辑】对话框

【视图相关编辑】对话框中的按钮分为三个部分，它们分别是添加编辑、删除编辑和转换相关性，各个按钮说明如下。

1．添加编辑

1）　擦除对象

单击【擦除对象】按钮，用户可以从选取的视图中擦除几何对象，如曲线、边和样条曲线等。这些几何对象擦除后不再显示在视图中。

(1) 擦除对象并不等于删除对象，只是暂时隐藏这些对象，使这些对象不再显示在视图中。用户还可以利用稍候后讲到的【删除选择的擦除】按钮再次显示擦除的对象。

(2) 如果该对象已经标注了尺寸，则不能擦除。

2) 编辑完全对象

【编辑完全对象】选项允许用户编辑整个对象的直线颜色、线型和线宽等。单击【编辑完全对象】按钮 后，【线条颜色】、【线型】和【线宽】三个选项被激活。

单击【线条颜色】选项，打开如图 8.42 所示的【颜色】对话框，用户在该对话框中选择一种颜色，即可指定直线颜色。

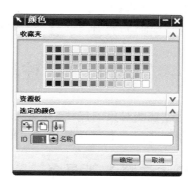

图 8.42 【颜色】对话框

【线型】和【线宽】两个下拉列表框，如图 8.43 所示，用户在下拉列表框中选择相应的线型和线宽，即可指定对象的线型和线宽。

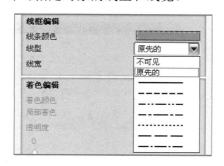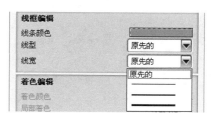

图 8.43 【线型】和【线宽】下拉列表框

3) 编辑着色对象

【着色编辑】选项主要编辑着色的颜色、局部着色和透明度等参数。

4) 编辑对象段

【编辑对象段】选项允许用户编辑对象选取部分的直线颜色、线型和线宽等。方法与编辑完全对象相同，这里不再赘述。

5) 编辑剖视图背景

【编辑剖视图背景】选项可保留或移除以前擦除的面和体的剖视图背景曲线。该选项还可用在已从【视图相关编辑】对话框中使用了全部擦除(选定的除外)选项的那些剖视图上。

2. 删除编辑

- 删除选择的擦除：该按钮可以使擦除的对象再次显示在视图中。
- 删除选择的修改：该按钮可以删除用户对对象的一些编辑。
- 删除所有修改：该按钮删除用户所做的所有编辑。

3. 转换相关性

- 模型转换到视图：将模型关联的模型对象转换到一个单一视图中，成为视图关联对象。单击【模型转换到视图】按钮 后，打开【类选择】对话框，系统提示用户"选择模型对象以将其转换成视图相关项"的信息。
- 视图转换到模型：将视图关联的视图对象转换到模型中，成为模型关联对象。单击【视图转换到模型】按钮 后，同样可打开【类选择】对话框。

8.4 尺寸标注、注释

当用户生成视图后，还需要标注视图对象的尺寸，并给视图对象注释。在讲述尺寸标注和注释方法之前，我们首先来讲解添加【尺寸】工具条和【注释】工具条的方法。

8.4.1 【尺寸】工具条和【注释】工具条

在 UG 制图环境中，用鼠标右键单击非绘图区，从弹出的快捷菜单中选择【尺寸】命令和【注释】命令，添加【尺寸】工具条和【注释】工具条到制图环境用户界面的工具条，添加这两个工具条所有的按钮，分别如图 8.44 和图 8.45 所示。

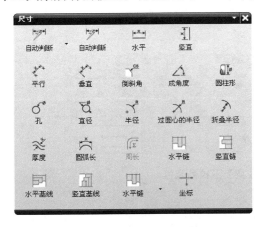

图 8.44 【尺寸】工具条

图 8.45 【注释】工具条

8.4.2 尺寸类型

尺寸标注用来标注视图对象的尺寸大小和公差值。UG 为用户提供了多种尺寸类型，如自动判断、水平、竖直、角度、直径、半径、圆弧长、水平链和竖直链等。下面将分别介绍这些尺寸类型的含义。

- 自动判断：该类型的尺寸类型根据用户的鼠标位置或者用户选取的对象自动判断生成相应的尺寸类型。例如当用户选择一个水平直线后，系统会自动生成一个水平尺寸类型；当用户选择一个圆后，系统会自动生成一个直径尺寸类型。

- 水平和竖直：该类型的尺寸在选取的对象上生成水平和竖直尺寸。一般用于标注水平或者竖直直线。

- 平行和垂直：该类型的尺寸在选取的对象上生成平行和垂直尺寸。平行尺寸一般用来标注斜线，垂直尺寸一般用来标注两个对象之间的垂直距离或者几何对象的高。

- 直径和半径：该类型的尺寸在选取的对象上生成直径和半径尺寸。直径尺寸一般用来标注圆的直径，半径用来标注圆弧或者倒角的半径。

- 倒斜角：该类型的尺寸在选取的对象上生成倒斜角尺寸。倒斜角尺寸一般用来标注某个倒斜角的角度大小。

- 成角度：该类型的尺寸在选取的对象上生成角度尺寸。成角度尺寸一般用来标注两直线之间的角度。选择的两条直线可以相交也可以不相交，还可以是两条平行线。

- 圆柱形：该类型的尺寸在选取的对象上生成圆柱形尺寸。圆柱形尺寸将在圆柱上生成一个轮廓尺寸，如圆柱的高和底面圆的直径。

- 孔：该类型的尺寸在选取的对象上生成孔尺寸。孔尺寸一般用来标注孔的直径。

- 过圆心的半径：该类型的尺寸在选取的对象上生成半径尺寸。半径尺寸从圆的中心引出，然后延伸出来，在圆外标注半径的大小，如图 8.46(a)所示。

- 折叠半径：该类型的尺寸在选取的对象上生成半径尺寸。与到中心的半径不同的是，该类型的半径尺寸用来生成一个极大半径尺寸，即该圆的半径非常大，以至于不能显示在视图中，因此假设一个圆弧用折线来标注它的半径。如图 8.46(b)所示。

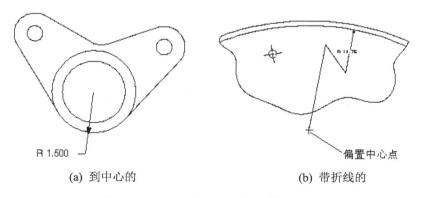

(a) 到中心的　　　　　　　　　　(b) 带折线的

图 8.46　到中心的半径和带折线的半径

- 厚度：该类型的尺寸在选取的对象上生成厚度尺寸。厚度尺寸一般用来标注两条曲线(包括样条曲线)之间的厚度。该厚度将沿着第一条曲线上选取点的法线方法测量，直到法线与第二条曲线之间的交点为止。

- 圆弧长：该类型的尺寸在选取的对象上生成圆弧长度的尺寸。圆弧长度的尺寸将沿着选取圆弧测量圆弧的长度。

- 水平链：该类型的尺寸在选取的一系列对象上生成水平链尺寸。水平链尺寸是指一些首尾彼此相连的水平尺寸，如图 8.47(a)所示。

- 竖直链：该类型的尺寸在选取的对象上生成竖直链尺寸。竖直链尺寸是指一些首尾彼此相连的竖直尺寸，如图 8.47(b)所示。

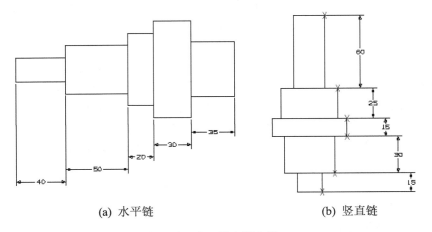

(a) 水平链   (b) 竖直链

图 8.47　水平链和竖直链

- 水平基线：该类型的尺寸在选取的一系列对象上生成水平基线尺寸。水平基线是指当用户指定某个几何对象为水平基准后，其他的尺寸都以该对象为基准标注水平尺寸，这样生成的尺寸是一系列相关联的水平尺寸，如图 8.48(a)所示。
- 竖直基线：该类型的尺寸在选取的一系列对象上生成竖直基线尺寸。竖直基线是指当用户指定某个几何对象为竖直基准后，其他的尺寸都以该对象为基准标注竖直尺寸，这样生成的尺寸是一系列相关联的竖直尺寸如图 8.48(b)所示。

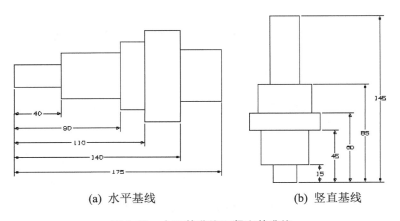

(a) 水平基线   (b) 竖直基线

图 8.48　水平基准线和竖直基准线

- 坐标：该类型的尺寸在选取的对象上生成坐标尺寸。坐标尺寸是指用户选取的点与坐标原点之间的距离。坐标原点是两条相互垂直直线或者坐标基准线的交点。当用户自己构建一条坐标基准线后，系统将自动生成另外一条与之垂直的坐标基准线。

8.4.3　标注尺寸的方法

前面讲解了尺寸的类型,本节将介绍尺寸的标注方法。尺寸的标注一般包括选择尺寸类型、设置尺寸样式、选择名义精度、指定公差类型和编辑文本等。下面将详细介绍各个步骤的操作方法。

1. 选择尺寸类型

前面已经介绍了尺寸的所有类型，用户可以根据标注对象的不同，选择不同的尺寸类型。例如标注对象是圆时，用户可以选择【直径】或者【半径】尺寸类型，如果需要标注尺寸链时，可以选择水平链、竖直链、水平基准线和竖直基准线尺寸类型来生成尺寸链。在【尺寸】工具条中，单击【直径】按钮，打开如图 8.49 所示的【直径尺寸标注】对话框。【直径尺寸标注】对话框包含公差、名义尺寸、注释编辑器、尺寸样式和重置等选项。

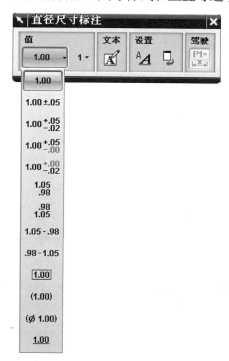

图 8.49 　【直径尺寸标注】对话框

2. 设置尺寸样式

在【直径尺寸标注】对话框中单击【尺寸样式】按钮 $^A\!A$，打开如图 8.50 所示的【尺寸样式】对话框。

【尺寸样式】对话框包含 6 个标签，它们分别是尺寸、直线/箭头、文字、单位、径向和层叠。单击其中的一个标签，即可切换到相应的选项卡中。

- 尺寸：在【尺寸】选项卡中，用户可以设置尺寸标注的精度和公差、倒斜角的标注方式、文本偏置和指引线的角度等。
- 直线/箭头：在【直线/箭头】选项卡中，用户可以设置箭头的样式、箭头的大小和角度、箭头和直线的颜色、直线的线宽及其线型等。
- 文字：在【文字】选项卡中，用户可以设置文字的对齐方式、对齐位置、文字类型、字符大小、间隙因子、宽高比和行间距因子等。

- 单位：在【单位】选项卡中，用户可以设置线形尺寸格式及其单位、角度格式、双尺寸格式和单位、转换到第二量纲等。
- 径向：在【径向】选项卡中，用户可以设置尺寸的符号、小数位等参数。
- 层叠：在【层叠】选项卡中，用户可以设置尺寸中文本的位置和间距等的参数。

图 8.50　【尺寸样式】对话框

3. 选择名义尺寸

该下拉列表框允许设置基本尺寸的名义精度，即小数点的位数。用户最多可以设置 6 位小数精度。系统默认的小数精度为"1"。

4. 指定公差类型

公差类型多达 10 余种。用户只要在【公差】下拉列表框中选择一种类型即可。当用户把鼠标靠近【公差】下拉列表框中选择一种类型时，系统自动显示该公差的类型。当用户在【公差】下拉列表框中选择一种公差类型后，【直径尺寸标注】对话框就会新增一个按钮，供用户选择公差的名义尺寸，即公差的小数点的位数。其方法和选择名义尺寸的方法相同，这里不再赘述。

5. 编辑文本

当用户需要修改尺寸的文本格式，如字体的大小和颜色等，可以在【直径尺寸标注】对话框中，单击【注释编辑器】按钮　，打开如图 8.51 所示的【文本编辑器】对话框，系统提示用户"输入附加文本"的信息。

【文本编辑器】对话框由以下五部分组成。

第一部分是用来编辑文本的一些按钮，从左到右依次为插入文件中的文本、另存为、清除、切削、复制、粘贴、删除文本属性、选择下一个符号、显示预览和显示预览按钮，可以使用户在退出【文本编辑器】对话框之前预览文本的效果，这样可以在文本框中多次编辑文本，直到满意再退出【文本编辑器】对话框。

第二部分是用来指定字体、字体大小、是否粗体或者斜体、字体下是否加下划线和数字的上下标等参数。

第三部分是附加文本。附加文本是指在原文本的基础上再新增其他的文本。【附加文本】选项中的前4个箭头按钮用来表示附加文本相对原文本的位置，它们分别表示在原文本之前面、之后面、之上面和之下面。【继承】按钮用来指定附加文本继承其他附加文本的属性和位置。例如，原来的附加文本在原文本下方，在此次编辑的附加文本也在下方。

第四部分是编辑文本框。该文本框用来输入和显示文本。

第五部分是 5 种标签。这 5 种标签分别是制图符号、形位公差符号、用户定义符号、样式和关系。用户可以单击这些标签，切换到相应的选项卡，然后单击选项卡中的按钮，这些按钮符号将以代码的形式显示在文本框中。单击【确定】按钮退出【文本编辑器】对话框后，这些代码转换成符号显示在视图中。

图 8.51　【文本编辑器】对话框

8.4.4　编辑标注尺寸

用户在视图中标注尺寸后，有时可能需要编辑标注尺寸。编辑标注尺寸的方法有以下两种方法。

- 在视图中双击一个尺寸，打开如图 8.52 所示的【编辑尺寸】对话框。在该对话框中，单击相应的按钮来编辑尺寸。

图 8.52　【编辑尺寸】对话框

● 在视图中选择一个尺寸后，单击鼠标右键，在弹出的快捷菜单中选择【编辑】命令，如图 8.53 所示，打开【编辑尺寸】对话框。余下的步骤和前述相同，这里不再赘述。

图 8.53　选择【编辑】命令

8.4.5　插入表格和零件明细表

注释除了上文讲过的形位公差和文本外，还包括表格和零件明细表。表格和零件明细表对制图来说是必不可少的。下面我们将介绍插入表格和零件明细表的方法。

1. 【表格】工具条

在 UG 制图环境中，用鼠标右键单击非绘图区，从弹出的快捷菜单中选择【表格】命令，添加【表格】工具条到制图环境用户界面。添加这个工具条所有的按钮，显示如图 8.54 所示。

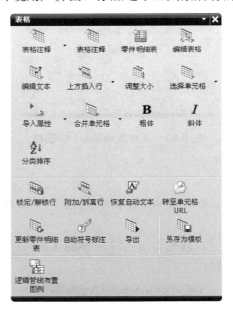

图 8.54　【表格】工具条

【表格】工具条中包含表格注释、零件明细表、编辑文本、上方插入行、合并单元格、粗体、斜体、分类排序和自动符号标注等标签。下面将分别介绍这些按钮的含义及其操作方法。

2. 表格注释

该按钮用来在图纸页中增加表格，系统默认增加的表格为 5 行 5 列。用户可以利用其他按钮增加或者删除单元格。用户还可以调整单元格的大小。

在【表格】工具条中，单击【表格注释】按钮，系统提示用户"指明新表格注释的位置"的信息，同时在图纸页中以一个矩形框代表新的表格注释。当用户在图纸页中选择一个位置后，表格注释显示如图 8.55 所示。

图 8.55　表格注释

在新表格注释的左上角有一个移动手柄，用户可以按住鼠标左键不放拖动移动手柄，表格注释将随着鼠标移动。用户移动到合适的位置后，释放鼠标左键，表格注释就放置到图纸页的合适位置了。用户还可以选择一个单元格作为当前活动单元格，当单元格为当前活动单元格时，将高亮度显示在图纸页中。

用户还可以选择调整单元格的大小。把光标移动到两个单元之间的交界线处，光标将变成两个方向相反的箭头形式。用户可以按住鼠标左键不放拖动来调整单元格的大小。

如图 8.56(a)所示为调整单元格宽度的例子。用户把光标放在单元格 1 和单元格 2 之间的交界线处，然后按住鼠标左键不放拖动，此时图纸页中显示 Column Width=15，这信息显示列的宽度为 15mm。用户可以继续按住鼠标左键不放拖动，直到单元格的宽度满足自己的设计要求为止。

图 8.56(b)所示为调整单元格高度的例子。图纸中显示 Row Height=24，这信息显示行的高度为 24mm。其他的操作方法和调整列的宽度方法相同，这里不再赘述。

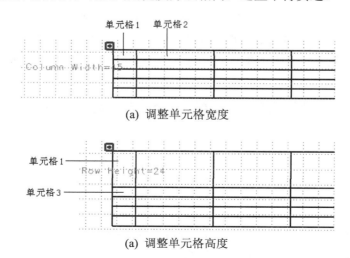

(a)　调整单元格宽度

(a)　调整单元格高度

图 8.56　调整单元格大小

当用户自己手动调整行的大小后，系统将打开如图 8.57 所示的【调整行大小警告】对话框，提示用户手动调整行大小后自动调整行大小的功能将从这些单元格中消除,询问用户是否继续该操作。这是因为系统默认地会根据表格中的文本信息调整行的大小,如果用户手动调整行的大小后,被调整的单元格将丧失自动调整的功能。用户单击【是】按钮,则系统保留用户调整的行大小,但是这些单元格将丧失自动调整行大小的功能;用户单击【全是】按钮,用户此次调整的行大小将保留,当用户下次调整行大小时,系统不再打开【调整行大小警告】对话框,系统默认地保留用户手动调整的行大小,并且使这些单元格都丧失自动调整行大小的功能;用户单击【否】按钮,系统取消用户此次手动调整的行大小,保持原来的行大小并保留单元格自动调整行大小的功能。

图 8.57　【调整行大小警告】对话框

3. 零件明细表

在【表格】工具条中,单击【零件明细表】按钮 ,系统提示用户"指明新的零件明细表的位置"的信息,同时在图纸页中以一个矩形框代表新的零件明细表。当用户在图纸页中选择一个位置后,零件明细表显示如图 8.58 所示。零件明细表包括部件号、部件名称和数量三个部分。

图 8.58　零件明细表

零件明细表与表格注释不同,表格注释可以创建多个,但是零件明细表只能创建一个,当图纸页中已经存在一个零件明细表,如果用户再次单击【表格与零件明细表】工具条中的【零件明细表】按钮,系统将打开如图 8.59 所示的【多个零件明细表错误】对话框。提示用户不能创建多个零件明细表。

图 8.59　【多个零件明细表错误】对话框

4. 其他操作

用户在插入表格注释和零件明细表之后,将首先选择单元格,然后在单元格中输入文本信息。有时可能还需要合并单元格。这些操作的中心都可以通过快捷菜单来完成。

在表格注释中选择一个单元格,然后用鼠标右键单击单元格,打开如图 8.60 所示的表格注释快捷菜单。

图 8.60　表格注释快捷菜单

1)　编辑

在表格注释快捷菜单中选择【编辑】命令，将在该单元格附加打开一个文本框，用户可以在该文本框输入表格的文本信息。

> **提　示**
>
> 用户在表格注释中双击一个单元格，也可以打开一个文本框供用户输入单元格的文本信息。

2)　编辑文本

在表格注释快捷菜单中选择【编辑文本】命令，将打开【文本编辑器】对话框，这里不再赘述。

3)　样式

在表格注释快捷菜单中选择【样式】命令，将打开【尺寸样式】对话框，这里不再赘述。

4)　选择

在表格注释快捷菜单中选择【选择】命令，打开其子菜单。其子菜单包含【行】、【列】和【表格区域】三个命令，如图 8.61 所示。这三个命令分别用来选择整行单元、整列单元和部分单元。

5)　导入

在表格注释快捷菜单中选择【导入】命令，打开其子菜单。其子菜单包含【属性】、【表达式】和【电子表格】三个命令，如图 8.62 所示。

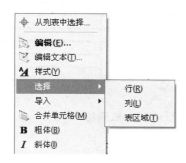

图 8.61　【选择】子菜单

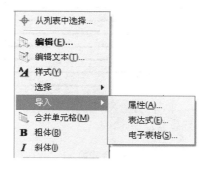

图 8.62　【导入】子菜单

在表格注释快捷菜单中选择【导入】|【属性】命令，打开如图 8.63 所示的【导入属性】对话框。导入属性的方法说明如下。

（1）选择导入的属性类型。可以导入的属性包括部件属性、一个对象的属性、所有对象的属性以及部件和所有对象的属性等四种，用户只要在【导入】下拉列表框中选择其中的一种类型，所有满足该类型的属性都显示在【属性】列表框中。

（2）选择要导入的属性。用户在【属性】列表框中选择一个或者多个属性，或者直接单击【全选】按钮，选择【属性】列表框中所有的属性。

图 8.63　【导入属性】对话框

（3）导入属性。单击【确定】按钮，被选择的属性就可以导入单元格中了。

导入表达式和电子表格的方法与导入属性的方法基本上相同，这里不再赘述。

6）合并单元格

该命令可以将多个单元格合并为一个。合并单元格的方法说明如下。

（1）选择要合并的单元格：在表格注释中选择一个单元格后，按住鼠标左键不放拖动刚才选取的单元格，拖动的范围应该包括用户合并的单元格。

（2）选择【合并单元格】命令：选择好合并的单元格后，用鼠标右键单击单元格，在打开的表格注释快捷菜单中选择【合并单元格】命令，此时单元格就可以合并了。

如图 8.64 所示，其中图 8.64(a)为合并前的三个单元格，图 8.64(b)为合并后的一个单元格。

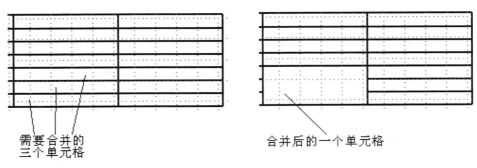

(a) 合并前　　　　　　　　　　　　　　　(b) 合并后

图 8.64　合并单元格

（1）用户可以向上或者向下选择需要合并的单元格，也可以向左或者向右选择需要合并的单元格。

（2）当表格注释中存在已合并的单元格时，快捷菜单中才显示【取消合并单元格】命令，如图 8.65 所示。用户可以使用该命令拆分一些单元格。

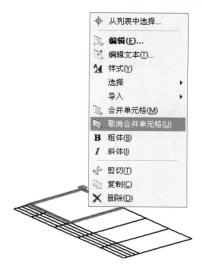

图 8.65　【取消合并单元格】命令

8.5　设 计 范 例

本小节我们将介绍一个零件图的制图设计范例，通过这个范例的学习，用户将对一个零件图的制图全过程，包括制图前的设计思路、新建图纸页、生成各种视图、编辑工程图、标注尺寸和注释等有更深刻地认识和理解。下面我们将详细介绍这个零件的制图过程。

8.5.1　范例介绍

本章介绍一个零件的工程图设计范例，这个零件的工程图效果，如图 8.66 所示。这个范例的三维模型经过不同的投影方法、不同的图样尺寸和不同的比例可以创建不同需求的二维图纸。通过布局和编辑以及尺寸和符号标注，就可以在二维图形中显示出这个三维零件的信息。通过这个范例的学习，读者将熟悉如下内容。

- 制图模块的基本设置。
- 各种视图的创建方法。
- 二维图形尺寸标注。
- 形位公差标注、基准符号标注和表面粗糙度标注。
- 创建局部放大图。
- 在二维图形上添加零件的图像。

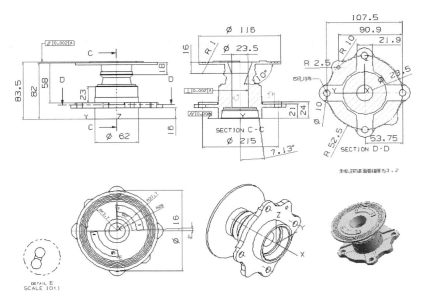

图 8.66　范例的零件和工程图

8.5.2　范例制作

完成了零件的分析，了解了制图的大概思路，我们就可以开始制图了。下面我们将详细介绍这个零件的制图过程。

步骤 1：打开文件

(1)　在桌面上双击 UG NX 6.0 图标![icon]，启动 UG SIEMENS NX 6.0。

(2)　单击【打开】按钮![icon]，打开【打开】对话框，选择文件 x9.prt，如图 8.67 所示。单击 OK 按钮。

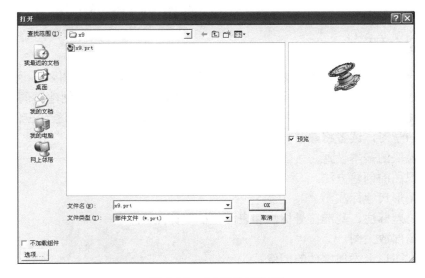

图 8.67　【打开】对话框

(3) 为了在制图中线条比较清晰，实体显示使用黑色。

步骤 2：进入制图模块

(1) 单击【标准】工具条【开始】按钮 ^{◎ 开始·}，在其下拉菜单中选择【制图】命令。如图 8.68 所示，进入制图模块。

图 8.68 选择【制图】命令

(2) 在弹出的【工作表】对话框中，选中【大小】选项组中的【标准尺寸】单选按钮，在【大小】下拉列表框中选择【A2-420×594】选项，在【刻度尺】下拉列表框中选择【1∶1】选项，在【图纸页名称】文本框中输入 tuzhi1，在【单位】选项中选中【毫米】单选按钮，在【投影】选项中选择【第一象限角投影】选项，如图 8.69 所示。单击【确定】按钮。

图 8.69 【工作表】对话框参数设置

(3) 弹出【基本视图】对话框。单击【模型视图】选项组中的【定向视图工具】按钮 ，如图 8.70 所示。

(4) 打开【定向视图工具】对话框和【定向视图】窗口，设置【指定矢量】为"负 XC 轴"，如图 8.71 所示，【定向视图】窗口显示的视图操作效果如图 8.72 所示，单击【确定】按钮。

图 8.70　【基本视图】对话框参数设置

图 8.71　【定向视图工具】对话框参数设置

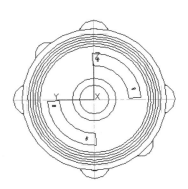

图 8.72　视图操作效果

(5)　在图纸页窗口合适的位置放置视图。如图 8.73 所示。

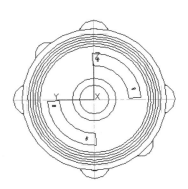

图 8.73　放置视图

步骤 3：创建其他视图

(1)　在工作区单击视图，再选择【插入】|【视图】|【投影视图】菜单命令或单击【图

纸】工具条中的【投影视图】按钮，把产生的新视图放置在原视图的上方。创建投影视图效果如图 8.74 所示。

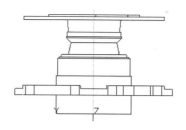

图 8.74 创建投影视图

(2) 单击第(1)步创建的视图，再选择【插入】|【视图】|【剖视图】菜单命令或单击【图纸】工具条中的【剖视图】按钮，捕捉如图 8.75 所示的圆心，再放置剖视图，如图 8.76 所示。

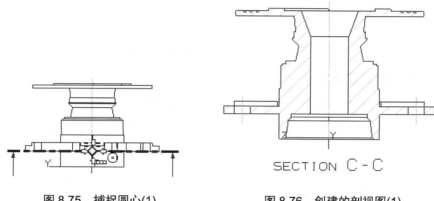

图 8.75 捕捉圆心(1)　　　　　　图 8.76 创建的剖视图(1)

(3) 单击第(1)步创建的视图，再选择【插入】|【视图】|【剖视图】菜单命令或单击【图纸】工具条中的【剖视图】按钮，捕捉如图 8.77 所示的圆心，再放置剖视图，如图 8.78 所示。

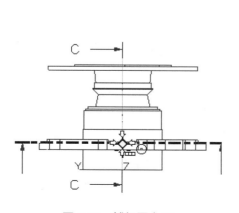
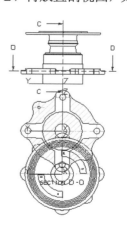

图 8.77 捕捉圆心(2)　　　　　　图 8.78 创建剖视图(2)

(4) 单击第(3)步创建的剖视图，再把它移动到合适的位置。移动剖视图的位置的结果如图 8.79 所示。

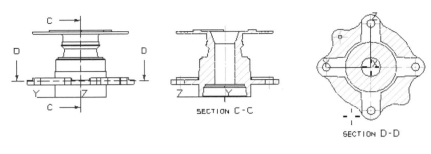

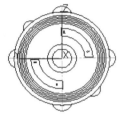

图 8.79　移动剖视图的位置

步骤 4：尺寸标注(竖直尺寸)

(1) 选择【插入】|【尺寸】|【竖直】菜单命令或单击【尺寸】工具条中的【竖直】按钮，捕捉如图 8.80 所示的圆心和端点，再将尺寸放置在合适位置，如图 8.81 所示。

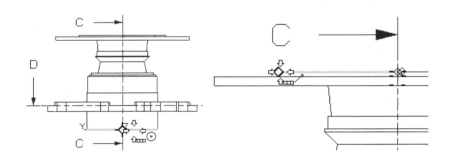

图 8.80　捕捉圆心和端点

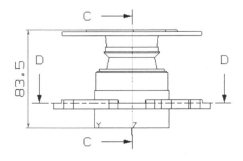

图 8.81　标注竖直尺寸

(2) 分别标注如图 8.82 所示的其他尺寸。

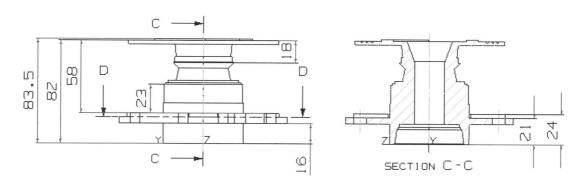

图 8.82　标注其他竖直尺寸

(3) 下面修改尺寸样式.用鼠标右键分别单击图 8.82 所示的 "21" 和 "24" 两个尺寸，在弹出的快捷菜单中选择【样式】命令，打开【尺寸样式】对话框，单击【尺寸】标签，切换到【尺寸】选项卡，在【放置箭头】下拉列表框中选择【手动放置—箭头向内】选项，如图 8.83 所示，单击【应用】按钮。修改尺寸样式后的效果如图 8.84 所示。

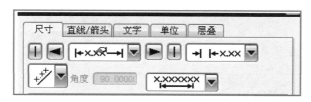

图 8.83　【尺寸样式】对话框参数设置

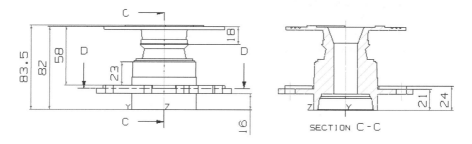

图 8.84　修改尺寸样式后的效果

步骤 5：尺寸标注(水平尺寸)

(1) 选择【插入】|【尺寸】|【水平】菜单命令或单击【尺寸】工具条中的【水平】按钮 ，捕捉如图 8.85 所示的圆心，再将尺寸放置在合适位置。效果如图 8.86 所示。

(2) 分别标注如图 8.87 所示的其他尺寸。

(3) 下面编辑尺寸。如图 8.87 所示的尺寸有两位小数点，如果想改为一位小数，则用鼠标右键单击该尺寸，在弹出的快捷菜单中选择【编辑】命令，打开【编辑尺寸】对话框，在【名义尺寸】下拉列表框中选择【1】选项，如图 8.88 所示。编辑尺寸后的效果如图 8.89 所示，

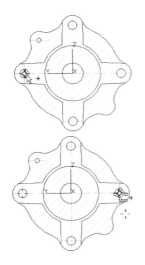

图 8.85　捕捉圆心

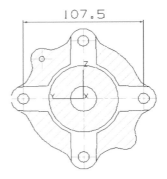

图 8.86　标注水平尺寸

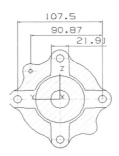

图 8.87　标注其他水平尺寸

图 8.88　【编辑尺寸】对话框参数设置

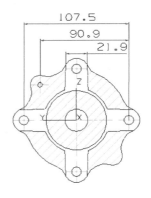

图 8.89　编辑尺寸后的效果

步骤 6：尺寸标注(圆柱形尺寸)

(1) 选择【插入】|【尺寸】|【圆柱形】菜单命令或单击【尺寸】工具条中的【圆柱形】按钮，捕捉如图 8.90 所示的两个中点，再将尺寸放置在合适的位置，标注的圆柱形尺寸效果如图 8.91 所示。

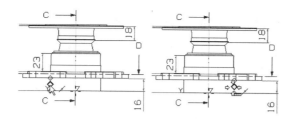

图 8.90　捕捉两个中点

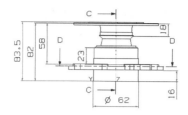

图 8.91　标注的圆柱形尺寸

(2)　单击如图 8.92 所示的圆弧上的点，再将尺寸放置在合适的位置。标注的圆弧尺寸效果如图 8.93 所示。

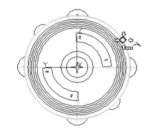

图 8.92　单击圆弧上的点

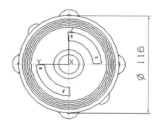

图 8.93　标注的圆弧尺寸

(3)　继续标注其他尺寸，标注的其他尺寸效果如图 8.94 所示。

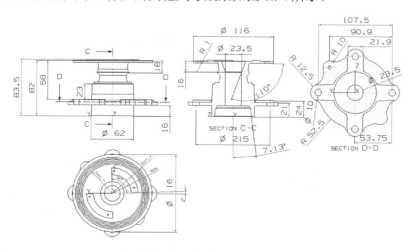

图 8.94　标注的其他尺寸

步骤 7：尺寸标注(形位公差、基准符号和粗糙度)

(1) 选择【插入】│【特征控制框】命令或单击【注释】工具条中的【特征控制框】按钮
，打开【特征控制框】对话框，在【特性】下拉列表框中选择【垂直度】选项，在【框样式】
下拉列表框中选择【单框】选项，在【公差】文本框中输入"0.002"，在【主基准参考】选项
组中选择 A 选项，如图 8.95 所示。在如图 8.96 所示的直线上单击，再向左水平拖动，放置在
合适的位置，创建的特征控制框效果如图 8.97 所示。

图 8.95 【特征控制框】对话框参数设置

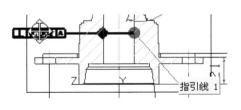

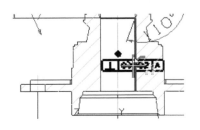

图 8.96 在直线上单击

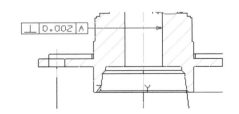

图 8.97 创建的特征控制框

（2）单击【注释】工具条中的【特征控制框】按钮☑，打开【特征控制框】对话框，在【特性】下拉列表框中选择【圆柱度】选项，在【框样式】下拉列表框中选择【单框】选项，在【公差】文本框中输入"0.002"，在【主基准参考】选项组中选择【空】选项，单击【原点工具】按钮Ⓐ，打开【原点工具】对话框，单击如图 8.98 所示的中点位置，再向左水平拖动，放置在合适的位置，创建的第 2 个特征控制框效果如图 8.99 所示。

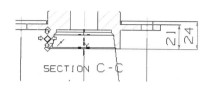

图 8.98　单击中点位置

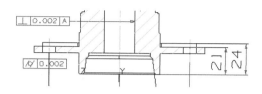

图 8.99　创建的第 2 个特征控制框

（3）单击【注释】工具条【特征控制框】按☑钮，打开【特征控制框】对话框，在【特性】下拉列表框中选择【平行度】选项，在【框样式】下拉列表框中选择【单框】选项，在【公差】文本框中输入"0.002"，在【主基准参考】选项组中选择 A 选项，单击【原点工具】按钮Ⓐ，打开【原点工具】对话框，单击如图 8.100 所示的尺寸界线，再向上垂直拖动，放置在合适的位置，创建的第 3 个特征控制框效果如图 8.101 所示。

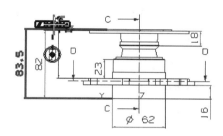

图 8.100　单击尺寸界线

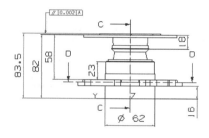

图 8.101　创建的第 3 个特征控制框

（4）选择【插入】|【基准特征符号】菜单命令或单击【注释】工具条中的【基准特征符号】按钮🖐，打开【基准特征符号】对话框，按照默认设置，如图 8.102 所示。在如图 8.103 所示的尺寸界线上单击，向下拖动，放置在合适的位置，创建的基准特征符号如图 8.104 所示。

图 8.102　【基准特征符号】对话框参数设置

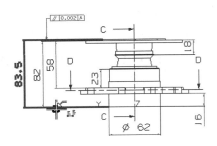

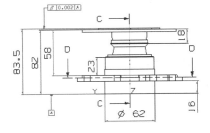

图 8.103　单击尺寸界线　　　　　图 8.104　创建的基准特征符号

（5）选择【插入】|【符号】|【表面粗糙度符号】菜单命令，打开【表面粗糙度符号】对话框，在【图样】中单击【基本符号-需要材料移除】按钮![img]，在 a_1 下拉列表框中选择【1.6】选项，在【符号文本大小】下拉列表框中选择【2.5】选项，在【符号方位】下拉列表框中选择【竖直】选项，其他按照默认设置，单击【在边上创建】按钮![img]，如图 8.105 所示。在如图 8.106 所示的边缘线上单击，再在其下面的空白位置单击，创建的表面粗糙度符号如图 8.107所示。

（6）选择【插入】|【符号】|【表面粗糙度符号】菜单命令，打开【表面粗糙度符号】对话框，在【图样】中单击【基本符号-需要材料移除】按钮![img]，在 a_1 下拉列表框中选择【1.6】选项，在【符号文本大小】下拉列表框中选择【2.5】选项，在【符号方位】下拉列表框中选择【竖直】选项，其他按照默认设置，单击【在延伸线上创建】按钮![img]，在如图 8.108 所示的边缘线上单击，再在其上面的空白位置单击，创建的第 2 个表面粗糙度符号如图 8.109 所示。

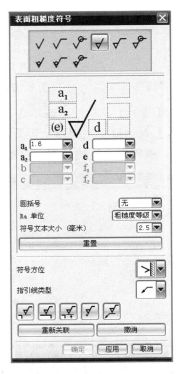

图 8.105　【表面粗糙度符号】对话框参数设置

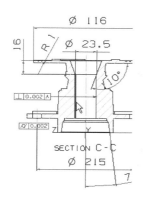

图 8.106 单击边缘线(1)

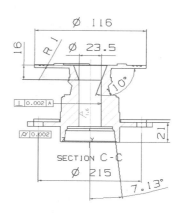

图 8.107 创建表面粗糙度符号

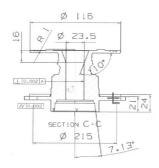

图 8.108 单击边缘线(2)

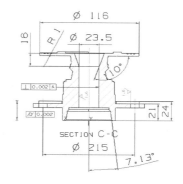

图 8.109 创建第 2 个表面粗糙度符号

步骤 8：创建文字

(1) 选择【插入】|【注释】菜单命令或单击【注释】工具条中的【注释】按钮，打开【注释】对话框，如图 8.110 所示，再单击【设置】选项组中的【样式】按钮。

图 8.110 【注释】对话框

(2) 打开【样式】对话框，在【字符大小】文本框中，输入"6"，在【文字字型】文本框中，输入 chinesef，如图 8.111 所示，单击【确定】按钮。

图 8.111　【样式】对话框参数设置

(3) 展开【注释】对话框中的【文本输入】选项组，输入文字"四孔均布"，如图 8.112 所示。在如图 8.113 所示的位置单击鼠标左键并按住不放，拖动到合适位置释放鼠标左键，输入文字效果如图 8.114 所示。

图 8.112　【注释】对话框中的【文本输入】选项组设置

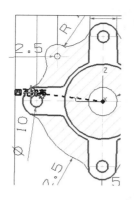

图 8.113　调整输入文字的位置

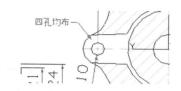

图 8.114　输入文字效果

(4)　再输入文字"未标注的表面粗糙度为 3.2"，直接在需要放置的位置单击左键，效果如图 8.115 所示。

(5)　选择【编辑】|【注释】|【注释对象】菜单命令或单击【制图编辑】工具条中的【编辑注释】按钮，打开【注释】对话框，选择需要编辑的注释，可以修改文字内容，也可以编辑引导线的位置，捕捉如图 8.116 所示的圆心，引导线就指向圆心。

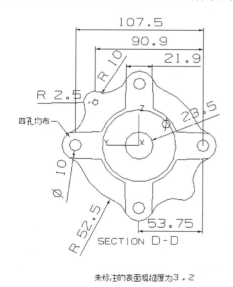

图 8.115　再输入的文字效果

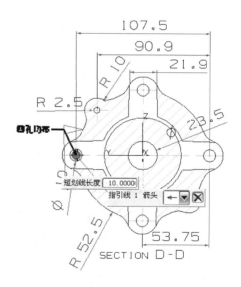

图 8.116　编辑注释

步骤 9：创建实用符号

(1)　选择【插入】|【中心线】|【螺栓圆】菜单命令或单击【中心线】工具条中的【螺栓圆中心线】按钮，打开【螺栓圆中心线】对话框，如图 8.117 所示。

(2)　捕捉如图 8.118 所示的 3 个孔的圆心，单击【确定】按钮。创建的螺栓圆中心线如图 8.119 所示。

图 8.117　【螺栓圆中心线】对话框

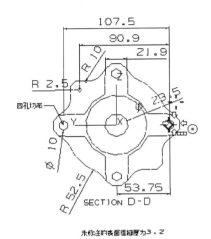

图 8.118　捕捉 3 个孔的圆心

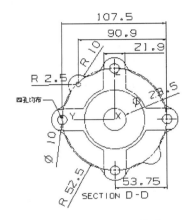

图 8.119　创建的螺栓圆中心线

步骤 10：添加局部放大图

(1) 选择【插入】|【视图】|【局部放大图】菜单命令或单击【图纸】工具条中的【局部放大图】按钮 ，打开【局部放大图】对话框，如图 8.120 所示。

(2) 在【类型】下拉列表框中选择【圆形】选项，单击如图 8.121 所示的中点，在【刻度尺】下拉列表框中选择【5：1】选项，选择并拖动虚线圆弧，调整其大小，如图 8.122 所示，把局部放大图放置在合适的位置，创建的局部放大图效果如图 8.123 所示。

步骤 11：创建正等测视图

(1) 选择【插入】|【视图】|【基本视图】菜单命令或单击【图纸】工具条中的【基本视图】按钮 ，打开【基本视图】对话框，如图 8.124 所示。

图 8.120　【局部放大图】对话框

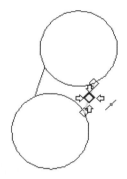

图 8.121　单击中点

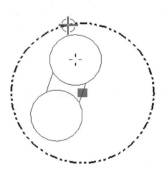

图 8.122　拖动圆弧大小

图 8.123　创建的局部放大图

图 8.124　【基本视图】对话框

(2) 在 Model View to Use 下拉列表框中选择 TFR-ISO 选项，放置视图到合适的位置，创建的正等测视图如图 8.125 所示。

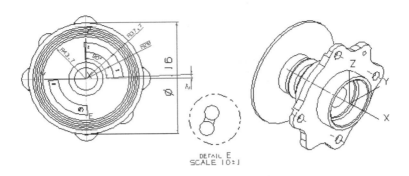

图 8.125　创建的正等测视图

步骤 12：插入图像

(1) 返回的建模模块，把零件修改为比较鲜艳的颜色显示。

(2) 选择【文件】|【导出】| JPEG 菜单命令，打开【JPEG 图像文件】对话框，如图 8.126 所示。

图 8.126　【JPEG 图像文件】对话框

(3) 单击【浏览】按钮，改变图像存储路径，也可以在对话框中修改图像的名称，如果直接单击【确定】或者【应用】按钮，图像的大小是整个 NX 的窗口大小，可以在图像旁边拖动一个矩形来确定图像的大小，插入的图像效果如图 8.127 所示。

图 8.127　插入的图像

(4) 再次进入制图模块。

(5) 选择【插入】|【图像】菜单命令或单击【注释】工具条中的【图像】按钮，打开

【打开图像】对话框，如图 8.128 所示。

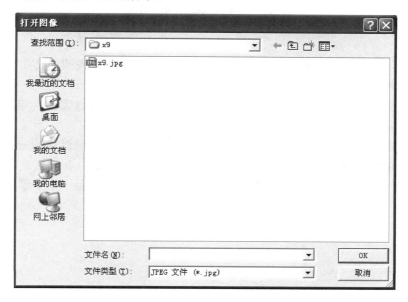

图 8.128　【打开图像】对话框

(6)　找到第(3)步图像存储路径，单击图像文件名，再单击 OK 按钮，拖动图像旁边的四个绿色小方块改变图像的大小，拖动 X 轴和 Y 轴改变图像的位置，如图 8.129 所示。把图像放置在合适位置，在空白处单击鼠标右键，在弹出的快捷菜单中选择【确定】命令，如图 8.130 所示。

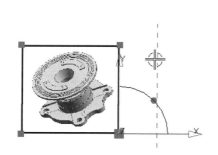

图 8.129　改变图像的大小和位置

图 8.130　【图纸图像】快捷菜单

(7)　这样，这个范例就制作完成了，其最终效果如图 8.66 所示。

8.6　本　章　小　结

　　本章讲解了工程图设计基础，它包括图纸页的管理、生成各种视图、尺寸和注释的标注以及表格和零件明细表的管理等。在这些内容中，生成各种视图是制图的重点，在设计范例中用到了基本视图、正等测视图和旋转剖视图，用户可以根据自己的设计需要，增加其他的视图，如半剖视图、局部放大图、展开图和断开视图等。

　　尺寸和注释标注样式的设置也要根据自己的设计需要来修改系统默认的一些参数。插入表格和零件明细表的操作相对来说比较简单，但是用户需要注意的是，在输入文本信息时，应该从注释表格的最下端开始输入零件的文本信息，这样如果在输入遗漏了某个零件，可以方便地添加到表格的最上方，而不用修改其他的零件文本信息。

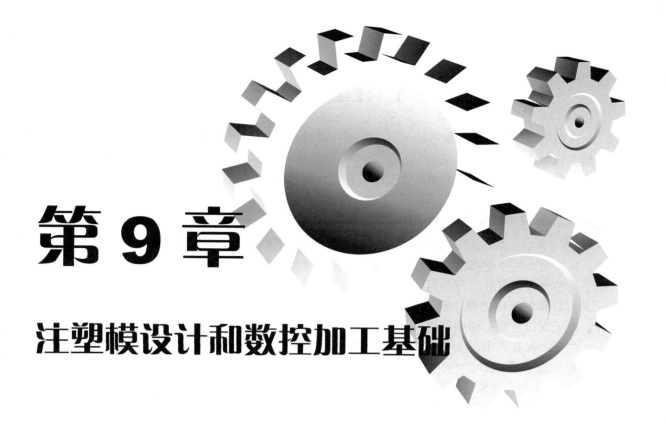

第9章

注塑模设计和数控加工基础

UG NX 6.0 提供了塑料注塑模具、铝镁合金压铸模具、钣金冲压模具等模具设计模块，由于塑料注塑模具设计模块(Mouldwizard)涵盖了其他模具设计模块的流程和功能，所以本章主要介绍塑料注塑模具建模的一般流程和 UG NX 6.0 模具向导模块(Mouldwizard)的主要功能，并介绍使用 UG NX 6.0 模具向导模块(Mouldwizard)进行模具设计时，如何通过过程自动化、参数全相关技术快速建立模具型芯、型腔、滑块、镶件和模架等模具零件三维实体模型。

本章还将主要介绍 UG NX 6.0 数控加工的基础知识和加工过程的操作方法。当用户完成一个零件的模型创建后，就需要加工生成这个零件，如车加工、磨加工、铣加工、钻孔加工和线切割加工等。UG NX 6.0 为用户提供了数控编程功能模块，可以满足用户的各种加工要求并生成数控加工程序。数控编程功能模块可以供用户交互式编制数控程序，处理车加工、磨加工、铣加工、钻孔加工和线切割加工等的刀具轨迹。

9.1 注塑模设计基础

注塑模向导是一个非常好的工具，它使模具设计中耗时、烦琐的操作变得更精确、便捷，使模具设计完成后的产品更改自动更新相应的模具零件，极大地提高了模具设计师的工作效率。在介绍之前，首先来介绍一下 UG 模具设计的术语。

9.1.1 UG 模具设计概述

NX 6.0 MoldWizard 是运行在 NX 6.0 软件基础上的一个智能化、参数化的注塑模具设计模块。该模块专注于注塑模设计过程的简单化和自动化，是一个功能强大的注塑模具软件。它提供了对整个模具设计过程的向导，使从零件的装载、布局、分型、模架的设计、浇注系统的设计到模具系统制图的整个设计过程非常直观快捷，使模具设计人员专注于零件特点相关的设计，而无需过分操心烦琐的模式化设计过程。

注塑产品在汽车、日用消费品、电子和医疗工业中占据着重要的地位。NX 6.0 MoldWizard 是针对注塑模具设计的一个应用过程，型腔和模架库的设计都统一到整个过程中。NX 6.0 MoldWizard 为设计模具的型腔、型芯、滑块、提升装置和嵌件提供高级建模工具，最终快速、方便地建立与产品参数相关的三维实体模型，并将之用于加工。

NX 6.0 MoldWizard 是用全参数的方法自动处理在模具设计过程中耗时且难做的部分，并且产品参数的改变将会反馈回模具设计，NX 6.0 MoldWizard 会自动更新所有相关的模具部件。

NX 6.0 MoldWizard 的模架库及其标准件库包含有参数化的模架装配结构和模具标准件，其中模具标准件包含滑块和内抽芯，可用参数控制所选用的标准件在模具中的位置，NX 6.0 MoldWizard 与 NX 6.0 Wave 和 NX 主模型的强大技术组合在一起设计模具。模具设计参数预置功能允许用户按照自己的标准设置系统变量，比如颜色、层、路径以及初始公差等。

9.1.2 UG 模具设计术语

UG 的模具设计过程使用了很多术语描述设计步骤，这些是模具设计所独有的，熟练掌握这些术语，对理解 UG 模具设计有很大的帮助，下面将分别说明。

- 设计模型：模具设计必须有一个设计模型，也就是模具将要制造的产品原型。设计模型决定了模具型腔形状，成型过程是否要利用砂芯，销，镶块等模具元件，以及浇注系统，冷却水线系统的布置。
- 参照模型：是设计模型在模具模型的映像，如果在零件设计模块中编辑更改了设计模型，那么包含在模具模型的参照模型也将发生相应的变化，然而在模具模型中对参照模型进行了编辑，修改了其特征，则影响不到设计模型。
- 工件：表示直接参与熔料(如顶部和底部嵌入物成型)的模具元件的总体积，使用分型面分割工件，可以得到型腔、型芯等元件，工件的体积应当包围所有参考模型、模穴、浇口、流道和模口等。
- 分型面：分型面由一个或多个曲面特征组成，可以分割工件或者已存在的模具体积块。分型面在 UG 模具设计中占据着重要和最为关键的地位,应当合理地选择分型面的位置。

- 收缩率：注塑件从模具中取出冷却至室温后尺寸缩小变化的特性称为收缩性，衡量塑件收缩程度大小的参数称为收缩率。对高精度塑件，必须考虑收缩给塑件尺寸形状带来的误差。
- 拔模斜度：塑料冷却后会产生收缩，使塑料制件紧紧地包住模具型芯或型腔突出部分，造成脱模困难，为了便于塑料制件从模具取出或是从塑料制件中抽出型芯，防止塑料制件与模具成型表面粘附，从而防止塑件制件表面被划伤、擦毛等问题的产生，塑料制件的内、外表面沿脱模方向都应该有倾斜的角度，即脱模斜度，又称为拔模斜度。

9.1.3　注塑模设计界面介绍

打开 UG NX 6.0 后，单击【开始】按钮，在其下拉菜单中选择【所有应用模块】|【注塑模向导】命令，进入注塑模向导应用模块，如图 9.1 所示。

图 9.1　选择模具向导应用模块(Mouldwizard)

此时将打开【注塑模向导】工具条，如图 9.2 所示。工具条中的按钮下方即为该按钮的功能名称，各按钮功能简述如下。

图 9.2　【注塑模向导】工具条

- 初始化项目 ：用来载入需要进行模具设计的产品零件，载入零件后，系统将生成用于存放布局、型腔和型芯等一系列文件。所有用于模具设计的产品三维实体模型都是通过单击该按钮进行产品装载的，设计师要在一副模具中放置多个产品需要多次单击该按钮。

- 多腔模设计 ：在一个模具里可以生成多个塑料制品的型芯和型腔。单击该按钮，选择模具设计当前产品模型，只有被选作当前产品才能对其进行模坯设计和分模等操作；需要删除已装载产品时，也可单击该按钮进入产品删除界面。

- 模具 CSYS （又称坐标系统）：该功能用来设置模具坐标系统，模具坐标系统主要用来设定分模面和拔模方向，并提供默认定位功能。在 UG NX 6.0 的注塑模向导系统中，坐标系统的 XC-YC 平面定义在模具动模和定模的接触面上，模具坐标系统的 ZC 轴正方向指向塑料熔体注入模具主流道的方向上。模具坐标系统设计是模具设计中相当重要的一步，模具坐标系统与产品模型的相对位置决定了产品模型在模具中的放置位置和模具结构，是模具设计成败的关键。

- 收缩率 ：单击该按钮，设定产品收缩率，来补偿金属模具模腔与塑料熔体的热胀冷缩差异，UG NX 6.0 注塑模向导按设定的收缩率，对产品三维实体模型进行放大并生成一名为缩放体 shrink part 的三维实体模型，后续的分型线选择、补破孔、提取区域和分型面设计等分模操作均以此模型为基础进行操作。

- 工件 （又称作模具模坯）：单击该按钮设计模具模坯，UG NX 6.0 注塑模向导自动识别产品外形尺寸并预定义模坯的外形尺寸，其默认值在模具坐标系统 6 个方向上比产品外形尺寸大 25mm。

- 型腔布局 ：单击该按钮设计模具型腔布局，注塑模向导模具坐标系统定义的是产品三维实体模型在模具中的位置，但它不能确定型腔在 XC-YC 平面中的分布。注塑模向导模块提供该按钮设计模具型腔布局，系统提供了矩形排列和圆形排列两种模具型腔排布方式。

- 注塑模工具 ：单击该按钮使用注塑模向导【注塑模工具】工具条，使用 UG NX 6.0 注塑模向导提供的实体工具和片体工具，可以快速、准确地对分模体进行实体修补、片体修补和实体分割等操作。

- 分型 （又称作分模）：单击该按钮打开注塑模向导【分型管理器】对话框，利用注塑模向导提供的分型功能，可以顺利完成提取区域、自动补孔、自动搜索分型线、创建分型面以及自动生成模具型芯、型腔等操作，方便、快捷、准确的完成模具分模工作。

- 模架 ：模架是用来安放和固定模具的安装架，并把模具系统固定在注塑机上。单击该按钮调用 UG NX 6.0 注塑模向导提供的电子表格驱动标准模架库，模具设计师也可在此定制非标模架。

- 标准件 ：单击该按钮调用 UG NX 6.0 注塑模向导提供的定位环、主流道衬套、导柱导套、顶杆和复位杆等模具标准件。

- 顶杆后处理 ：单击该按钮利用分型面和分模体提取区域对模具推杆进行修剪，使模具推杆长度尺寸和头部形状均符合要求。

- 滑块和浮升销 ：单击该按钮调用 UG NX 6.0 注塑模向导提供的滑块体、内抽芯三维实体模型。

- 子镶块库 ⬆：单击该按钮对模具子镶块进行设计。子镶块的设计是对模具型腔、型芯的进一步细化设计。
- 浇口 ⬛：单击该按钮对模具浇口的大小、位置和浇口形式进行设计。
- 流道 ⬛：单击该按钮对模具流道的大小、位置和排布形式进行设计。
- 冷却 ⬛：单击该按钮对模具冷却水道的大小、位置和排布形式进行设计，同时可按设计师设计意图在此选用模具冷却水系统用密封圈、堵头等模具标件。
- 电极 ⬛：单击该按钮对模具型腔或型芯上形状复杂、难于加工的区域设计加工电极。UG NX 6.0 注塑模向导提供了两种电极设计方式：标准件方式和包裹体方式。
- 修剪模具组件 ⬛：单击该按钮利用模具零件三维实体模型或分型面、提取区域对模具进行修剪，使模具标件长度尺寸和形状均符合要求。
- 腔体 ⬛：单击该按钮对模具三维实体零件进行建腔操作。建腔即是利用模具标准件、镶块外形对目标零件型腔、型芯、模板进行挖孔、打洞，为模具标准件、镶块安装制造空间。
- 物料清单 ⬛：单击该按钮对模具零部件进行统计汇总，生成模具零部件汇总的物料清单。
- 装配图纸 ⬛：单击该按钮进行模具零部件二维平面出图操作。
- 铸造工艺助理 ⬛：打开铸模【工艺助理】工具条，根据实际的产品零件选择不同的分型面方式，选择不同的方向按钮，根据系统的提示逐步的产品进行模具设计。
- 视图管理器 ⬛：打开【视图管理器浏览器】窗口，显示了所设计模具的电极、冷却系统和固定不见等构件的显示状态和属性，以便于模具的设计。
- 删除文件 ⬛：指将所设计模具的部分后者全部不合理的部分删除。

9.2　注塑模设计过程

注塑模向导模块借助了 UG 的全部功能，是一个功能强大的注塑模软件，下面介绍它的基本操作方法。

9.2.1　模具设计项目初始化

设计项目初始化是使用注塑模向导模块进行设计的第一步，将自动产生组成模具必需的标准元素，并生成默认装配结构的一组零件图文件。

首先讲解模具设计项目初始化的方法，具体操作如下。

(1) 单击【注塑模向导】工具条中的【初始化项目】按钮 ⬛，打开如图 9.3 所示的【打开】对话框，从对话框中选择一个产品文件名,将该产品的三维实体模型加载到模具装配结构中。

(2) 单击 OK 按钮，接受所选产品文件名后，打开如图 9.4 所示的【初始化项目】对话框。

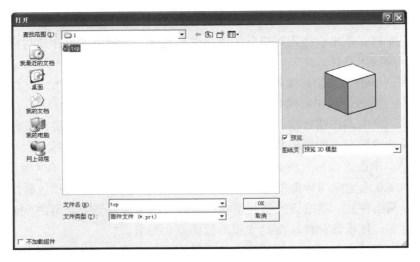

图 9.3 【打开】对话框

图 9.4 【初始化项目】对话框

9.2.2 选取当前产品模型

单击【多腔模设计】按钮 ，选取当前产品模型，打开如图 9.5 所示的【多腔模设计】对话框，如果系统中只有一个产品模型时，系统则显示"只有一个产品模型"的【消息】窗口，如图 9.6 所示。

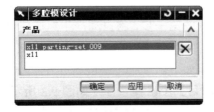

图 9.5 【多腔模设计】对话框

图 9.6 【消息】窗口

选择产品后，若单击【确定】按钮，所选产品成为当前产品，系统关闭对话框；若单击【移除】按钮，所选产品将从系统中移除，系统关闭对话框。

9.2.3　设定模具坐标系统

注塑模向导模块规定 XC-YC 平面是模具装配的主分型面，坐标原点位于模架的动定模接触面的中心，正 ZC 方向为顶出方向。因此定义模具坐标系必须考虑产品形状。

模具坐标系功能是把当前产品装配体的工作坐标系原点平移到模具绝对坐标系原点上，使绝对坐标原点在分模面上。

下面来介绍设定模具坐标系统的方法。

(1)　调整分模体坐标系，使分模体坐标系统的轴平面定义在模具动模和定模的接触面上，分模体坐标系统的另一轴正方向指向塑料熔体注入模具的主流道方向。

(2)　单击【模具 CSYS】按钮，打开如图 9.7 所示的【模具 CSYS】对话框。

图 9.7　【模具 CSYS】对话框

当选中【产品体中心】单选按钮时，模具坐标系统原点将移至分模体重心处，X 轴和 Y 轴分别与分模体的 X 轴和 Y 轴方向一致；当选中【选定面的中心】单选按钮时，模具坐标系统原点将移至所选面的中心位置处，X 轴和 Y 轴分别与分模体的 X 轴和 Y 轴方向一致。

9.2.4　更改产品收缩率

塑料受热膨胀，遇冷收缩，因而采用热加工方法制得的制件，冷却定型后其尺寸一般小于相应部件的模具尺寸，所以在设计模具时，必须把塑件的收缩量补偿到模具的相应尺寸中去，这样才可以得到符合尺寸要求的塑件。

单击【收缩率】按钮，以更改产品收缩率，打开如图 9.8 所示的【缩放体】对话框，系统提供三种设定产品收缩方式的工具，下面来分别介绍一下。

第一种：均匀方式，如图 9.8 所示，该方式设定产品在坐标系的三个方向上的收缩率是相同的。

图 9.8　【缩放体】对话框

图 9.9　选择【轴对称】类型的【缩放体】对话框

第二种：轴对称方式，在【类型】下拉列表框中选择【轴对称】选项，打开如图 9.9 所示的轴对称收缩方式【缩放体】对话框，该方式可设定产品在坐标系指定方向上的收缩率与产品其他方向上的收缩率是不同的。

第三种：常规方式，在【类型】下拉列表框中选择【常规】选项，打开如图 9.10 所示的常规收缩方式【缩放体】对话框，该方式可设定产品在坐标系三个方向上的收缩率均是不相同的。

图 9.10　选择【常规】类型的【缩放体】对话框

9.2.5　工件设计

注塑模向导中的工件是用来生成模具型腔和型芯的毛坯实体，所以毛坯的外形尺寸要在零件外形尺寸的基础上各方向都增加一部分的尺寸。

单击【工件】按钮 ◈ 进入工件设计，打开如图 9.11 所示的【工件】对话框，系统提供了四种模坯设计方式。

1. 用户定义的块

在【工件】对话框的【工件方法】下拉列表框中选择【用户定义的块】选项，在【尺寸】选项组【限制】选项的【开始】和【结束】文本框中输入模坯的外形尺寸，单击【确定】按钮即可设计出型腔、型芯外形尺寸一样大小的标准长方体模坯。

2. 型腔-型芯

打开【工件】对话框，在【工件方法】下拉列表框中选择【型腔-型芯】选项，打开的【工件】对话框如图 9.12 所示，系统要求选择一个三维实体模型作为型腔-型芯的模坯，若系统中有适用的模型，可选取作为型腔和型芯的模坯。设计完成后选取设计三维实体模型作为型腔型芯模坯。

3. 仅型腔

打开【工件尺寸】对话框，在【工件方法】下拉列表框中选择【仅型腔】选项，打开如图 9.13 所示的【工件】对话框，系统要求选择一个三维实体模型作为型腔的模坯，若系统中有适用的模型，可选取作为型腔的模坯；否则单击【工件库】按钮设计适合的型腔的模坯。设计完成后选取设计三维实体模型作为型腔模坯。

图 9.11　选择【用户定义的块】工件
方法的【工件】对话框

图 9.12　选择【型腔-型芯】工件
方法的【工件】对话框

4. 仅型芯

打开【工件】对话框，在【工件方法】下拉列表框中选择【仅型芯】对话框和【工件】对话框如图 9.14 所示，系统要求选择一个三维实体模型作为型芯的模坯，若系统中有适用的模型，可选取作为型芯的模坯；否则单击【工件库】按钮设计适合的型芯的模坯。设计完成后选取设计三维实体模型作为型芯模坯。

图 9.13　选择【仅型腔】工件方法的
【工件】对话框

图 9.14　选择【仅型芯】工件方法的
【工件】对话框

9.2.6 型腔布局

模具坐标系可以定义模腔的方向和分型面的位置，但不能确定模腔在 X-Y 平面中的分布。型腔布局的功能是确定模具中型腔的个数和型腔在模具中的排列。

单击【型腔布局】按钮□进入型腔布局设计，打开如图 9.15 所示的【型腔布局】对话框，系统提供两种型腔布局方式：矩形和圆形，在矩形型腔布局方式下面有平衡和线性两类模腔布置形式，在圆形型腔布局方式下面有径向和恒定两类模腔布局形式。

(1) 矩形平衡布局方式的【型腔布局】对话框，如图 9.15 所示。

图 9.15 矩形平衡布局方式的【型腔布局】对话框

(2) 矩形线性布局的【型腔布局】对话框，如图 9.16 所示。

(3) 圆形径向布局的【型腔布局】对话框，如图 9.17 所示。

图 9.16 矩形线性布局的【型腔布局】对话框　　图 9.17 圆形径向布局的【型腔布局】对话框

(4) 圆形恒定布局的【型腔布局】对话框，如图 9.18 所示。

图 9.18　圆形恒定布局的【型腔布局】对话框

9.2.7　产品分型准备

在介绍产品分型之前，首先要介绍两个重要的概念。

产品内部或周边完全贯穿的孔叫破孔，模具设计时，要将模坯分断开来，需要用厚度为零的片体将这种孔封闭起来，这些将破孔封闭的片体我们把它称作补面片体。我们将分模面、提取的分型体表面和补面片体缝合成的体称为分模片体，该片体厚度为零，横贯模坯，可将模坯完全分割成两个实体。创建分模片体并将模坯分割成型腔和型芯的过程叫分模。

UG NX 6.0 注塑模向导为分型准备工作提供了一套完整的工具，单击【注塑模工具】按钮 ✂，打开如图 9.19 所示的【注塑模工具】工具条，各按钮的名称如图 9.19 所示。

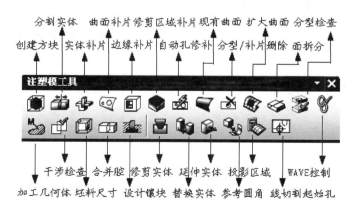

图 9.19　【注塑模工具】工具条

下面简单说明各按钮使用方法和功能。

(1) 单击【创建方块】按钮 ▣，打开如图 9.20 所示的【创建方块】对话框，可以设置所创建实体超过所选面外形尺寸的值。

图 9.20 【创建方块】对话框

(2) 单击【分割实体】按钮，打开如图 9.21 所示的【分割实体】对话框，可以选择并对实体进行分割。

图 9.21 【分割实体】对话框

图 9.22 【实体补片】对话框

(3) 单击【实体补片】按钮，打开如图 9.22 所示的【实体补片】对话框，并提示选择目标物体，选择后可以进行补片操作。

(4) 单击【自动孔修补】按钮，打开【自动孔修补】对话框，如图 9.23 所示，使用其中的参数设置和按钮，可以查找内部所有修补环并修补产品中的所有贯通孔。

图 9.23 【自动孔修补】对话框

图 9.24 【分型检查】对话框

(5) 单击【分型检查】按钮，打开【分型检查】对话框，如图 9.24 所示，设置后可以检查状态并在产品部件和模具之间映射面颜色。

9.2.8 产品分型

分型是基于塑料产品模型对毛坯工件进行加工分模，进而创建型芯和型腔的过程。分型功能所提供的工具有助于快速实现分模及保持产品与型芯和型腔关联。

(1) 在设置好分型准备之后，下面就来进行产品的分型工作。单击【分型】按钮，打开如图 9.25 所示的【分型管理器】对话框。在其中可以实现以下几种设计。

- 创建分型线，自动识别产品的最大轮廓线。
- 创建分型线到工件外沿之间的片体。
- 创建修补简单开放孔的片体。
- 识别产品的型腔面和型芯面。
- 创建模具的型芯和型腔。
- 编辑分型线，重新设计模具。

(2) 单击【分型管理器】对话框中的【设计区域】按钮，进入分模设计(即 MPV 分模对象验证)，打开图 9.26 所示的【MPV 初始化】对话框，并提示选取产品和指定脱模方向。

图 9.25 【分型管理器】对话框

图 9.26 【MPV 初始化】对话框

(3) 单击【确定】按钮，打开【塑模部件验证】对话框。在【塑模部件验证】对话框中单击【面】标签，切换到【面】选项卡，如图 9.27 所示。

(4) 在【塑模部件验证】对话框中单击【区域】标签，切换到【区域】选项卡，如图 9.28 所示。

图 9.27 【塑模部件验证】对话框中的【面】选项卡

图 9.28 【区域】选项卡

(5) 单击【分型管理器】对话框中的【抽取区域和分型线】按钮 提取分模区域和分型线，打开如图 9.29 所示的【定义区域】对话框，在【定义区域】对话框中有创建新区域、选择区域面、搜索区域三个按钮。选择抽取区域的面后可以单击【确定】按钮。

(6) 单击【分型管理器】对话框中的【创建/删除曲面补片】按钮 可以创建删除补面曲面，打开如图 9.30 所示的【自动孔修补】对话框，单击【自动修补】按钮就修补好了破孔。

图 9.29 【定义区域】对话框

图 9.30 【自动孔修补】对话框

(7) 单击【分型管理器】对话框中的【编辑分型线】按钮 ，打开【分型线】对话框，如图 9.31 所示设置参数，单击【确定】按钮退出对话框。

(8) 单击【分型管理器】对话框中的【引导线设计】按钮 ，打开【引导线设计】对话框，如图 9.32 所示设置参数后，单击【确定】按钮退出对话框。

图 9.31　【分型线】对话框

图 9.32　【引导线设计】对话框

　　(9)　单击【分型管理器】对话框中的【创建/编辑分型面】按钮 ，打开如图 9.33 所示的【创建分型面】对话框，在其中可以创建和编辑分型面。

　　(10) 单击【创建分型面】按钮，打开如图 9.34 所示的【分型面】对话框，可以选择分型面的曲面类型，单击【确定】按钮即可创建分型面。

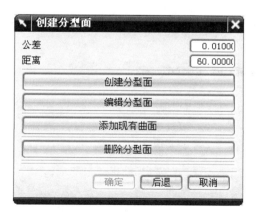

图 9.33　【创建分型面】对话框

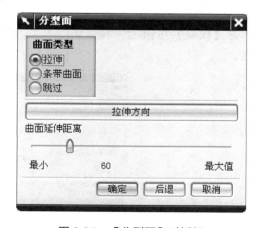

图 9.34　【分型面】对话框

　　(11) 单击【分型管理器】对话框中的【创建型腔和型芯】按钮 ，打开图 9.35 所示的【定义型腔和型芯】对话框，在【选择片体】选项组的【区域名称】列表框中选择 All Regiens，系统自动运行片刻，结果是产品自动分型完成。

　　在分型中，还可以将分型/补片片体备份下来，方法是单击【分型管理器】对话框中的【备份分型/补片片体】按钮 ，打开【备份分型对象】对话框，如图 9.36 所示进行设置即可。

图 9.35 【定义型腔和型芯】对话框

图 9.36 【备份分型对象】对话框

9.2.9 模架库设置

模架是实现型芯和型腔的装夹、顶出和分离的机构，其结构、形状和尺寸都已标准化和系列化，也可对模架库进行扩展以满足特殊需要。

下面介绍一下常用的模架库的使用方法。

1. 可以实现的功能

单击【模架】按钮 ，打开如图 9.37 所示的【模架管理】对话框。该对话框可以实现以下功能。

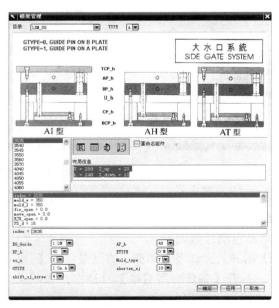

图 9.37 【模架管理】对话框

- 登记模架模型到注塑模向导的库中。
- 登记模架数据文件来控制模架的配置和尺寸。
- 复制模架模型到注塑模向导工程中。
- 编辑模架的配置和尺寸。
- 移除模架。

2．下面简单说明模架库的使用方法

(1) 在【目录】下拉列表中可以选择模架制造商。

(2) 在【类型】下拉列表中可以选择模架类型。

(3) 可以编辑模架板的厚度。

(4) 如果加入模架不好，可以单击【模具管理】对话框中的【旋转模架】按钮，使模架旋转 90°(型腔和型芯位置不变)。

(5) 单击【模具管理】对话框中的【应用】按钮，就可以在视图窗口中加入模架。

9.2.10 标准件管理

注塑模向导模块将模具中经常使用的标准组件(如螺钉、顶杆、浇口套等标准件)组成标准件库，用来进行标准件管理安装和配置。也可以自定义标准件库来匹配公司的标准件设计，并扩展到库中以包含所有的组件或装配。

(1) 单击【标准件】按钮 添加模具标准件，打开如图 9.38 所示的【标准件管理】对话框。在对话框中提供了以下功能

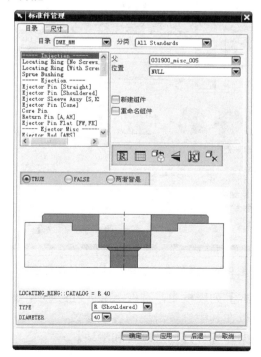

图 9.38 【标准件管理】对话框

- 组织和显示目录和组件的选择的库登记系统。
- 复制、重命名及添加组件到模具装配中的安装功能。
- 确定组件在模具装配的方向、位置或匹配标准件的功能。
- 允许选项驱动的参数选择的数据库驱动配置系统。
- 组件移除。
- 定义部件列表数据和组件识别的部件属性功能。
- 链接组件和模架之间参数的表达式系统。

(2) 如果在【标准件形式】列表框中选取 Ejection 选项，可以从【标准件形式】列表框中选取 Ejector Pin(Straight)选项。此时就变成如图 9.39 所示的【标准件管理】对话框，可以在其中设置顶杆的各项参数。

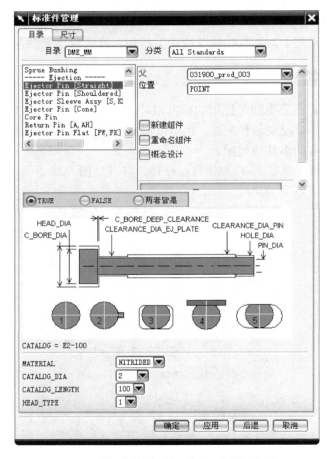

图 9.39 【标准件管理】对话框的顶杆设置

(3) 如果从【标准件行式】列表框中，选取 Angle Pin 选项，此时就变成如图 9.40 所示的【标准件管理】对话框，可以在其中设置滑块的各项参数。

这样就能最终设置好模架和标件，以及顶杆和滑块。

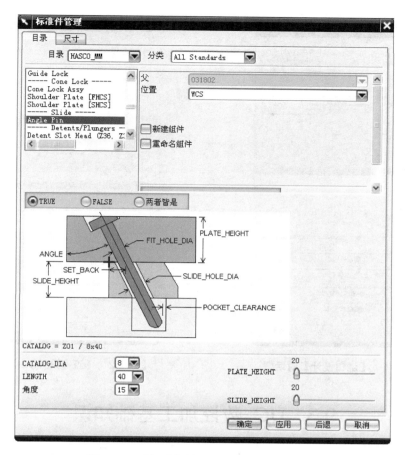

图 9.40 【标准件管理】对话框的滑块设置

9.2.11 其他

下面就可以进行建腔工作了，并设计出浇口和流道等。

1. 浇口

浇口是上模底部开的一个进料口，目的在于将熔融的塑料注入型腔，使其成型。

在【注塑模向导】工具条中单击【浇口】按钮，打开如图 9.41 所示的【浇口设计】对话框。

2. 流道

流道是熔融塑料通过注塑机进入浇口和型腔前的流动通道。

在【注塑模向导】工具条中单击【流道】按钮，打开如图 9.42 所示的【流道设计】对话框。在其中设置完成这些功能后，就完成了模具的最终设计。

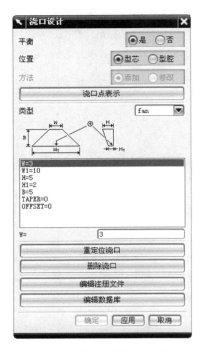

图 9.41 【浇口设计】对话框

图 9.42 【流道设计】对话框

9.3 UG 数控加工基础知识

下面在学习 UG 数控加工基础知识前，先来了解一下加工类型、数控的术语及其定义，使读者对 UG CAM 有一个基本的认识，并了解 UG CAM 加工的基本流程，以方便后面的讲解。

9.3.1 UG CAM 概述

众所周知，UG 是当今世界上最先进的高端 CAD/CAE/ CAM/CAID 软件之一，其各大功能高度集成。UG CAM 是 UG 软件的计算机辅助制造模块，与 UG CAD 模块紧密集成在一起。一方面，UG CAM 模块功能强大，可以实现对复杂零件和特殊零件的加工；另一方面，对用户而言，UG CAM 又是一个易于使用的编程工具。因此，UG CAM 是相关企业和工程师的首选，特别是已经把 UG CAD 当作设计工具的企业，更加把 UG CAM 作为最佳的编程工具。

UG CAM 和 UG CAD 之间紧密地集成，所以 UG CAM 直接利用 UG CAD 创建的模型进行加工编程。UG CAM 生成的 CAM 数据与模型有关，如果模型被修改，CAM 数据会自动更新，以适应模型的变化，免去了重新编程的工作，大大提高了工作效率。

总之，UG CAM 系统可以提供全面的、易于使用的功能，以解决数控刀轨的生成、加工仿真和加工验证等问题。

9.3.2 UG CAM 加工类型

UG CAM 加工编程可分成数控孔加工、数控铣、数控车和数控电火花线切割等。

1. 数控孔加工

数控孔加工可分为点位加工和基于特征的孔加工两种。点位加工用来创建钻孔、扩孔、镗孔和攻丝等刀具路径。基于特征的孔加工通过自动判断孔的设计特征信息，自动地对孔进行选取和加工，这就大大缩短了刀轨的生成时间，并使孔加工的流程标准化。

2. 数控车加工

车削加工可以面向二维部件轮廓或者是完整的三维实体模型编程。它用来加工轴类和回转体零件，包括粗车、多步骤精车、预钻孔、攻螺纹和镗孔等程序。程序员可以规定，诸如进给速度、主轴转速和部件间隙等参数。车削可以由 A、B 轴控制。UG 有很大的机动性，允许在 XY 或者 ZX 的环境中进行卧式、立式或者倒立方向的编程。

3. 铣削加工

在铣削加工中，有多种铣削分类方法。根据加工表面形状可分成平面铣和轮廓铣；根据加工过程中机床主轴轴线方向相对于工件是否可以改变，分为固定轴铣和变轴铣。固定轴铣又分成平面铣、型腔铣和固定轮廓铣；变轴铣可分成可变轮廓铣和顺序铣。

1) 平面铣

平面铣用于平面轮廓或平面区域的粗精加工。刀具平行于工件底面进行多层切削，分层面与刀轴垂直，被加工部件的侧壁与分层面垂直。平面铣加工区域根据边界定义，切除各边界投影到底面之间的材料，但不能加工底面以及侧壁上不垂直的部位。

2) 型腔铣

型腔铣用于粗加工型腔轮廓或区域。根据型腔形状，将准备的切除部位在深度方向上分成多个切削层进行切削，每层切削深度可以不相同。切削时刀轴与切削层平面垂直。型腔铣可用边界、平面、曲线和实体定义要切除的材料(底面可以是曲面)，也可以加工侧壁以及底面上与刀轴不垂直的部位。

3) 固定轮廓铣

固定轮廓铣用于曲面的半精加工和精加工。该方法将空间上的几何轮廓投影到零件表面上，驱动刀具以固定轴形式加工曲面轮廓，具有多种切削形式和进刀退刀控制，可作螺旋线切削、射线切削和清根切削。

4) 可变轮廓铣

可变轮廓铣与固定轮廓铣方法基本相同，只是加工过程中刀轴可以摆动，可满足特殊部位的加工需要。

5) 顺序铣

顺序铣用于连续加工一系列相接表面，并对面与面之间的交线进行清根加工，一般用于零件的精加工，可保证相接表面光顺过渡，是一种空间曲线加工方法。

4. 数控线切割加工

线切割加工编程从接线框或者实体模型中产生，实现了两轴和四轴模式下的线切割。可以利用范围广泛的线操作，包括多次走外形、钼丝反向和区域切除。线切割广泛支持包括 AGIE、Charmilles 及其他加工设备。

9.3.3 加工术语及定义

下面介绍一下加工中要用到的主要术语及其定义。

1. 模板文件

模板文件是指包含刀具、加工方法和操作信息，并能复制到其他零件中去的通用文件。引用模板文件，可以节省操作时间，提高工作效率。

2. 操作

UG CAM 中的操作是定义刀具路径中包含的所有信息过程，包括几何体的创建以及刀具、加工余量、进给量、切削深度和进刀退刀方式选择等。创建一个操作相当于产生一个加工工步。

3. 刀具路径

刀具路径是由操作生成的刀具运动轨迹，包括加工选定的几何体的刀具位置、进给量、切削速度和后置处理命令等信息。一个刀具路径源文件可以包含一个或多个刀具路径。

4. 后置处理

后置处理是将 UG CAM 生成的刀具路径，转化成指定的数控系统可以识别的数据格式的过程。处理结果就是可用于数控机床加工的 NC 程序。

5. 加工坐标系

加工坐标系是所有刀具路径输出点的基准位置，刀具路径中的所有数据相对于该坐标系。加工坐标系是所有加工模板文件中的默认对象之一，系统默认的加工坐标系与绝对坐标系相同。加工一个零件，用户可以创建多个加工坐标系，但一次走刀只能使用一个坐标系。

6. 参考坐标系

参考坐标系确定所有非模型数据的基准位置，如刀轴方向、安全退刀面等。系统默认的参考坐标系为绝对坐标系。

7. 横向进给量

横向进给量也称跨距，指两相邻刀具路径之间的距离。车削加工指径向切削的切削深度，铣削加工指铣削宽度。

8. 材料边

材料边是指定保留材料不被切除的那一侧边界。

9. 边界

边界是限制刀具运动范围的直线或曲线，用于定义切削区域。边界可以封闭，也可以不封闭。

10. 零件几何

零件几何是加工中需要保留的那部分材料，即加工后的零件或半成品。

11. 毛坯几何

毛坯几何是用于加工零件的原材料，即毛坯。

12. 检查几何

检查几何是加工过程中需要避开与刀具或志柄碰撞的对象。检查几何可以是零件的某个部位，也可以是夹具中的某个零件。

13. 工件

工件是包含零件信息和毛坯信息的几何体。

9.3.4 UG CAM 加工基本流程

首先来了解一下 UG CAM 加工的基本流程，这里以铣削加工编程为例介绍一下其基本过程，主要加工流程图如图 9.43 所示。

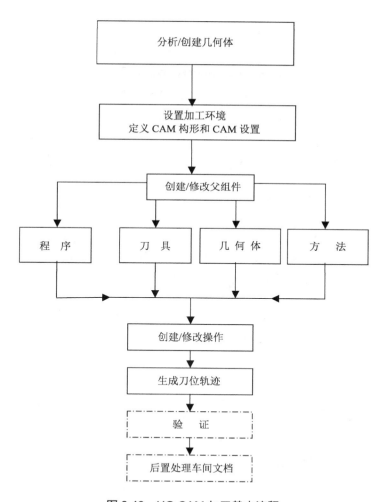

图 9.43 UG CAM 加工基本流程

9.4　UG CAM 加工环境

下面首先来介绍 NX CAM 6.0 加工环境的设置方法。

9.4.1　加工环境初始化

在 NX 6.0 中打开一个待加工零件，单击【开始】按钮，在其下拉菜单中选择【加工】命令，系统将打开如图 9.44 所示的【加工环境】对话框。用户可以为加工对象选择不同的进程配置和指定相应的模板零件。

图 9.44　【加工环境】对话框

CAM 进程配置文件是一个文本文件，包含定制加环境所需的模板集、文档模板、后置处理模板、用户定义事件、刀具库、切削用量库和材料库等相关参数。Unigraphics NX 6.0 提供的配置文件位于安装目录下的 Mach\Resource\Configuration 文件夹中。用户可以通过修改这些文件来定义新的进程配置。

模板零件是包含多个可供用户选择的操作和组(程序组、刀具组、方法组和几何组)、已预定义参数以及定制对话框的零件文件。

【加工环境】对话框的列表框可显示要创建的 CAM 设置，不同的 CAM 进程配置，其加工设置也不相同。在通用进程配置中，相应的 CAM 设置为平面铣(mill_planar)、平面轮廓铣削(mill_contour)、多轴铣削(mill_multi_axis)、钻削(drill)、孔加工(hole_making)、车削(turning)和线切割(wire_edm)等。

选择进程配置和模板零件后，单击【确定】按钮，系统调用指定的进程配置，相应的模板和相关的数据库，进行加工环境的初始化。

9.4.2　工作界面简介

初始化后，工作界面上增加了一个操作导航器、插入、几何体和工件等工具条，如图 9.45 所示。操作导航器是各加工模块的入口位置，是用户进行交互编程操作的图形界面。【插入】工具条包括了【创建操作】、【创建程序】、【创建刀具】、【创建几何体】和【创建方法】等按钮，是进行 CAM 编程的基础。

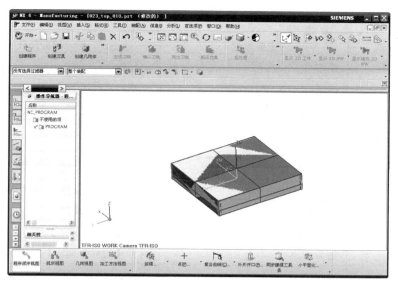

图 9.45　CAM 工作界面

9.4.3　菜单

　　菜单主要包括【插入】、【工具】、【信息】等，主要是用来创建操作、程序和刀具等的菜单命令，另外还有操作导航工具等，这些菜单如图 9.46 所示。菜单中主要命令的功能介绍如表 9.1 所列。

(a)【插入】菜单

(b)【信息】菜单

(c)【工具】菜单

图 9.46　主要的菜单

表 9.1　数控加工菜单中主要命令及功能

菜单	主要命令	功能简述
【插入】菜单	操作	创建操作
	程序	创建加工程序节点
	刀具	创建刀具节点
	几何体	创建加工几何节点
	方法	创建加工方法节点
【工具】菜单	操作导航器	针对操作导航工具的各种动作
	加工特征导航器	针对加工特征导航工具的各种动作
	部件材料	为部件指定材料
	CLSF(刀位源文件管理器)	打开【指定 CLSF】对话框
	边界	打开【边界管理器】对话框
	批处理	用批处理的方式进行后处理
【信息】菜单	车间文档	打开【车间文档】对话框

9.4.4　工具条

　　工具条主要包括【导航器】工具条、【插入】工具条、【操作】工具条和加工【操作】工具条。其中【导航器】工具条主要包含的是用于决定操作导航工具显示内容的按钮，如图 9.47所示。

　　【插入】工具条主要包含的是用于创建操作和 4 种节点的按钮，如图 9.48 所示。

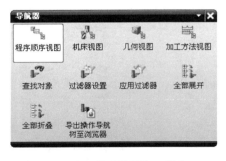

图 9.47　【导航器】工具条　　　　　图 9.48　【插入】工具条

　　【操作】工具条中的按钮都是针对操作导航工具中的各种对象实施某些动作的按钮，如图 9.49 所示。

图 9.49　【操作】工具条

加工【操作】工具条中包含针对刀轨的路径管理的工具；改变操作的进给的工具；创建准备几何的工具；输出刀位源文件、后处理和车间文档的工具，如图 9.50 所示。

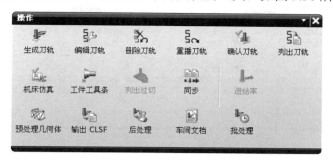

图 9.50　加工【操作】工具条

有关【操作】工具条的具体按钮，本书将在后面的章节中分别进行详细的介绍，并讲解其具体的使用方法，这里就不再赘述。

9.4.5　导航器

【导航器】工具条包括程序顺序视图、机床视图、几何视图和加工方法视图等。在【导航器】工具条中单击【程序顺序视图】按钮，再单击【操作导航器】按钮，打开如图 9.51 所示的树形窗口。

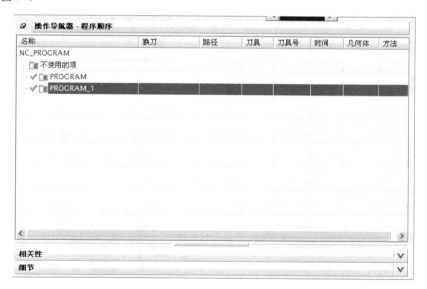

图 9.51　程序顺序视图

该视图用于显示每个操作所属的程序组和每个操作在机床上的执行次序。【换刀】列显示该项操作相对于前一操作是否更换刀具，如换刀则显示刀具。【路径】列用来显示该项操作的刀具路径是否生成，如生成则显示对钩。刀具、刀具号、时间、几何体和方法列分别显示该项操作所使用的刀具、几何体、方法名称以及刀具编号等。

单击【机床视图】按钮，再单击【操作导航器】按钮，则弹出如图 9.52 所示的机床

视图窗口。

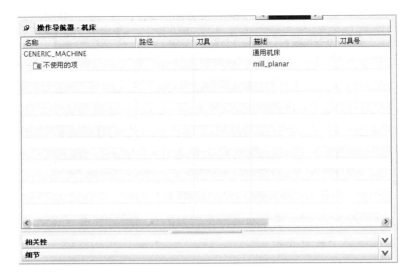

图 9.52　机床视图

该视图用于显示当前零件中存在的各种刀具以及使用这些刀具的操作名称。【描述】列用于显示当前刀具和操作的相关描述信息。

单击【几何视图】按钮，再单击【操作导航器】按钮，则弹出如图 9.53 所示的几何视图窗口。该视图显示当前零件中存在的几何组和坐标系，以及使用这些几何组和坐标系的操作名称。

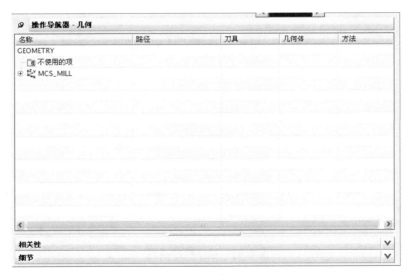

图 9.53　几何视图

在操作导航器中的任一对象上，单击鼠标右键，均可弹出快捷菜单。通过快捷菜单可以编辑所选对象的参数；剪切或复制所选对象到剪贴板，以及从剪贴板复制到指定位置；删除所选对象。生成或重显菜单项，移动、复制和阵列刀具路径等操作。

9.4.6 弹出菜单

在 UG CAM 加工环境中，有以下两个弹出菜单。

1. 面向【操作导航器】工具的弹出菜单

将鼠标指针置于【操作导航器】的空白区，然后单击鼠标右键，就会弹出一个菜单，如图 9.54 所示，这个菜单中的大多数命令与【导航器】工具条中的按钮一一对应。

2. 面向【对象】的弹出菜单

将鼠标指针指向【操作导航器】的各种节点或节点下的各种操作，然后单击鼠标右键，就会弹出一个菜单，图 9.55 所示为这个菜单及其子菜单。这个菜单中的大多数命令与【插入】工具条、【操作】工具条和加工【操作】工具条中的按钮一一对应。

图 9.54　面向【操作导航器】工具的弹出菜单

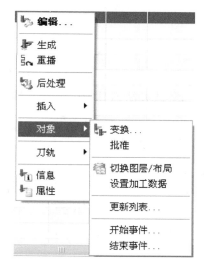

图 9.55　面向【对象】的弹出菜单

9.5　数控加工过程

9.5.1　创建程序组

程序组用于组织各加工操作和排列各操作在程序中的次序。例如，一个复杂零件如果需要在不同的机床上完成各表面的加工，则应该把可以在同一机床上加工的操作组合成程序组，以便刀具路径的后置处理。合理地将各种操作组成一个程序组，可以在一次后置处理中选择程序组的顺序输出多个操作。

选择【插入】|【程序】命令或者单击【插入】工具条中的【创建程序】按钮 ，打开如图 9.56 所示的【创建程序】对话框。在【类型】下拉列表框中选择新建程序所属的类型，在【名称】文本框中指定新建程序组的名称。在【名称】文本框中用户可以选择系统默认的名称，也可以自行输入名称。

图 9.56 【创建程序】对话框

如果零件包含的操作不多，且都能在同一机床上完成，用户也可不创建程序组，而直接使用模板提供的默认程序组。

9.5.2 创建刀具组

在加工过程中，刀具是从工件上切除材料的工具，在创建铣削、车削、点位加工操作时，必须创建刀具或者从刀具库中选择刀具。创建和选择刀具时，应该考虑加工类型、加工表面形状和加工部位的尺寸大小等因素。

1. 创建加工刀具组

选择【插入】|【刀具】命令或者单击【插入】工具条中的【创建刀具】按钮，打开如图 9.57 所示的【创建刀具】对话框。在这个对话框中，可以创建刀具组，先根据加工类型和加工表面形状，在【类型】下拉列表框中选择模板零件，再在【刀具子类型】选项组中选择【刀具模板】选项，这里刀具子类型会根据加工类型选择的不同而不同，最后在【名称】文本框中指定刀具名称。

图 9.57 【创建刀具】对话框

2. 设置刀具形状参数

单击【创建刀具】对话框中的【应用】按钮或【确定】按钮，打开如图 9.58 所示的【铣刀 -5 参数】对话框。不同的刀具有不同的设置内容，但均包含三个选项卡。

1) 首先介绍【刀具】选项卡中的参数设置

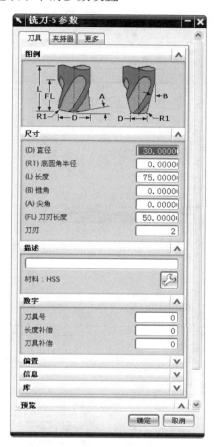

图 9.58　【铣刀-5 参数】对话框

- 直径(D)：刀具的直径。
- 底圆角半径(R1)：刀具底边的圆角半径。
- 长度(L)：刀具的长度。
- 锥角(B)：刀具侧面与刀具轴线之间的夹角。锥角为正值时，刀具上大下小；锥角为负值时，刀具上小下大。
- 尖角(A)：刀具底部的顶角。该角度从过刀具端点并与刀轴垂直的方向测量，且只取正角，并小于 90°。
- 刀刃长度(FL)：排屑槽的长度，应小于刀具长度。
- 刀刃：刀具排屑槽的个数。
- 材料：从刀具材料库中为刀具指定一种刀具材料。
- 刀具号：刀具在刀具库中的编号。

- 长度补偿：在机床控制器中刀具的刀具长度补偿值所在的寄存器的编号。
- 刀具补偿：在机床控制器中刀具的刀具直径补偿值所在的寄存器的编号。

2) 下面介绍【夹持器】选项卡的参数设置

铣刀刀柄参数的设置在【夹持器】选项卡中完成，如图 9.59 所示，主要有以下一些参数。

图 9.59 【夹持器】选项卡

- 直径(D)：刀柄直径。
- 长度(L)：刀柄长度，从刀柄的下端部开始计算，直到上部第一节的刀柄或机床的夹持位置。
- 锥角(B)：刀柄锥角，为主轴预测边所形成的角度。
- 拐角半径(R1)：刀柄上部的圆角半径。
- 偏置(OS)：保证刀柄与工件之间留有一定的安全距离，确保刀柄不与工件产生挤压。

9.5.3 创建几何体

创建几何体就是指定在被加工零件上需要加工的几何对象，以及零件在机床的方位的过程。包括定义加工坐标系、工件、边界和切削区域等。

选择【插入】|【几何体】命令，或者单击【插入】工具条中的【创建几何体】按钮 ,

系统将打开如图 9.60 所示的【创建几何体】对话框。

图 9.60 【创建几何体】对话框

创建几何体的基本步骤为。

(1) 在【类型】下拉列表框中选择合适的模板零件。

(2) 在【几何体子类型】选项组中选择几何模板。选择的加工类型不同，在【创建几何体】对话框中可以有不同类型的几何组。

(3) 在【几何体】下拉列表框中选择几何父组，有 GEOMETRY、MCS_MILL、NONE 和 WORKPIECE 等选项，用户根据加工要求做出相应的选择。创建几何体时，选定父本组后确定了新建几何体与已存几何组的参数继承关系。选定某个几何组作为父本组后，新建的几何体将包含在所选父组内，同时继承父本组中的所有参数。

(4) 在【名称】文本框中输入新建几何体名称，或使用默认名称。

(5) 单击【应用】按钮或【确定】按钮，打开图 9.61 所示的【工件】对话框，在其中进行几何对象的具体定义。

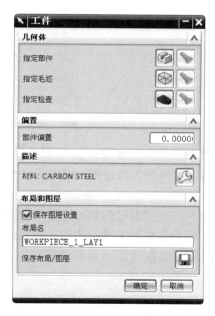

图 9.61 【工件】对话框

9.5.4 创建方法

加工方法就是加工工艺方法，主要是指粗加工、半精加工和精加工以及指定加工公差、加工余量和进给量等参数的过程。

在 UG 加工模块里，一般在具体加工操作之前应设置好三种加工的参数，方便以后直接调用。如果遇到特殊的加工情况，在其后的操作进程中也可以对余量、转速等参数进行修改。

关于内、外公差参数，它们决定刀具可以偏离零件表面的允许距离，内外公差值影响零件表面精度和粗糙度，也影响生成导轨的时间和 NC 文件的大小。在满足零件精度和表面粗糙度的前提下，尽量不要设置太小的公差值。如果指定负的余量值，则切削到几何表面以下，但是刀具轮廓的最小圆弧半径应大于负值余量的绝对值。

加工方法的创建方法如下：

单击【导航器】工具条中的【加工方法视图】按钮，切换【操作导航器】至加工方法视图，如图 9.62 所示。用户可以通过【操作导航器】完成加工方法的创建。

双击 MILL_ROUGH 选项，弹出如图 9.63 所示的【铣削方法】对话框。各选项的含义如下。

图 9.62　加工方法视图

图 9.63　【铣削方法】对话框

对话框中的按钮分别为【局部定义的】按钮、【切除方法】按钮、【进给】按钮、【颜色】按钮和【编辑显示】按钮。

- 部件余量：该选项用于为当前所创建的加工方法指定零件余量。
- 内公差：该选项用于限制刀具在加工过程中切入零件表面的最大过切量。
- 外公差：该选项用于限制在切削过程中没有切至零件表面的最大间隙量。

1. 设置进给量

在【刀轨设置】选项组中单击【进给】按钮，弹出如图 9.64 所示的【进给】对话框，在其中可以为各选项设定合适的切削参数。下面对主要的参数进行说明。

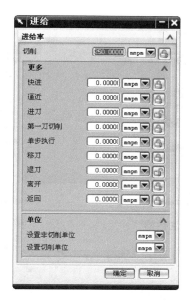

图 9.64 【进给】对话框

- 快进：刀具从起始点到下一个前进点的移动速度。【快进】设置为零时，在刀具位置源文件中自动插入快进命令，后置处理时产生 G0.0 快进代码。
- 逼近：刀具从起刀点到进刀点的进给速度。平面铣和型腔铣时，逼近速度控制刀具从一个切削层到下一个切削层的移动速度。表面轮廓铣时该速度是作进刀运动前的进给速度。
- 进刀：刀具切入零件时的进给速度。
- 第一刀切削：第一刀切削的进给量。
- 单步执行：刀具进行下一次平行切削时的横向进给量，即通常所说的铣削宽度。只适用于往复切削方式。
- 移刀：刀具从一个加工区域向另一个加工区域作水平非切削运动时的刀具移动速度。
- 退刀：刀具切出零件时的进给速度，是刀具从最终切削位置到退刀点间的刀具移动速度。
- 离开：刀具回到返回点的移动速度。

2. 设置颜色

在【选项】选项组中单击【颜色】按钮 ，系统弹出如图 9.65 所示的【刀轨显示颜色】对话框，供用户设置刀轨的显示颜色。

单击色块可打开如图 9.66 所示的【颜色】对话框，进行颜色的选取。

3. 设置显示选项

在【选项】选项组中单击【编辑显示】按钮 ，打开如图 9.67 所示的【显示选项】对话框。在【刀具显示】下拉列表框中可以选取适当的方式，拖动滑块可控制运动速度。

图 9.65 【刀轨显示颜色】对话框

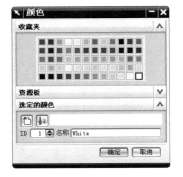

图 9.66 【颜色】对话框

图 9.67 【显示选项】对话框

4. 选择切削方式

单击【刀轨设置】选项组中的【切除方法】按钮，将打开如图 9.68 所示的【搜索结果】对话框，用户可以从中指定一种加工方法。

图 9.68 【搜索结果】对话框

9.5.5　创建操作

在完成了程序组、几何体、刀具组和加工方法的创建后，需要为被加工零件在指定的程序组中选择合适的刀具和加工方法。这个过程相当于编制零件加工工艺过程，在 UG NX 6.0 中被称为创建操作。当然，用户也可以先引用模板提供的默认对象创建操作，再选择程序组、几何体、刀具组和加工方法的办法完成。

单击【插入】工具条中的【创建操作】按钮 ，或选择【插入】|【操作】菜单命令，打开如图 9.69 所示的【创建操作】对话框。

用户可以通过该对话框完成各选项的设置，其基本步骤如下。

(1)　根据加工类型选择模板零件。

(2)　在【操作子类型】选项组选择与表面加工要求相适应的操作模板。选择的加工类型不同，对话框中可以有不同类型的操作子类型。

(3)　在【程序】下拉列表框中选择程序父组。

(4)　在【几何体】下拉列表框中选择已建立的几何组。

(5)　在【刀具】下拉列表框中选择已定义的刀具。

(6)　在【方法】列表框中选择合适的加工方法。

(7)　在【名称】文本框中为新建操作命名。

单击【应用】按钮后，打开设定的操作模板的对话框。例如可打开如图 9.70 所示的【面铣削区域】对话框。

图 9.69　【创建操作】对话框

图 9.70　【面铣削区域】对话框

该对话框中的选项参数主要用于选择、编辑和显示几何体、切削方式和加工工艺参数；显示设定的方法、几何体和刀具，并可对这些设置进行编辑修改。

下面主要介绍一下【刀轨设置】选项组中的参数设置，UG NX 6.0 共提供了跟随部件、跟随周边、混合、配置文件、摆线、单向切削、往复切削和单向轮廓等 8 种走刀方式，如图 9.71 所示，各种方式的刀轨如下。

图 9.71　走刀方式

- 【跟随部件】：该选项也称为仿形零件，产生一系列跟随加工零件所有指定轮廓的刀轨，既跟随切削区的外周壁面，也跟随切削区中的岛屿。刀轨形状也是通过偏移切削区的外轮廓和岛屿轮廓获得的。
- 【跟随周边】：该选项也称为仿形外轮廓铣，产生一系列同心封闭的环行刀轨，通过偏移切削区的外轮廓获得。
- 【混合】：该选项仅用于平面铣的表面铣(Face Mill)的走刀方式。
- 【配置文件】：该选项能产生一系列单一或指定数量的绕切削区轮廓的刀轨，可实现对侧面的精加工。
- 【摆线】：该选项能产生一系列类似于轮廓的刀轨，但不允许自我交叉。
- 【单向】：该选项能产生一系列单向的平行线性刀轨，回程是快速横越运动。
- 【往复】：该选项能产生一系列平行连续的线性往复刀轨，切削效率较高。
- 【单向轮廓】：该选项能产生一系列单向的平行线性刀轨，回程是快速横越运动，在两段连续刀轨之间跨越刀轨是切削壁面的刀轨,加工质量比往复切削和单向切削好。

单击【非切削移动】按钮，可以打开【非切削移动】对话框，单击【开始/钻点】标签，切换到【开始/钻点】选项卡，如图 9.72 所示，可以设置加工区域起始点和预钻顶点。

单击【进刀】标签，切换到【进刀】选项卡，如图 9.73 所示，用户可以根据加工工艺需要，选取或输入适当的数据。

在【面铣削区域】对话框中的【刀轨设置】选项组中单击【切削参数】按钮，打开如图 9.74 所示的【切削参数】对话框。该对话框中的参数与【铣削方法】对话框中的部分参数相同。切削方向等参数需要用户进行设置。

在【面铣削区域】对话框中的【刀轨设置】选项组中单击【进给和速度】按钮，可以打开【进给和速度】对话框，如图 9.75 所示。【进给率】选项组中的参数用于设置主轴速度、进刀和退刀速度等。

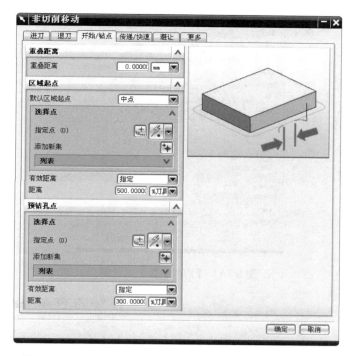

图 9.72　【非切削移动】对话框中的【开始/钻点】选项卡

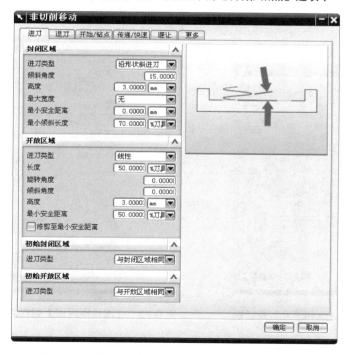

图 9.73　【非切削移动】对话框中的【进刀】选项卡

　　【面铣削区域】对话框中的其他参数选项组如图 9.76 所示，其中【刀具】选项组中的参数主要控制刀具号和换刀设置等。【刀轴】选项组中的参数主要用于定义刀轴方向。

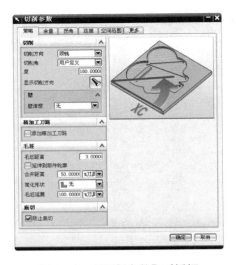

图 9.74 【切削参数】对话框

图 9.75 【进给和速度】对话框

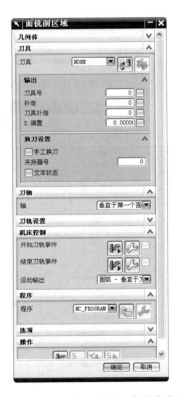

图 9.76 【面铣削区域】对话框中其他参数选项组

9.5.6 刀具轨迹

完成平面铣操作的创建之后，就可以生成刀具轨迹，并可使用刀具路径管理工具对刀轨进行编辑、重显、模拟、输出以及编辑刀具位置源文件等操作。

1. 生成刀轨

单击加工【操作】工具条中的【生成刀轨】按钮　，系统会生成并显示一个切削层的刀轨。

2. 编辑和删除刀轨

刀轨生成后，在操作导航器上单击【程序顺序视图】选项，选取需要进行编辑的刀轨。单击鼠标右键，打开快捷菜单，选择【刀轨】|【编辑】命令，如图 9.77 所示。

这时系统将打开如图 9.78 所示的【刀轨生成】对话框。在其中可以设置刀轨的生成参数。

图 9.77　选择【刀轨】|【编辑】命令

图 9.78　【刀轨生成】对话框

3. 列出刀轨

对于已生成刀具路径的操作，可以查看各操作所包含的刀具路径信息。单击加工【操作】工具条中的【列出刀轨】按钮　，系统打开如图 9.79 所示的【信息】窗口。

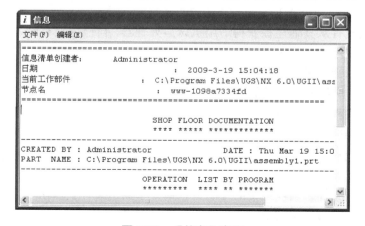

图 9.79　【信息】窗口

9.5.7 后置处理和车间工艺文档

在生成刀轨文件后，NC 加工的编程基本完成。下面需要进行一些后置处理，从而进入加工的过程。

1. 后置处理

用 Post Builder 建立特定机床定义文件和事件处理文件后可以使用 NX/Post 进行后置处理，将刀具路径生成适合指定机床的 NC 代码。用 NX/Post 进行后置后，可以在 NX 加工环境中进行，也可以在操作系统环境下进行。

在加工【操作】中选中一个操作或者一个程序组，单击【后处理】按钮 ，打开如图 9.80 所示的【后处理】对话框。

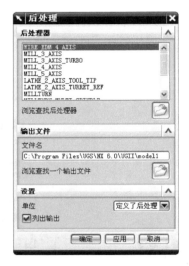

图 9.80 【后处理】对话框

该对话框的上部列出了各种可用机床，除了铣削加工所用的 3～5 轴铣床外，还有 2 轴车床，电火花线切割机等。如果所列机床不适用，还可以单击下方的【浏览查找后处理器】按钮 ，打开新的后处理器。

对于初学者既没有从其他途径获得适用机床后处理器，自己也没有能力创建机床后处理器的能力时，可以先使用相近的机床生成 NC 文件，再通过文本编辑器对 NC 文件的每一个刀轨的起始和结束部分的命令进行一些修改，一般可以解决问题。

输出 NC 程序的一般操作步骤如下。

(1) 将要输出的程序节点下的操作的排列顺序重新检查一遍，保证符合加工工艺规程。

(2) 从【操作导航器】中选取要输出的程序。

(3) 单击【后处理】按钮 ，打开【后处理】对话框。

(4) 选取符合工艺规程的机床。

(5) 单击【输出文件】选项组中的【浏览查找一个输出文件】按钮 ，打开【指定 NC 输出】对话框，如图 9.81 所示，选定存放 NC 文件的文件夹。

图 9.81　【指定 NC 输出】对话框

(6)　选定输出单位，一般使用公制/部件。

(7)　单击【应用】按钮，完成输出。

选中对话框中的【列出输出】复选框，在输出过程中可以通过【信息】窗口显示输出数据，但会降低输出速度。

用户完成上述操作后，系统以*.ptp 格式保存 NC 文件。用写字板打开之后，可以查看内容。

2. 车间文档

车间文档可以自动生产车间工艺文档并以各种格式进行输出。UG 提供了一个车间文档生成器，它从部件文件中提取对加工车间有用的 CAM 文本和图形信息，包括数控程序中用到的刀具参数清单、操作次序、加工方法清单和切削参数清单。它们可以使用文本文件(.txt)或者超文本链接文件(.html)两种格式输出。

单击加工【操作】工具条中的【车间文档】按钮![icon]，打开【车间文档】对话框，如图 9.82 所示。选择其中的一个工艺文件模板，可以生成包含特定信息的工艺文件。标有(HTML)的模板生成超文本链接网页文件，标有(TEXT)的模板生成纯文本文件风格的网页文件。

图 9.82　【车间文档】对话框

9.6　本 章 小 结

　　本章主要以一个完整的注塑模向导设计过程为例学习 UG NX 6.0 注塑模向导的入门，注塑模向导是 UG NX 6.0 软件中设计注塑模具的专业模块，它以模具三维实体零件参数全相关技术，提供了设计模具型芯、型腔、滑块、推杆、镶块和侧抽芯零件等模具三维实体模型的高级建模工具，读者通过学习本章，可对这些模块有一个初步的认识。

　　另外，本章还介绍了 UG CAM 加工的基础知识，因为 UG NC 加工的功能非常强大，提供的加工类型和加工方式非常多，因此本章着重讲解了 UG NC 加工的基础知识，包括 NC 加工的加工环境和 NC 加工的基本操作等，希望大家能够学习掌握。本章的重点是 NC 加工基本操作，它包括创建程序、刀具、几何体和方法，最后创建一个操作来引用这些创建好的参数。在这些内容中有些概念是用户初次接触的，如父级组、加工类型、切削方式、加工边界和切削区域等，了解这些概念还需要用户有一定的机械制造和机床等相关方面的知识。通过本章的学习，读者就对数控技术和 UG 数控加工基础有一定的了解和认识，当然，读者还要多加熟悉和练习，才能更多地掌握 UG 数控加工的知识和操作方法。

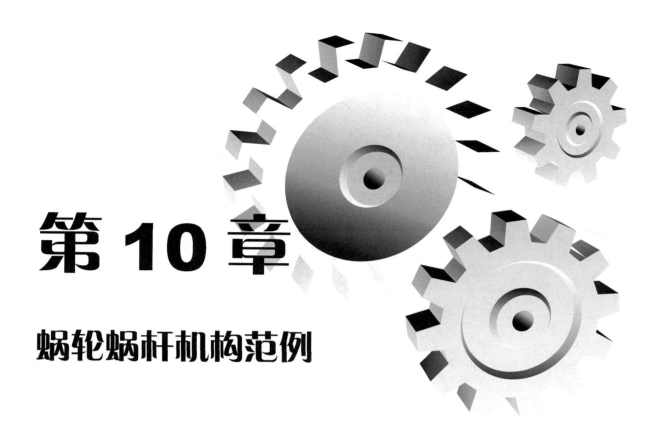

第 10 章

蜗轮蜗杆机构范例

本章将详细介绍 UG NX 6.0 的一个综合设计应用实例——蜗轮蜗杆机构的设计，这个范例主要讲解的是实体特征部分的创建和装配，在 UG NX 6.0 的设计中，实体类的设计是很大的一部分，因此，这里将主要介绍这部分的设计。

10.1 范 例 介 绍

10.1.1 范例模型介绍

本章主要通过如图10.1和图10.2所示的蜗轮蜗杆机构,来讲述UG NX 6.0相关命令的操作。下面来简单介绍一下这个范例中的蜗轮及蜗杆机构的创建。

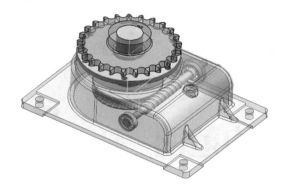

图 10.1 蜗轮蜗杆机构

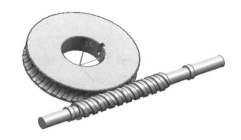

图 10.2 蜗轮和蜗杆

1. 用途

蜗轮蜗杆机构常用来传递两交错轴之间的运动和动力。蜗轮与蜗杆在其中间平面内相当于齿轮与齿条,蜗杆与螺杆形状相类似。

2. 基本参数

基本参数有模数 m、压力角、蜗杆直径系数 q、导程角、蜗杆头数、蜗轮齿数、齿顶高系数(取 1)及顶隙系数(取 0.2)。其中,模数 m 和压力角是指蜗杆轴面的模数和压力角,亦即蜗轮端面的模数和压力角,且均为标准值。蜗杆直径系数 q 为蜗杆分度圆直径与其模数 m 的比值。

3. 蜗轮蜗杆正确啮合的条件

以下是蜗轮蜗杆正确啮合的条件。

(1) 中间平面内蜗杆与蜗轮的模数和压力角分别相等,即蜗轮的端面模数等于蜗杆的轴面模数且为标准值;蜗轮的端面压力角应等于蜗杆的轴面压力角且为标准值。

(2) 当蜗轮蜗杆的交错角为 90° 时，还需保证蜗轮与蜗杆螺旋线旋向必须相同。

4．计算中需注意的问题

几何尺寸计算与圆柱齿轮基本相同，需注意的几个问题如下。

- 蜗杆导程角是蜗杆分度圆柱上螺旋线的切线与蜗杆端面之间的夹角，与螺杆螺旋角的关系为：蜗轮的螺旋角大则传动效率高，当小于啮合齿间当量摩擦角时，机构自锁。
- 引入蜗杆直径系数 q 是为了限制蜗轮滚刀的数目，使蜗杆分度圆直径进行了标准化。m 一定时，q 大则几何尺寸大，蜗杆轴的刚度及强度相应增大；m 一定时，q 小则导程角增大，传动效率相应提高。
- 蜗杆头数推荐值为 1、2、4、6，当取小值时，其传动比大，且具有自锁性；当取大值时，传动效率高。
- 蜗杆蜗轮传动中蜗轮转向的判定方法，可根据啮合点 K 处方向(平行于螺旋线的切线)以及用垂直于蜗轮轴线的速度矢量三角形来判定；也可用"右旋蜗杆左手握，左旋蜗杆右手握，四指拇指指向旋转线方向"来判定。

5．蜗轮及蜗杆机构的特点

蜗轮及蜗杆机构的特点如下。

- 可以得到很大的传动比，比交错轴斜齿轮机构紧凑。
- 两轮啮合齿面间为线接触，其承载能力大大高于交错轴斜齿轮机构。
- 蜗杆传动相当于螺旋传动，为多齿啮合传动，故传动平稳、噪声很小。
- 具有自锁性。当蜗杆的导程角小于啮合轮齿间的当量摩擦角时，机构具有自锁性，可实现反向自锁，即只能由蜗杆带动蜗轮，而不能由蜗轮带动蜗杆。如在重机械中使用的自锁蜗杆机构，其反向自锁性可起安全保护作用。
- 传动效率较低，磨损较严重。蜗轮蜗杆啮合传动时，啮合轮齿间的相对滑动速度大，故摩擦损耗大、效率低。另一方面，相对滑动速度大使齿面磨损严重、发热严重，为了散热和减小磨损，常采用价格较为昂贵的减磨性与抗磨性较好的材料及良好的润滑装置，因而成本较高。
- 蜗杆轴向力较大。

6．应用

蜗轮及蜗杆机构常被用于两轴交错、传动比大、传动功率不大或间歇工作的场合。

10.1.2 范例制作要点

通过这个范例的学习，将熟悉如下内容。

- 简单的蜗轮和蜗杆的创建。
- 装配蜗轮和蜗杆机构。
- 镜向体和引用几何体操作。
- 扫掠的操作。
- 其他一些命令的使用。如长方体、圆柱、拉伸、键槽、孔、三角形加强筋、圆台和腔体等。

10.2 范例制作

10.2.1 创建蜗轮

步骤1：新建文件

(1) 在桌面上双击 UG NX 6.0 图标 ，启动 UG SIEMENS NX 6.0。

(2) 单击【新建】按钮，打开【新建】对话框，在【模板】选项组中选择【模型】选项，在【名称】文本框中输入名称为 woluan.prt，选择适当的文件存储路径，单击【确定】按钮，如图 10.3 所示。

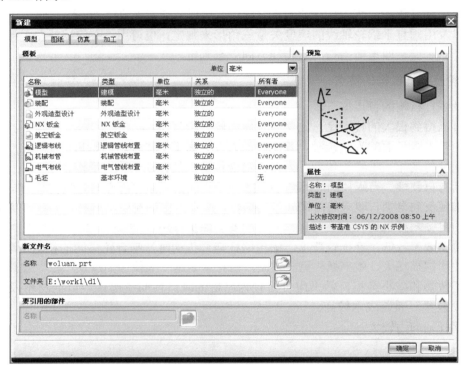

图 10.3 【新建】对话框

步骤2：创建基本体

(1) 选择【插入】|【设计特征】|【圆柱体】命令，或单击【特征】工具条中的【圆柱】按钮，打开【圆柱】对话框，如图 10.4 所示。在【类型】下拉列表框中选择【轴、直径和高度】选项，指定矢量为"正 ZC 轴"，单击【点构造器】按钮，打开【点】对话框，输入点坐标为(0, 0, 0)，单击【确定】按钮，返回到【圆柱】对话框，在【直径】文本框中输入"74.14"，在【高度】文本框中输入"13.54"，单击【应用】按钮，效果如图 10.5 所示。

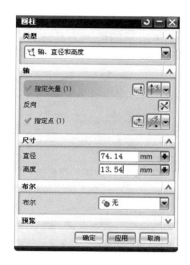

图 10.4　【圆柱】对话框

图 10.5　创建的圆柱体

（2）选择【插入】|【设计特征】|【坡口焊】命令，或单击【特征】工具条中的【坡口焊】按钮 ![], 打开【槽】对话框，如图 10.6 所示。单击【球形端】按钮，打开如图 10.7 所示的【球形端槽】对话框，选择如图 10.8 所示的面为放置面。

图 10.6　【槽】对话框

图 10.7　第 1 个【球形端槽】对话框

图 10.8　选择的放置面

（3）打开如图 10.9 所示的【球形端槽】对话框，在【槽直径】文本框中输入"70"，在【球直径】文本框中输入"2*(41-70/2)"，单击【确定】按钮。

图 10.9　第 2 个【球形端槽】对话框

(4) 打开如图 10.10 所示的【定位槽】对话框，选择如图 10.11 所示的边为目标边，继续打开如图 10.12 所示的【定位槽】对话框，再选择如图 10.13 所示的边为刀具边。

图 10.10　第 1 个【定位槽】对话框

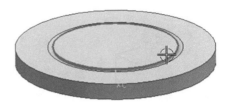

图 10.11　选择的目标边

图 10.12　第 2 个【定位槽】对话框

图 10.13　选择的刀具边

(5) 系统打开【创建表达式】对话框，输入表达式的值为"0.8"，如图 10.14 所示，单击【确定】按钮，创建的定位效果如图 10.15 所示。

图 10.14　【创建表达式】对话框

图 10.15　创建的定位效果

(6) 选择【插入】|【细节特征】|【倒斜角】菜单命令，或单击【特征操作】工具条中的【倒斜角】按钮，打开【倒斜角】对话框，如图 10.16 所示，选择如图 10.17 所示的要倒斜角的边，在【横截面】下拉列表框中选择【非对称】选项，在 Distance 1 文本框中输入"0.3"，在【距离 2】文本框中输入"0.5"，单击【确定】按钮，倒斜角的效果如图 10.18 所示。

图 10.16　【倒斜角】对话框

图 10.17　选择的边

图 10.18　倒斜角的效果

步骤 3：创建蜗轮齿

(1)　选择【插入】|【基准/点】|【点】菜单命令，打开【点】对话框，输入绝对点坐标为(40.9826, -1.1932, 6.77)，如图 10.19 所示，单击【确定】按钮。

图 10.19　【点】对话框

(2)　选择【格式】| WCS |【原点】菜单命令，打开【点】对话框。捕捉第(1)步创建的点，单击【确定】按钮。

(3)　选择【插入】|【草图】菜单命令，或单击【特征】工具条中的【草图】按钮，打开【创建草图】对话框，如图 10.20 所示，在【草图平面】选项组中的【平面选项】下拉列表框中选择【现有平面】选项，单击【确定】按钮，创建的草图平面效果如图 10.21 所示。

图 10.20　【创建草图】对话框

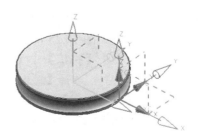

图 10.21　创建的草图平面

(4) 在第(3)步选择的平面上创建如图 10.22 所示的草图。单击【完成草图】按钮，退出草图界面，返回到主窗口。

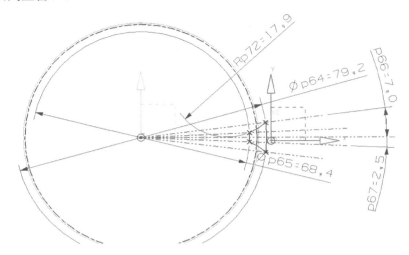

图 10.22　创建的草图

(5) 选择【格式】|WCS|【旋转】命令，打开【旋转 WCS 绕】对话框，选中【-XC 轴：ZC->YC】单选按钮，在【角度】文本框中输入"90"，如图 10.23 所示，单击【确定】按钮。

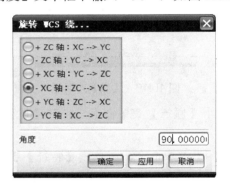

图 10.23　【旋转 WCS 绕】对话框

(6) 选择【插入】|【曲线】|【螺旋线】命令，或单击【曲线】工具条中的【螺旋线】按钮，打开【螺旋线】对话框。在【圈数】文本框中输入"0.7"，在【螺距】文本框中输入"13.31"，在【半径】文本框中输入"11.67/2"，如图 10.24 所示，单击【点构造器】按钮，打开【点】对话框，输入相对坐标(0, 0, 0)，单击【确定】按钮，返回到【螺旋线】对话框，单击【确定】按钮，创建如图 10.25 所示的螺旋线。

(7) 选择【插入】|【扫掠】|【扫掠】命令，或单击【特征】工具条中的【扫掠】按钮，打开【扫掠】对话框。选择【截面线】为草图曲线，选择【引导线】为螺旋线，在【方位】下拉列表框中选择【矢量方向】选项，选择正 ZC 轴方向，单击【确定】按钮，如图 10.26 所示，创建的扫掠体如图 10.27 所示。

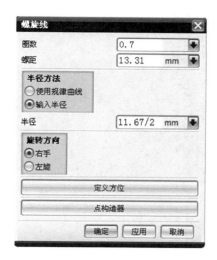

图 10.24　【螺旋线】对话框

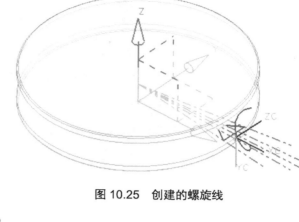

图 10.25　创建的螺旋线

图 10.26　【扫掠】对话框

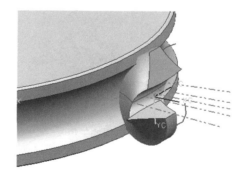

图 10.27　创建的扫掠体

(8)　选择【编辑】|【移动对象】命令，或单击【标准】工具条中的【移动对象】按钮，
打开【移动对象】对话框，如图 10.28 所示，选择第(7)步创建的扫掠体，在【运动】下拉列表
框中选择【角度】选项，在【角度】文本框中输入"360/33"，选择如图 10.29 所示的矢量，
指定轴点并选择如图 10.30 所示的圆心点，在【结果】选项组中选中【复制原先的】单选按钮，
在【非关联副本数】文本框中输入"33"，单击【确定】按钮，变换复制的效果如图 10.31
所示。

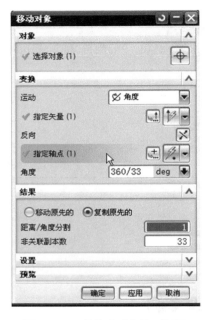

图 10.28　【移动对象】对话框

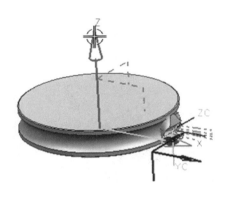

图 10.29　选择的矢量

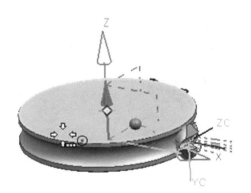

图 10.30　选择的圆心点

图 10.31　变换复制的效果

　　(9)　选择【插入】｜【组合体】｜【求差】命令，或单击【特征操作】工具条中的【求差】按钮 ，打开【求差】对话框，选择圆柱实体为目标体，选择第(8)步已经创建的所有扫掠实体为刀具体，如图 10.32 所示，单击【确定】按钮。最好分两次进行求差，求差的效果如图 10.33 所示。

图 10.32 【求差】对话框

图 10.33 求差的效果

　　(10) 选择【格式】｜WCS｜【旋转】命令，打开【旋转 WCS 绕】对话框，选中【+XC 轴：YC→ZC】单选按钮，在【角度】文本框中输入"90"，单击【确定】按钮。

　　(11) 选择【插入】｜【曲线】｜【基本曲线】命令，或单击【曲线】工具条中的【基本曲线】按钮 <span></span>，打开【基本曲线】对话框，如图 10.34 所示，单击【圆】按钮 <span></span>，在【点方法】下拉列表框中选择【点构造器】选项，打开【点】对话框，分别输入圆心绝对坐标为(0, 0, 0)，输入圆弧上的点的绝对坐标为(19, 0, 0)，单击【确定】按钮，返回到【基本曲线】对话框，单击【确定】按钮，创建如图 10.35 所示的圆。

图 10.34 【基本曲线】对话框

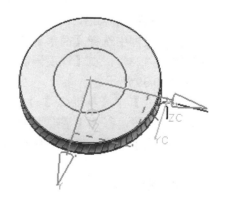

图 10.35 创建的圆

步骤 4：创建其他部分

(1) 选择【插入】|【设计特征】|【拉伸】命令，或单击【特征】工具条中的【拉伸】按钮，打开【拉伸】对话框。在【曲线规则】下拉列表框中选择【区域边界】选项，在如图 10.36 左上图所示的位置单击，拉伸方向为"负 ZC 轴"，开始距离设为"0"，结束距离设为"12"，在【布尔】下拉列表框中选择【求和】选项，在【拔模】下拉列表框中选择【无】选项，其他按默认设置，单击【确定】按钮。拉伸实体效果如图 10.36 左下图所示。

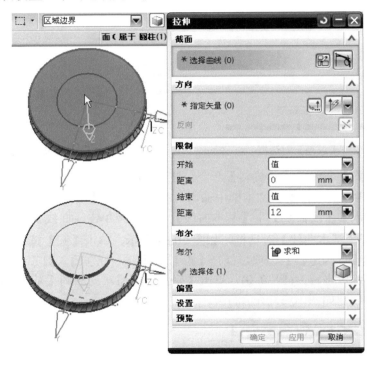

图 10.36 拉伸实体

(2) 选择【插入】|【设计特征】|【孔】命令，或单击【特征】工具条中的【孔】按钮，打开【孔】对话框，如图 10.37 所示。在【类型】下拉列表框中选择【常规孔】选项，在【成形】下拉列表框中选择【简单】选项，捕捉实体的底部圆心，如图 10.38 所示，在【直径】文本框中输入"28"，在【深度限制】下拉列表框中选择【贯通体】选项，单击【确定】按钮，效果如图 10.39 所示。

(3) 选择【插入】|【基准/点】|【基准平面】命令，或单击【特征操作】工具条中的【基准平面】按钮，打开【基准平面】对话框，如图 10.40 所示。在【类型】下拉列表框中选择【按某一距离】选项，在绘图区单击基准 CSYS 的 XZ 平面，如图 10.41 所示，在【距离】文本框中输入"13.6"，在【平面的数量】文本框中输入"1"，单击【确定】按钮。创建的基准平面效果如图 10.42 所示。

图 10.37　【孔】对话框

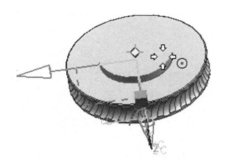

图 10.38　捕捉实体的底部圆心

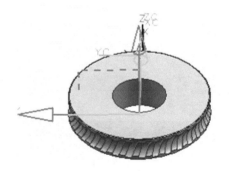

图 10.39　创建的孔

图 10.40　【基准平面】对话框

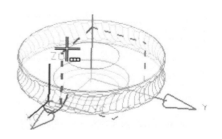

图 10.41　选择基准 CSYS 的 XZ 平面

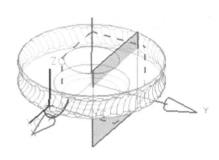

图 10.42　创建的基准平面

(4)　选择【插入】|【设计特征】|【键槽】命令，或单击【特征】工具条中的【键槽】按钮，打开【键槽】对话框。选中【矩形】单选按钮，单击【确定】按钮，打开【矩形键槽】对话框，选择第(3)步创建的基准面为放置面，本实例方向为正 YC 轴方向，出现如图 10.43 所示的【方向】对话框，单击【反向默认侧】按钮，选择主实体，如图 10.44 所示，打开【水平参考】对话框，如图 10.45 所示，选择水平参考为"正 ZC 轴"，如图 10.46 所示，打开【矩形键槽】对话框，在【长度】文本框中输入"10"，在【宽度】文本框输入"4"，在【深度】文本框中输入"4"，如图 10.47 所示，单击【确定】按钮，打开【定位】对话框，如图 10.48 所示。

图 10.43　【方向】对话框

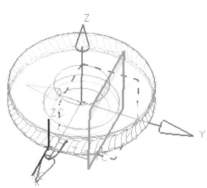

图 10.44　选择主实体

图 10.45　【水平参考】对话框

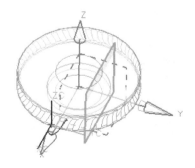

图 10.46　选择水平参考

图 10.47　【矩形键槽】对话框

图 10.48　【定位】对话框

（5）在弹出的【定位】对话框中单击【水平】按钮![icon]，选择目标对象为如图 10.49 所示的圆弧，打开【设置圆弧的位置】对话框，如图 10.50 所示，单击【圆弧中心】按钮，打开【水平】对话框，如图 10.51 所示，选择如图 10.52 所示的刀具边，打开如图 10.53 所示的【创建表达式】对话框，在该对话框的文本框中输入"6"，单击【确定】按钮，创建的矩形键槽效果如图 10.54 所示。

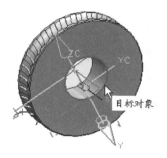

图 10.49　选择目标对象

图 10.50　【设置圆弧的位置】对话框

图 10.51　【水平】对话框

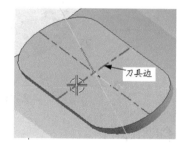

图 10.52　选择刀具边

图 10.53　【创建表达式】对话框

图 10.54　创建的矩形键槽

(6) 选择【插入】|【同步建模】|【替换面】命令，或单击【同步建模】工具条中的【替换面】按钮，打开【替换面】对话框，选择如图 10.55 左上图所示要替换的面，选择蜗轮的上表面为替换面，单击【确定】按钮，效果如图 10.55 左下图所示。

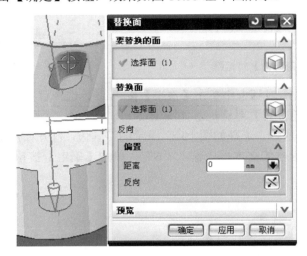

图 10.55　【替换面】对话框

(7) 这样便得到了蜗轮的最终效果，如图 10.56 所示。

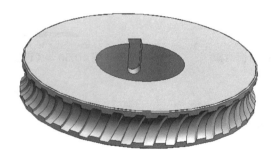

图 10.56　蜗轮的最终效果

10.2.2　创建蜗杆

步骤 1：创建扫掠体

(1) 在存储蜗轮的文件夹中新建一个文件，命名为 wogan。

(2) 选择【格式】|WCS|【旋转】命令，打开【旋转 WCS 绕】对话框，选中【-XC 轴：ZC->YC】单选按钮，在【角度】文本框中输入"90"，如图 10.57 所示，单击【确定】按钮。

(3) 单击【曲线】工具条中的【螺旋线】按钮，打开【螺旋线】对话框。在【圈数】文本框中输入"6"，在【螺距】文本框中输入"13.31"，在【半径】文本框中输入"5.8386"，单击【点构造器】按钮，打开【点】对话框，输入相对坐标(0, 0, 0)，单击【确定】按钮，返回【螺旋线】对话框，单击【确定】按钮，创建如图 10.58 所示的螺旋线。

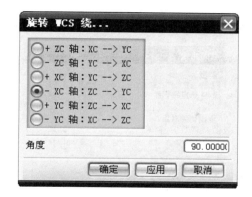

图 10.57　【旋转 WCS 绕】对话框

图 10.58　创建的螺旋线

（4）　使用前面相同的方法创建一个与基准 CSYS 的 XZ 平面距离为 3.3275 的基准平面，如图 10.59 所示。

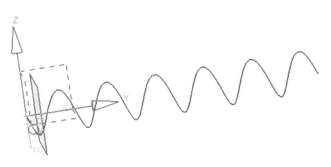

图 10.59　创建的基准平面

（5）　选择【插入】｜【来自体的曲线】｜【截面】命令，或单击【曲线】工具条中的【截面曲线】按钮，打开【截面曲线】对话框，如图 10.60 所示，选择螺旋线为要剖切的对象，选择第(4)步创建的基准平面为剖切平面，单击【确定】按钮，创建一个交点。

（6）　选择【插入】｜【曲线】｜【直线】命令，或单击【曲线】工具条中的【直线】按钮，打开【直线】对话框，如图 10.61 所示，以第(5)步创建的交点为端点，作平行于 Y 轴、长度随意的直线。

（7）　单击【特征操作】工具条中的【基准平面】按钮，打开【基准平面】对话框。在【类型】下拉列表框中选择【成一角度】选项，选择基准平面为平面参考，选择第(6)步创建的直线为通过轴，在【角度】文本框中输入"-20"，如图 10.62 所示，单击【确定】按钮。

图 10.60　【截面曲线】对话框

图 10.61　【直线】对话框

图 10.62　【基准平面】对话框

(8)　以第(7)步创建的基准平面为草图平面，进入草图环境，创建如图 10.63 所示的草图。单击【完成草图】按钮，退出草图界面，返回到主窗口。

(9)　单击【特征】工具条中的【扫掠】按钮，打开【扫掠】对话框。选择草图曲线为截面线，选择螺旋线为引导线，在【方位】下拉列表框中选择【矢量方向】选项，选择"正 ZC 轴"方向，单击【确定】按钮，创建的扫掠体如图 10.64 所示。

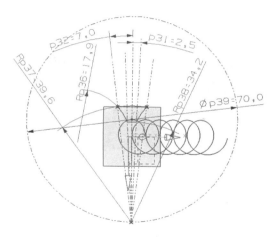

图 10.63　创建的草图

图 10.64　创建的扫掠体

步骤 2：进行复制

(1)　选择【插入】|【关联复制】|【引用几何体】命令，或单击【特征】工具条中的【引用几何体】按钮，打开【引用几何体】对话框，选择扫掠体为引用的几何体，选择基准 CSYS 的 YZ 平面为镜像平面，如图 10.65 所示进行参数设置，单击【确定】按钮。复制的几何体 1 效果如图 10.66 所示。

图 10.65　【引用几何体】对话框

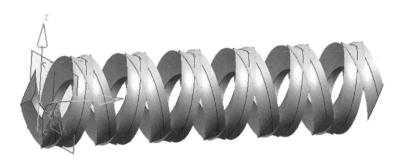

图 10.66　复制的几何体(1)

(2)　单击【特征】工具条中的【引用几何体】按钮🎐，打开【引用几何体】对话框，选择第(1)步的镜像体为引用的几何体，选择基准 CSYS 的 XY 平面为镜像平面，如图 10.65 所示进行参数设置，单击【确定】按钮，复制的几何体(2)如图 10.67 所示。

图 10.67　复制的几何体(2)

步骤 3：创建其他部分

(1)　单击【特征】工具条中的【圆柱】按钮🛢️，打开【圆柱】对话框。在【类型】下拉列表框中选择【轴、直径和高度】选项，指定矢量为正 ZC 轴，单击【点构造器】按钮🔲，打开【点】对话框，输入点坐标为(0, 0, 10)，单击【确定】按钮，返回到【圆柱】对话框，在【直径】文本框中输入 "5.9826*2"，在【高度】文本框中输入 "60"，单击【应用】按钮，创建的圆柱体效果如图 10.68 所示。

图 10.68　创建的圆柱体

(2)　选择【插入】|【组合体】|【求差】命令，或单击【特征操作】工具条中的【求差】

按钮，打开【求差】对话框，选择第(1)步创建的圆柱实体为目标体，分别选择步骤 1 第(9)步创建的扫掠实体和步骤 2 第(2)步创建的引用几何体为刀具体，如图 10.69 所示，单击【确定】按钮。

图 10.69　【求差】对话框

(3)　隐藏步骤 2 第(2)步创建的引用几何体，隐藏引用几何体效果如图 10.70 所示。

图 10.70　隐藏引用几何体

(4)　单击【特征】工具条中的【圆柱】按钮，打开【圆柱】对话框，在【类型】下拉列表框中选择【轴、直径和高度】选项，指定矢量"正 ZC 轴"，单击【点构造器】按钮，打开【点】对话框，输入点坐标为(0, 0, 70)，单击【确定】按钮，返回到【圆柱】对话框，在【直径】文本框中输入"8"，在【高度】文本框中输入"48"，在【布尔】下拉列表框中选择【求和】选项，选择主实体为求和体，单击【应用】按钮，创建的圆柱体效果如图 10.71所示。

图 10.71　创建的圆柱体

(5)　再以矢量为"正 ZC 轴"，单击【点构造器】按钮，打开【点】对话框，输入点坐

标为(0, 0, -22)，单击【确定】按钮，返回到【圆柱】对话框，在【直径】文本框中输入"8"，
在【高度】文本框中输入"32"，在【布尔】下拉列表框中选择【求和】选项，选择主实体为
求和体，单击【应用】按钮。再分别以矢量为正 ZC 轴，单击【点构造器】按钮 ，打开【点】
对话框，分别输入点坐标为(0, 0, -15)和(0, 0, 91)，单击【确定】按钮，返回到【圆柱】对话框，
在【直径】文本框中输入"12"，在【高度】文本框中输入"4"，在【布尔】下拉列表框中
选择【求和】选项，选择主实体为求和体，单击【应用】按钮，创建的圆柱体效果如图 10.72
所示。

图 10.72　创建的圆柱体

(6)　单击【特征】工具条中的【坡口焊】按钮 ，打开【槽】对话框。单击【矩形】按钮，
打开如图 10.73 所示的【矩形槽】对话框，选择如图 10.74 所示的面为放置面，打开如图 10.75
所示的【矩形槽】对话框，在【槽直径】文本框中输入"6.5"，在【宽度】文本框中输入"0.5"，
单击【确定】按钮，以端面的圆弧为目标对象，选择靠近端面的刀具边，在表达式窗口中输入
"0.5"，单击【确定】按钮，创建的矩形槽效果如图 10.76 所示。

图 10.73　【矩形槽】对话框(1)

图 10.74　选择的放置面

图 10.75　【矩形槽】对话框(2)

图 10.76　创建的矩形槽

(7)　打开【部件导航器】，用鼠标右键单击 History Mode，在弹出的快捷菜单中选择【无
历史记录模式】命令，如图 10.77 所示。在弹出的【建模模式】对话框中单击【是】按钮，如
图 10.78 所示。

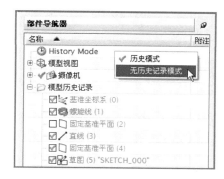

图 10.77 部件导航器

图 10.78 【建模模式】对话框

（8）在【部件导航器】中用鼠标右键单击如图 10.79 所示的部件名，在绘图区可以看出是引用的几何体，在弹出的快捷菜单中选择【删除】命令，这样就完成蜗杆零件的创建，最后保存文件。

图 10.79 【部件导航器】

10.2.3 创建蜗轮和蜗杆机构的装配箱

步骤 1：创建基本体

（1）在存储蜗轮的文件夹中新建一个文件，命名为 zhuangpeibox。

（2）单击【特征】工具条中的【创建草图】按钮 ，打开【创建草图】对话框，如图 10.80 所示。在绘图区选择基准 CSYS 中的 XZ 平面为草图平面，如图 10.81 所示，单击【确定】按钮。

（3）创建如图 10.82 所示的草图。单击【完成草图】按钮，退出草图界面，返回到主窗口。

（4）单击【特征】工具条中的【拉伸】按钮 ，打开【拉伸】对话框。在【曲线规则】下拉列表框中选择【特征曲线】选项，选择(3)步创建的草图曲线，拉伸方向为负 YC 轴，在【限制】选项组中的【结束】下拉列表框中选择【对称值】选项，在【距离】文本框中输入的"60"，在【布尔】下拉列表框中选择【无】选项，在【拔模】下拉列表框中选择【无】选项，其他按默认设置，单击【确定】按钮，参数设置和拉伸的效果如图 10.83 所示。

图 10.80 【创建草图】对话框

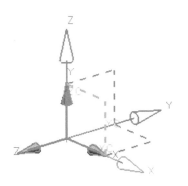

图 10.81 选择的草图平面

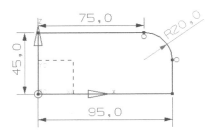

图 10.82 创建的草图

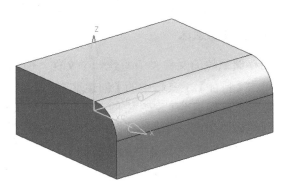

图 10.83 拉伸的效果

(5) 单击【特征】工具条中的【圆柱】按钮，打开【圆柱】对话框，在【类型】下拉列表框中选择【轴、直径和高度】选项，指定矢量为正 ZC 轴，单击【点构造器】按钮 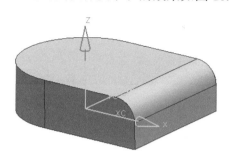，
打开【点】对话框，输入点坐标为(0, 0, 0)，单击【确定】按钮，在【直径】文本框中输入"120"，
在【高度】文本框中输入"45"，在【布尔】下拉列表框中选择【求和】选项，选择拉伸体为
求和体，单击【应用】按钮，创建的圆柱体及求和的效果如图 10.84 所示。

图 10.84　创建的圆柱体及求和的效果

(6)　选择【插入】|【细节特征】|【边倒圆】命令，或单击【特征操作】工具条中的【边
倒圆】按钮 ，打开【边倒圆】对话框，如图 10.85 所示，选择如图 10.86 所示的边，在【半
径】文本框中输入"5"，单击【应用】按钮，创建的倒边角效果如图 10.87 所示。

图 10.85　【边倒圆】对话框

图 10.86　选择的边

图 10.87　创建的边倒角效果

(7) 选择【插入】|【偏置/缩放】|【抽壳】命令，或单击【特征操作】工具条中的【抽壳】按钮，打开【壳单元】对话框，如图 10.88 所示。在【类型】选项组中单击【移除面，然后抽壳】按钮，选择如图 10.89 所示的面为要冲裁的面，在【厚度】文本框中输入"4"，单击【确定】按钮，抽壳的效果如图 10.90 所示。

图 10.88　【壳单元】对话框

图 10.89　选择的面

图 10.90　抽壳的效果

步骤 2：创建其他特征

(1) 选择【插入】|【设计特征】|【凸台】命令，或单击【特征】工具条中的【凸台】按钮，打开【凸台】对话框，如图 10.91 所示。选择如图 10.92 所示的放置面，在【直径】文本框中输入"110"，在【高度】文本框中输入"11"，在【锥角】文本框中输入"0"，单击【确定】按钮。

图 10.91　【凸台】对话框

图 10.92　选择的放置面

(2) 在弹出的【定位】对话框中单击【点到点】按钮 📷，打开【点到点】对话框，如图 10.93 所示，选择如图 10.94 所示的圆弧，在弹出的【设置圆弧的位置】对话框中单击【圆弧中心】按钮，再次打开【点到点】对话框，单击【确定】按钮，定位的效果如图 10.95 所示。

图 10.93 【点到点】对话框

图 10.94 选择的圆弧

图 10.95 定位的效果

(3) 选择【插入】|【设计特征】|【腔体】命令，或单击【特征】工具条中的【腔体】按钮 🔲，打开【腔体】对话框，如图 10.96 所示。单击【圆柱形】按钮，打开如图 10.97 所示的【圆柱形腔体】对话框，选择如图 10.98 所示的放置面。

图 10.96 【腔体】对话框

图 10.97 【圆柱形腔体】对话框(1)

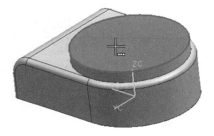

图 10.98 选择的放置面

(4) 在弹出的如图 10.99 所示的【圆柱形腔体】对话框中的【腔体直径】文本框中输入"90"，在【深度】文本框中输入"15"，在【底面半径】文本框中输入"0"，在【锥角】文本框中输入"0"，单击【确定】按钮。

图 10.99　【圆柱形腔体】对话框(2)

(5) 在弹出的【定位】对话框中单击【点到点】按钮，打开如图 10.100 所示的【点到点】对话框，选择如图 10.101 所示的圆弧为目标对象，在弹出的【设置圆弧的位置】对话框中单击【圆弧中心】按钮，打开如图 10.102 所示的【点到点】对话框，选择如图 10.103 所示的圆弧为刀具边，在弹出的【设置圆弧的位置】对话框中单击【圆弧中心】按钮，单击【确定】按钮，定位的效果如图 10.104 所示。

图 10.100　【点到点】对话框(1)

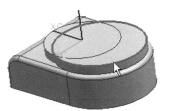

图 10.101　选择的目标对象

图 10.102　【点到点】对话框(2)

图 10.103　选择的刀具边

图 10.104　定位的效果

(6) 单击【特征操作】工具条中的【边倒圆】按钮，打开【边倒圆】对话框。选择如

图 10.105 所示的边，在【半径】文本框中输入 "2"，单击【应用】按钮，边倒角效果如图 10.106
所示。

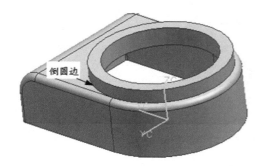

图 10.105 选择的边

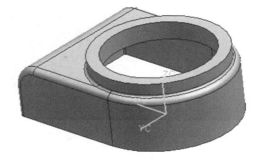

图 10.106 边倒角效果

(7) 选择【插入】│【设计特征】│【长方体】命令，或单击【特征】工具条中的【长方
体】按钮 ，打开【长方体】对话框，在【类型】下拉列表框中选择【原点和边长】选项，
在【长度】文本框中输入 "215"，在【宽度】文本框中输入 "148"，在【高度】文本框中输
入 "5"，如图 10.107 所示，单击【点构造器】按钮 ，打开【点】对话框，输入点坐标为(-85,
-74, -5)，单击【确定】按钮，返回到【长方体】对话框，在【布尔】下拉列表框中选择【求
和】选项，单击【确定】按钮，创建长方体及求和效果如图 10.108 所示。

图 10.107 【长方体】对话框

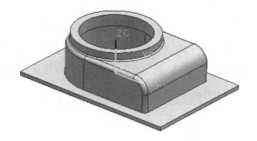

图 10.108 创建的长方体及求和效果

(8) 单击【特征】工具条中的【长方体】按钮 ，打开【长方体】对话框，在【类型】下
拉列表框中选择【原点和边长】选项，在【长度】文本框中输入 "30"，在【宽度】文本框中
输入 "30"，在【高度】文本框中输入 "3"，选择【原点和边长】选项，输入边长，单击【点
构造器】按钮 ，打开【点】对话框，输入点坐标为(-85, -74, -8)，单击【确定】按钮，返回
到【长方体】对话框，在【布尔】下拉列表框中选择【求和】选项，单击【确定】按钮，创建

的长方体及求和效果如图 10.109 所示。

图 10.109　创建的长方体及求和效果

(9)　选择【插入】|【关联复制】|【实例特征】菜单命令，或单击【特征操作】工具条中的【实例特征】按钮，打开【实例】对话框，如图 10.110 所示。单击【矩形阵列】按钮，在如图 10.111 所示的【实例】对话框中选择【长方体(10)】选项，单击【确定】按钮。

图 10.110　【实例】对话框(1)

图 10.111　【实例】对话框(2)

(10)　在弹出的如图 10.112 所示的【输入参数】对话框中进行参数设置，再在弹出的如图 10.113 所示的【创建实例】对话框中单击【确定】按钮，效果如图 10.114 所示。

(11)　单击【曲线】工具条中的【基本曲线】按钮，打开【基本曲线】对话框。单击【圆】按钮，在【点方法】下拉列表框中选择【点构造器】选项，打开【点】对话框，分别输入圆心绝对坐标为(80, 0, 48.5)，输入圆弧上的点的绝对坐标为(72.5, 0, 48.5)，单击【确定】按钮，返回【基本曲线】对话框，单击【确定】按钮，创建如图 10.115 所示的圆。

图 10.112　【输入参数】对话框

图 10.113　【创建实例】对话框

图 10.114　创建的矩形阵列特征

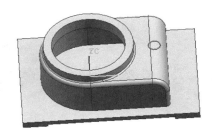

图 10.115　创建的圆

(12) 单击【特征】工具条中的【拉伸】按钮 ，打开【拉伸】对话框。选择第(11)步的圆弧曲线，拉伸方向为负 ZC 轴，在【开始】文本框中输入 "0"，在【结束】下拉列表框中选择【直到被延伸】选项，选择如图 10.116 所示的面，在【布尔】下拉列表框中选择【求和】选项，其他按默认设置，单击【确定】按钮，拉伸的效果如图 10.117 所示。

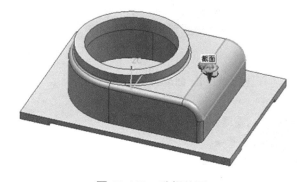

图 10.116　选择的面

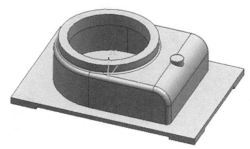

图 10.117　拉伸的效果

(13) 选择【插入】｜【设计特征】｜【三角形加强筋】命令，或单击【特征】工具条中的【三角形加强筋】按钮 ，打开【三角形加强筋】对话框，如图 10.118 所示。选择如图 10.119 所示的面为第一组面，选择如图 10.120 所示的面为第二组面，选中【%圆弧长】单选按钮，在其文本框中输入 "25"，在【角度】文本框中输入 "15"，在【深度】文本框中输入 "15"，在【半径】文本框中输入 "3"，单击【确定】按钮，创建的三角形加强筋效果如图 10.121 所示。

(14) 再在【%圆弧长】文本框中输入 "75"，选择两个面的交线为位置曲线，其他参数不变再创建 1 个三角形加强筋，创建另 1 个三角形加强筋效果如图 10.122 所示。

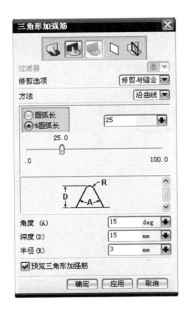

图 10.118 【三角形加强筋】对话框

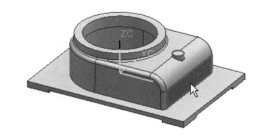

图 10.119 选择的第一组面

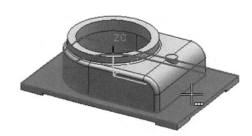

图 10.120 选择的第二组面

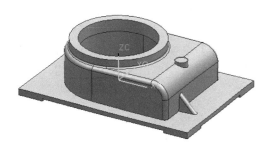

图 10.121 创建的三角形加强筋

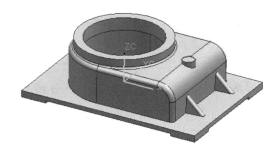

图 10.122 创建另 1 个三角形加强筋

(15) 单击【特征】工具条中的【圆柱】按钮 ，打开【圆柱】对话框，在【类型】下拉列表框中选择【轴、直径和高度】选项，分别以如下参数创建 4 个圆柱。

● 输入点坐标为(0, 0, 0)，直径为"28"，高度为"10"，指定矢量为"正 ZC 轴"，布尔选择【求和】选项。

- 输入点坐标为(0, 0, 0)，直径为"38"，高度为"5"，指定矢量为正 ZC 轴，布尔选择【求和】选项。
- 输入点坐标为(39.9826, 56, 16.77)，直径为"29"，高度为"9"，指定矢量为 YC 轴，布尔选择【求和】选项。
- 输入点坐标为(39.9826, -58, 16.77)，直径为"20"，高度为"130"，指定矢量为正 YC 轴，布尔选择【求差】选项。

得到的效果如图 10.123 所示。

图 10.123　创建的圆柱体及求和、求差效果

(16) 选择【插入】|【设计特征】|【孔】菜单命令，或单击【特征】工具条中的【孔】按钮 ▣，打开【孔】对话框，如图 10.124 所示。在【类型】下拉列表框中选择【常规孔】选项，在【成形】下拉列表框中选择【简单】选项，捕捉如图 10.125 所示的圆心，在【直径】文本框中输入"10"，在【深度限制】下拉列表框中选择【值】选项，在【深度】文本框中输入"10"，在【尖角】文本框中输入"0"，单击【确定】按钮，创建的孔效果如图 10.126 所示。

图 10.124　【孔】对话框

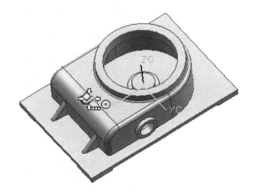

图 10.125　捕捉的圆心

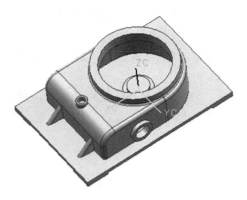

图 10.126　创建的孔

(17) 单击【特征】工具条中的【孔】按钮 ，打开【孔】对话框。在【类型】下拉列表框中选择【常规孔】选项，在【成形】下拉列表框中选择【简单】选项，单击如图 10.127 所示的【点构造器】按钮，打开【点】对话框，输入坐标为(-70, -65, 0)，单击【确定】按钮，返回【孔】对话框，在【孔方向】下拉列表框中选择【沿矢量】选项，矢量为负 ZC 轴，在【直径】文本框中输入"9"，在【深度限制】下拉列表框中选择【贯通体】选项，单击【确定】按钮，创建的孔效果如图 10.128 所示。

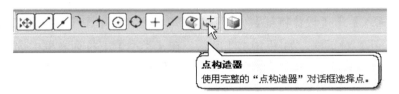

图 10.127　【点构造器】按钮

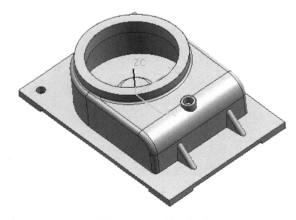

图 10.128　创建的孔

(18) 对第(17)步创建的孔进行矩形阵列操作，在如图 10.129 所示的【输入参数】对话框中进行参数设置，创建的孔矩形阵列效果如图 10.130 所示。

图 10.129 【输入参数】对话框

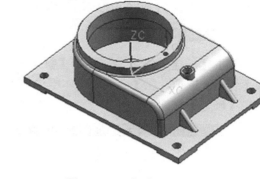

图 10.130 创建的孔矩形阵列

(19) 使用边倒圆功能对如图 10.131 所示的边进行倒圆角操作。倒圆角效果如图 10.132 所示。这样，就创建好了装配箱。

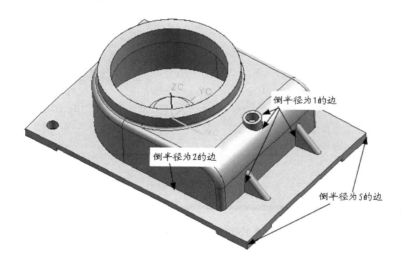

图 10.131 倒圆角的边

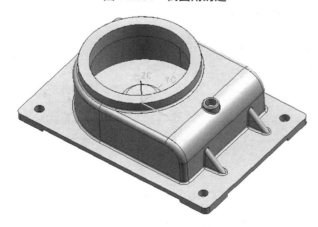

图 10.132 倒圆角效果

10.2.4 蜗轮蜗杆机构的装配操作

步骤 1：装配外箱

(1) 单击【新建】按钮 □ ，打开【新建】对话框，如图 10.133 所示，在【模板】选项组中选择【装配】选项，在【名称】文本框中输入 woluanjigou-assm.prt，选择适当的文件存储路径，单击【确定】按钮。

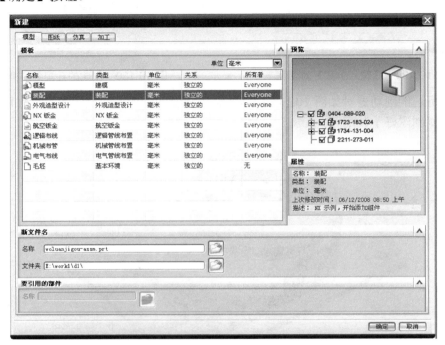

图 10.133 【新建】对话框

(2) 在弹出的如图 10.134 所示的【添加组件】对话框中单击【打开】按钮 □ 。

图 10.134 【添加组件】对话框

(3) 在弹出的【部件名】对话框中找到文件 zhangpeibox.prt 存储的路径，如图 10.135 所示，单击 OK 按钮。

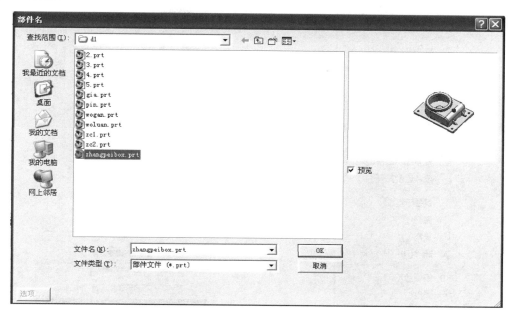

图 10.135 【部件名】对话框

(4) 返回到【添加组件】对话框，在【放置】选项组中的【定位】下拉列表框中选择【绝对原点】选项，单击【应用】按钮，添加的组件如图 10.136 所示。

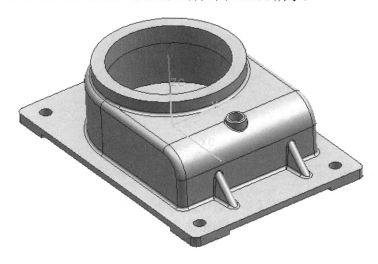

图 10.136 添加的组件

(5) 在绘图区用鼠标右键单击已经加载的组件，在弹出的如图 10.137 所示的快捷菜单中选择【编辑显示】命令，打开【编辑对象显示】对话框，拖动【透明度】下的滑块，设为 70 左右，如图 10.138 所示，单击【确定】按钮，编辑对象的效果如图 10.139 所示。

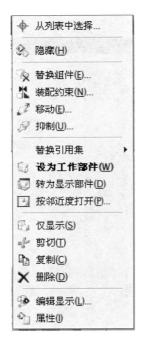

图 10.137　弹出的快捷菜单　　　　图 10.138　【编辑对象显示】对话框

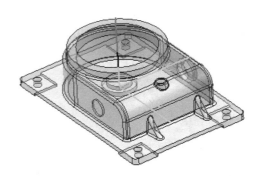

图 10.139　编辑对象的效果

步骤 2：装配蜗轮

（1）单击【装配】工具条中的【添加组件】按钮，打开【添加组件】对话框，单击【打开】按钮，在【部件名】对话框中找到蜗轮部件文件 wolun.prt，单击 OK 按钮，再单击【确定】按钮。

（2）在【添加组件】对话框的【放置】选项组中的【定位】下拉列表框中选择【移动】选项，单击【确定】按钮。在弹出的如图 10.140 所示的【点】对话框中输入坐标为(0, 0, 0)，系统打开【移动组件】对话框，如图 10.141 所示，在【类型】下拉列表框中选择【平移】选项，在【Z 增量】文本框中输入"10"，单击【确定】按钮，装配的蜗轮效果如图 10.142 所示。

图 10.140 【点】对话框

图 10.141 【移动组件】对话框

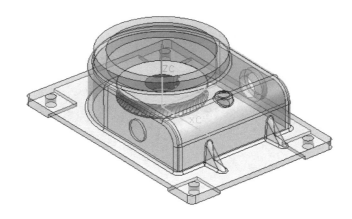

图 10.142 装配的蜗轮

步骤 3：装配蜗杆

(1) 单击【装配】工具条中的【添加组件】按钮，打开【添加组件】对话框。单击【打开】按钮，在【部件名】对话框中找到蜗杆部件文件 wogan.prt，单击 OK 按钮，再单击【确定】按钮。

(2) 在【添加组件】对话框的【放置】选项组中的【定位】下拉列表框中选择【移动】选项，单击【确定】按钮。在弹出的如图 10.143 所示的【点】对话框中输入坐标为(0, 0, 0)，系统打开【移动组件】对话框，在【类型】下拉列表框中选择【平移】选项，在【X 增量】文本框中输入"39.8386"，【Y 增量】文本框中输入"–36"，【Z 增量】文本框中输入"16.77"，如图 10.144 所示，单击【确定】按钮，装配的蜗杆效果如图 10.145 所示。

图 10.143　【点】对话框

图 10.144　【移动组件】对话框

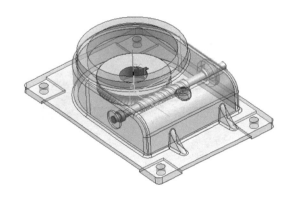

图 10.145　装配的蜗杆

步骤 4：装配轴承

（1）单击【装配】工具条中的【添加组件】按钮，打开【添加组件】对话框。单击【打开】按钮，在【部件名】对话框中找到轴承部件文件 zc1.prt，单击 OK 按钮，再单击【确定】按钮。

（2）在【添加组件】对话框的【放置】选项组中的【定位】下拉列表框中选择【通过约束】选项，在【复制】选项组中的【多重添加】下拉列表框中选择【添加后重复】选项，如图 10.146 所示，单击【确定】按钮。

（3）在如图 10.147 所示的【装配约束】对话框中，在【类型】下拉列表框中选择【同心】选项，选择如图 10.148 所示的边缘，再选择如图 10.149 所示的边缘，单击【确定】按钮，装配的约束效果如图 10.150 所示。

图 10.146　【添加组件】对话框

图 10.147　【装配约束】对话框

图 10.148　选择的边缘(1)

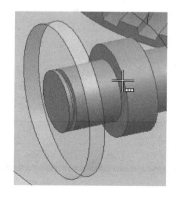

图 10.149　选择的边缘(2)

图 10.150　装配约束的效果

(4)　在【装配约束】对话框中，在【类型】下拉列表框中选择【同心】选项，继续选择如图 10.148 所示的边缘，再选择如图 10.151 所示的边缘，单击【确定】按钮，装配的约束效果如图 10.152 所示，再单击【取消】按钮。

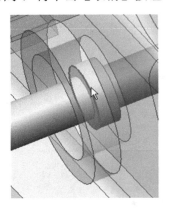

图 10.151　选择的边缘

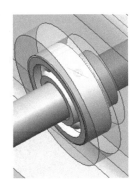

图 10.152　装配约束的效果

步骤 5：装配顶盖

(1)　单击【装配】工具条中的【添加组件】按钮，打开【添加组件】对话框，单击【打开】按钮，在【部件名】对话框中找到顶盖部件文件 2.prt，单击 OK 按钮，再单击【确定】按钮。

(2)　在【添加组件】对话框中的【放置】选项组中的【定位】下拉列表框中选择【移动】选项，单击【确定】按钮，在弹出的如图 10.153 所示的【点】对话框中输入坐标为(0, 0, 0)，系统打开【移动组件】对话框，在【类型】下拉列表框中选择【平移】选项，在【X 增量】文本框中输入"0"，在【Y 增量】文本框中输入"0"，在【Z 增量】文本框中输入"56"，如图 10.154 所示，单击【确定】按钮，装配的顶盖效果如图 10.155 所示。

图 10.153　【点】对话框

图 10.154　【移动组件】对话框

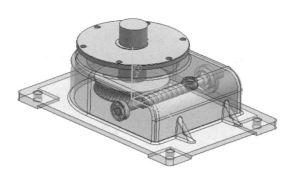

图 10.155　装配的顶盖

步骤 6：装配链轮

(1)　单击【装配】工具条中的【添加组件】按钮，打开【添加组件】对话框，单击【打开】按钮，在【部件名】对话框中找到链轮部件文件 4.prt，单击 OK 按钮，再单击【确定】按钮。

(2)　在【添加组件】对话框中的【放置】选项组中的【定位】下拉列表框中选择【移动】选项，单击【确定】按钮，在弹出的【点】对话框中输入坐标为(0, 0, 0)，系统打开【移动组件】对话框，在【类型】下拉列表框中选择【平移】选项，在【X 增量】文本框中输入"0"，【Y 增量】文本框中输入"0"，【Z 增量】文本框中输入"39.5"，单击【确定】按钮，装配链轮效果如图 10.156 所示。

(3)　设置链轮的透明度为"60"，并设置其颜色，得到的效果如图 10.157 所示，按照前面的方法，读者可以自行练习装配其他组件。这样，一个蜗轮蜗杆机构就制作完成了。

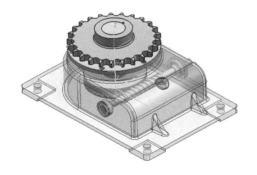

图 10.156　装配链轮

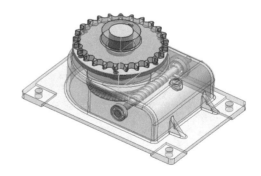

图 10.157　设置链轮的透明度和颜色

10.3　本　章　小　结

本章对一个综合设计范例——蜗轮蜗杆机构设计进行了详细介绍，这个设计范例操作命令主要包含了本书实体建模和装配设计中讲述的内容，包括 UG 基本操作、草图设计、实体建模、特征设计、装配设计等。通过对这个综合范例的详细介绍，读者可以对 UG NX 6.0 软件的基础设计和装配设计内容有了一个较全面的认识。

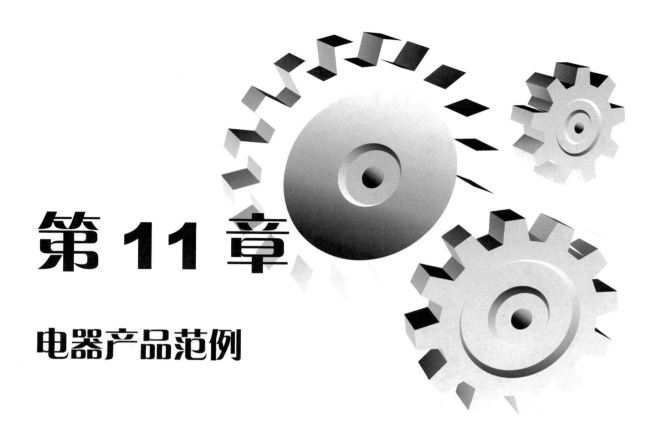

第 11 章

电器产品范例

本章继续详细介绍 UG NX 6.0 的一个综合设计应用实例——电器产品的设计。在这个综合设计范例中，作者运用了 UG NX 6.0 的大多数基础操作和曲面命令和功能，包括：草图操作、实体建模技术、特征操作和曲面设计等。

11.1　范　例　介　绍

11.1.1　范例模型介绍

　　如图 11.1 所示为电器产品的造型设计。随着技术的进步，层出不穷的电子产品已成为当代设计领域中最多产、最有吸引力的部分，产品风格也随着变革性的发展，富有情趣。现在生产商的竞争目标是满足消费者的个性化需求，消费市场上家电品牌不仅在功能和质量上追求卓越，而且外观设计上也越来越艺术化。

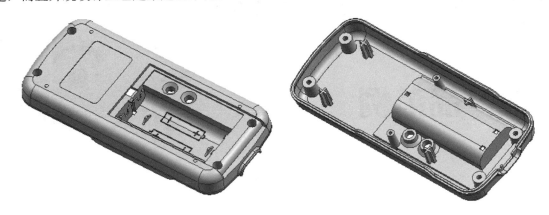

图 11.1　范例产品

11.1.2　范例制作要点

　　通过这个范例的学习将熟悉如下内容。
- 造型设计的整体思路。
- 细节上的合理安排。
- 草图的创建和约束。
- 特征设计的拉伸方法。
- 孔的定位和设计。
- 其他一些实用操作方法。

11.2　范　例　制　作

11.2.1　创建电器外壳主体

步骤 1：创建主体框架

　　(1)　在桌面上双击 UG NX 6.0 图标，启动 UG SIEMENS NX 6.0。

　　(2)　单击【新建】按钮，打开【新建】对话框，在【模板】选项组中选择【模型】选项，在【名称】文本框中输入适当的名称，选择适当的文件存储路径，如图 11.2 所示，单击【确定】

按钮。

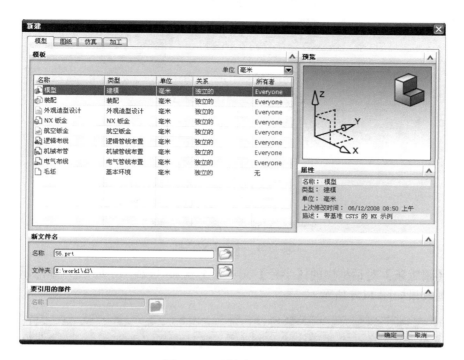

图 11.2　【新建】对话框

(3)　选择【插入】|【曲线】|【基本曲线】命令，或单击【曲线】工具条中的【基本曲线】按钮，打开【基本曲线】对话框。单击【圆】按钮，如图 11.3 所示。

图 11.3　【基本曲线】对话框

(4)　在【点方法】下拉列表框中选择【点构造器】选项，打开【点】对话框，输入圆心坐标为(69.55, 0, 0)，如图 11.4 所示，单击【确定】按钮，单击【后退】按钮。

图 11.4　【点】对话框

(5) 在【跟踪条】对话框中的【半径】文本框中输入"125"，如图 11.5 所示，按下回车键，绘制的圆效果如图 11.6 所示。

图 11.5　【跟踪条】对话框

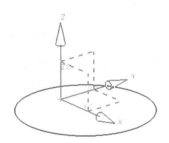

图 11.6　绘制的圆

(6) 用同样的方法创建另一个圆，圆心坐标为(-43.95, 0, 0)，半径为"100"，效果如图 11.7 所示。

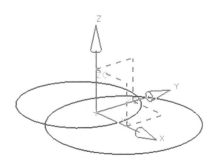

图 11.7　绘制的另一个圆

(7) 选择【插入】|【基准/点】|【基准平面】菜单命令，或单击【特征操作】工具条中的【基准平面】按钮![按钮]，打开【基准平面】对话框。在【类型】下拉列表框中选择【XC-ZC平面】选项，在【距离】文本框中输入"25"，如图 11.8 所示，单击【确定】按钮，绘制的基准平面效果如图 11.9 所示。

图 11.8　【基准平面】对话框

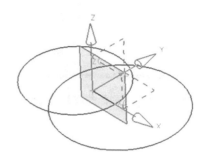

图 11.9　绘制的基准平面

(8) 用上步相同的方法创建另一个基准平面，距离为"–25"，创建的另一个基准平面效果如图 11.10 所示。

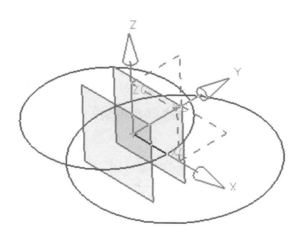

图 11.10　创建的另一个基准平面

(9) 选择【插入】|【来自体的曲线】|【截面】菜单命令，或单击【曲线】工具条中的【截面曲线】按钮![按钮]，打开【截面曲线】对话框。选择创建的两个圆为要剖切的对象，选择上步创建的两个基准平面为剖切平面，如图 11.11 所示，单击【确定】按钮，在圆弧上创建了 8 个交点，效果如图 11.12 所示。

(10) 单击【曲线】工具条中的【基本曲线】按钮![按钮]，打开【基本曲线】对话框。单击【直线】按钮![按钮]，取消【线串模式】复选框的勾选，分别捕捉如图 11.13 和图 11.14 所示的两个已存在点，连成一条直线，连成的一条直线效果如图 11.15 所示。

图 11.11　【截面曲线】对话框

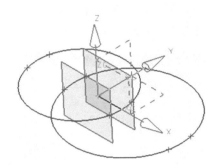

图 11.12　创建的 8 个交点

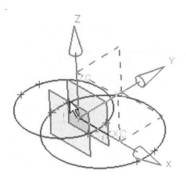

图 11.13　捕捉的点

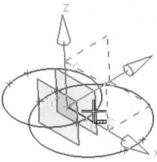

图 11.14　捕捉的另一个点

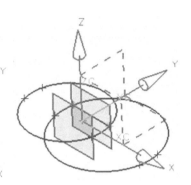

图 11.15　连成的一条直线

(11) 使用相同的方法，创建另外一条直线，效果如图 11.16 所示。

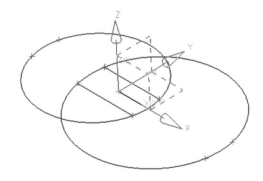

图 11.16　创建另外一条直线

(12) 单击【曲线】工具条中的【基本曲线】按钮，打开【基本曲线】对话框，单击【修剪】按钮，打开【修剪曲线】对话框，如图 11.17 所示，选择如图 11.18 所示的箭头位置为要修剪的曲线，选择如图 11.19 所示的直线为边界对象 1，选择如图 11.20 所示的直线为边界对象 2，在其对话框中进行其他参数设置，单击【应用】按钮，修剪的效果如图 11.21 所示。

图 11.17　【修剪曲线】对话框

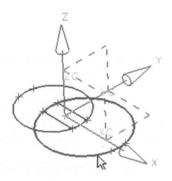

图 11.18　选择的修剪曲线

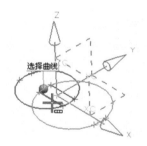

图 11.19　选择的边界对象 1

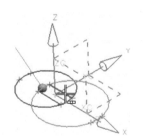

图 11.20　选择的边界对象 2

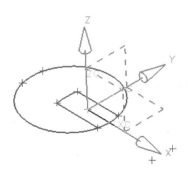

图 11.21　修剪的效果

(13) 使用同样的方法修剪另一个圆弧，修剪效果如图 11.22 所示。

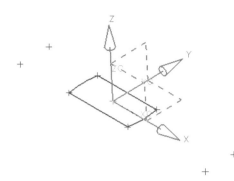

图 11.22　修剪的另一个圆弧

(14) 选择【编辑】|【显示与隐藏】|【隐藏】命令，或单击【实用工具】工具条中的【隐藏】按钮，打开【类选择】对话框，如图 11.23 所示。

(15) 单击【类型过滤器】按钮，打开【根据类型选择】对话框。选择类型为点，如图 11.24 所示，单击【确定】按钮。

(16) 在【类选择】对话框中，单击【全选】按钮，再单击【确定】按钮，隐藏所有的点。

图 11.23　【类选择】对话框

图 11.24　【根据类型选择】对话框

(17) 选择【插入】|【设计特征】|【拉伸】命令，或单击【特征】工具条中的【拉伸】按钮，打开【拉伸】对话框，如图 11.25 所示，选择绘图区所有曲线，拉伸方向为正 ZC 轴，在【开始】下拉列表框中选择【值】选项，在【距离】文本框中输入"0"，在【结束】下拉列表框中选择【值】选项，在【距离】文本框中输入"2"，如图 11.26 所示，其他按默认设置，单击【确定】按钮，拉伸的效果如图 11.27 所示。

图 11.25 【拉伸】对话框

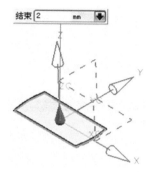

图 11.26 设置的参数

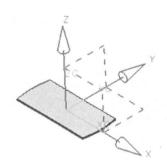

图 11.27 拉伸的效果

(18) 单击【特征】工具条中的【拉伸】按钮 ，打开【拉伸】对话框。在【曲线规则】下拉列表框中选择【区域边界】选项，选择如图 11.28 所示的面，拉伸方向为正 ZC 轴，在【开始】文本框中输入 "0"，在【结束】文本框中输入 "10.5"，在【布尔】下拉列表框中选择【求和】选项，在【拔模】下拉列表框中选择【从截面】选项，在【角度选项】下拉列表框中选择【单个】选项，在【角度】文本框中输入 "6"，其他按默认设置，单击【确定】按钮，拉伸的效果如图 11.29 所示。

步骤 2：主体框架的细节处理

(1) 选择【插入】|【细节特征】|【边倒圆】菜单命令，或单击【特征操作】工具条中的【边倒圆】按钮 ，打开【边倒圆】对话框，如图 11.30 所示，选择箭头所指的边，在 Radius1 文本框中输入 "8.5"，如图 11.31 所示，单击【应用】按钮，边倒角的效果如图 11.32 所示。

图 11.28　选择的面

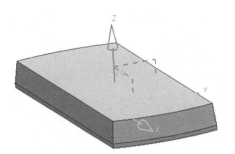

图 11.29　拉伸的效果

图 11.30　【边倒圆】对话框

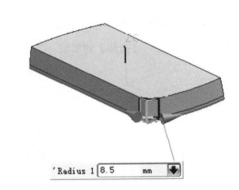

图 11.31　设置的参数

图 11.32　边倒圆的效果

(2)　对如图 11.33 所示的边缘进行半径为 "5" 的边倒圆操作。

(3)　对如图 11.34 所示的边缘进行半径为 "8" 的边倒圆操作。

(4)　选择【格式】|WCS|【原点】命令，打开【点】对话框，输入坐标为(12.8, 0, 0)，如图 11.35 所示，单击【确定】按钮，单击【取消】按钮。

(5)　选择【插入】|【草图】命令，或单击【特征】工具条中的【草图】按钮 ，打开【创建草图】对话框，在【草图平面】选项组中的【平面选项】下拉列表框中选择【创建平面】选

项，如图 11.36 所示，单击【完整平面工具】按钮 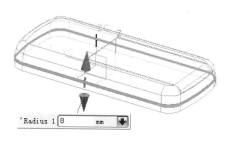，在打开的【平面】对话框中的【类型】下拉列表框中选择【XC-ZC 平面】选项，单击【确定】按钮，返回到【创建草图】对话框，单击【反向】按钮，单击【确定】按钮。

图 11.33　选择的边缘

图 11.34　选择的边缘

图 11.35　【点】对话框

图 11.36　【创建草图】对话框

(6)　创建如图 11.37 所示的草图，单击【完成草图】按钮，退出草图界面，返回到主窗口。

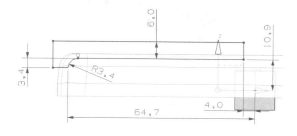

图 11.37　创建的草图

(7)　单击【特征】工具条中的【拉伸】按钮，打开【拉伸】对话框。在【曲线规则】下拉列表框中选择【特征曲线】选项，选择第(6)步创建的草图曲线，拉伸方向为正 YC 轴，在【开始】文本框中输入"-16.5"，在【结束】文本框中输入"16.5"，在【布尔】下拉列表框中选择【求差】选项，在【拔模】下拉列表框中选择【无】选项，其他按默认设置，单击【确定】

按钮，拉伸的效果如图 11.38 所示。

图 11.38　拉伸的效果

（8）选择【插入】|【偏置/缩放】|【抽壳】菜单命令，或单击【特征操作】工具条中的【抽壳】按钮，打开【壳单元】对话框，如图 11.39 所示，选择如图 11.40 所示的面，在【厚度】文本框中输入"2"，单击【确定】按钮，抽壳的效果如图 11.41 所示。

图 11.39　【壳单元】对话框

图 11.40　选择的面

图 11.41　抽壳的效果

（9）单击【特征】工具条中的【草图】按钮，打开【创建草图】对话框，在【草图平面】选项组中的【平面选项】下拉列表框中选择【创建平面】选项，如图 11.36 所示，单击【完整平面工具】按钮，在打开的【平面】对话框中的【类型】下拉列表框中选择【XC-ZC 平面】选项，单击【确定】按钮，返回到【创建草图】对话框，单击【反向】按钮，单击【确定】按钮，创建如图 11.42 所示的草图，单击【完成草图】按钮，退出草图界面，返回到主窗口。

（10）单击【特征】工具条中的【拉伸】按钮，打开【拉伸】对话框，在【曲线规则】下拉列表框中选择【特征曲线】选项，选择上步创建的草图曲线，拉伸方向为正 YC 轴，在【开

始】文本框中输入"–30",在【结束】文本框中输入"30",在【布尔】下拉列表框中选择
【求差】选项,在【拔模】下拉列表框中选择【无】选项,其他按默认设置,单击【确定】按
钮,拉伸的效果如图 11.43 所示。

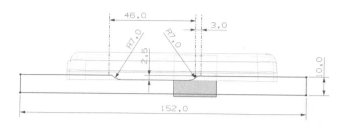

图 11.42　创建的草图

图 11.43　拉伸的效果

步骤 3:创建产品的裙边

(1) 选择【插入】|【来自曲线集的曲线】|【偏置】菜单命令,或单击【曲线】工具条
中的【偏置曲线】按钮 🔾,打开【偏置曲线】对话框,如图 11.44 所示,在【类型】下拉列表
框中选择【3D 轴向】选项,方向为正 ZC 轴方向,在【距离】文本框中输入"1",对如图 11.45
所示的边缘曲线进行偏置操作,单击【确定】按钮,偏置的效果如图 11.46 所示。

图 11.44　【偏置曲线】对话框

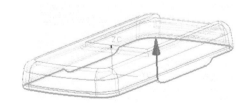

图 11.45　选择的边缘曲线

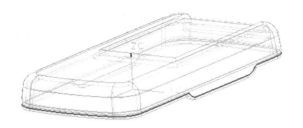

图 11.46　偏置的效果

　　(2)　单击【特征】工具条中的【拉伸】按钮 ▥，打开【拉伸】对话框，在【曲线规则】下拉列表框中选择【相连曲线】选项，选择第(1)步创建的偏置曲线，拉伸方向为负 ZC 轴，在【开始】文本框中输入"0"，在【结束】文本框中输入"30"，在【布尔】下拉列表框中选择【无】选项，在【拔模】下拉列表框中选择【无】选项，其他按默认设置，单击【确定】按钮。拉伸的效果如图 11.47 所示。

图 11.47　拉伸的效果

　　(3)　选择【插入】|【偏置/缩放】|【加厚】命令，打开【加厚】对话框，如图 11.48 所示，选择第(2)步的拉伸曲面及加厚方向，在【偏置 1】文本框中输入"0.8"，在【偏置 2】文本框中输入"-0.1"，如图 11.49 所示，单击【确定】按钮。

图 11.48　【加厚】对话框

图 11.49　偏置的参数

　　(4)　选择【插入】|【组合体】|【求差】菜单命令，或单击【特征操作】工具条中的【求

差】按钮 ，打开【求差】对话框，如图 11.50 所示，选择产品实体为目标体，选择第(3)步
骤创建的加厚实体为刀具体，单击【确定】按钮，求差的效果如图 11.51 所示。

图 11.50　【求差】对话框

图 11.51　求差的效果

12.2.2　创建电池盒

步骤 1：移动至图层

本步骤的目的是把以后用到的特征移动到其他图层，隐藏起来。

(1)　在绘图区选择偏置的曲线和拉伸的片体。

(2)　选择【格式】｜【移动至图层】命令，打开【图层移动】对话框，在【目标图层或类
别】文本框中输入"255"，如图 11.52 所示，单击【确定】按钮。

(3)　选择【格式】｜【图层设置】菜单命令，打开【图层设置】对话框，如图 11.53 所示，
取消【255】复选框的勾选，隐藏被选择的特征，单击【关闭】按钮，关闭【图层设置】对话框。

图 11.52　【图层移动】对话框

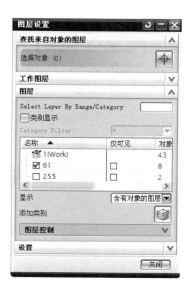

图 11.53　【图层设置】对话框

UG NX 6.0
中文版基础教程

步骤 2：创建电池安装腔体

(1) 单击【特征】工具条中的【草图】按钮 ，打开【创建草图】对话框，选择如图 11.54 所示的面行为草图平面，单击【确定】按钮，进入草图模式，创建如图 11.55 所示的草图，单击【完成草图】按钮，退出草图界面，返回到主窗口。

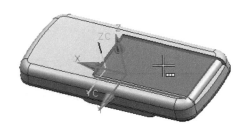

图 11.54　选择的面

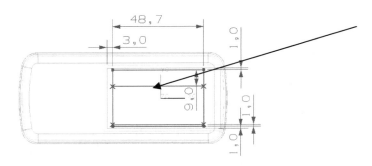

图 11.55　创建的草图

(2) 单击【特征】工具条中的【拉伸】按钮 ，打开【拉伸】对话框。在【曲线规则】下拉列表框中选择【单条曲线】选项，选择第(1)步创建的草图中的 4 条边线，拉伸方向为负 ZC 轴，在【开始】文本框中输入"0"，在【结束】文本框中输入"0.8"，在【布尔】下拉列表框中选择【求差】选项，在【拔模】下拉列表框中选择【无】选项，其他按默认设置，单击【确定】按钮，拉伸的效果如图 11.56 所示。

图 11.56　拉伸的效果

(3) 选择【插入】|【来自曲线集的曲线】|【投影】命令，或单击【曲线】工具条中的【投影曲线】按钮 ，打开【投影曲线】对话框，选择如图 11.55 所示的草图中间的直线为要投影的曲线，选择第(1)步作草图平面的那个面为要投影的对象，投影方向为"负 ZC 轴"方

482

向，如图 11.57 所示，单击【确定】按钮。

图 11.57 【投影曲线】对话框

(4) 单击【特征】工具条中的【拉伸】按钮，打开【拉伸】对话框，在【曲线规则】下拉列表框中选择【区域边界】选项，在如图 11.58 所示的位置单击，拉伸方向为"负 ZC 轴"，在【开始】文本框中输入"0"，在【结束】文本框中输入"2"，在【布尔】下拉列表框中选择【求差】选项，在【拔模】下拉列表框中选择【无】选项，其他按默认设置，单击【确定】按钮，效果如图 11.59 所示。

图 11.58 选择的区域边界

图 11.59 拉伸的效果

(5) 单击【特征】工具条中的【草图】按钮，打开【创建草图】对话框，选择如图 11.60 所示的面作为草图平面，单击【确定】按钮，进入草图模式，创建如图 11.61 所示的草图，单击【完成草图】按钮，退出草图界面，返回到主窗口。

(6) 单击【特征】工具条中的【拉伸】按钮，打开【拉伸】对话框。在【曲线规则】下拉列表框中选择【单条曲线】选项，选择如图 11.62 所示的曲线，拉伸方向为"负 XC 轴"，在【开始】文本框中输入"-1"，在【结束】文本框中输入"49.7"，在【布尔】下拉列表框中选择【无】选项，在【拔模】下拉列表框中选择【无】选项，其他按默认设置，单击【确定】按钮，效果如图 11.63 所示。

图 11.60　选择的草图平面

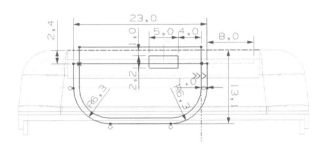

图 11.61　创建的草图

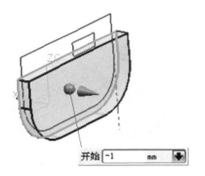

图 11.62　选择的曲线

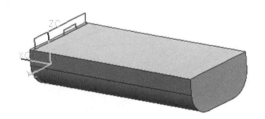

图 11.63　拉伸的效果

(7)　单击【特征】工具条中的【草图】按钮 ，打开【创建草图】对话框。在【草图平面】
选项组中的【平面选项】下拉列表框中选择【创建平面】选项，单击【完整平面工具】按钮 ，
在打开的【平面】对话框中选择【XC-YC 平面】选项，单击【确定】按钮，创建如图 11.64
所示的草图，单击【完成草图】按钮，退出草图界面，返回到主窗口。

(8)　单击【特征】工具条中的【拉伸】按钮 ，打开【拉伸】对话框。在【曲线规则】下
拉列表框中选择【相连曲线】选项，选择上步草图中负 XC 轴方向 2 个类似于十字形的曲线，
拉伸方向为正 ZC 轴，在【开始】文本框中输入"0"，在【结束】文本框中输入"9.8"，在
【布尔】下拉列表框中选择【求和】选项，选择主实体为求和体，在【拔模】下拉列表框中选
择【从截面】选项，在【角度】文本框中输入"–2"，其他按默认设置，单击【确定】按钮。
选择草图中"正 XC 轴"方向 2 个类似于十字形的曲线，拉伸方向为"正 ZC 轴"，在【开始】
文本框中输入"0"，在【结束】文本框中输入"11"，在【布尔】下拉列表框中选择【求和】，

选择主实体为求和体，在【拔模】下拉列表框中选择【从截面】选项，在【角度】文本框中输入 "-2"，其他按默认设置，单击【确定】按钮，拉伸的效果如图 11.65 所示。

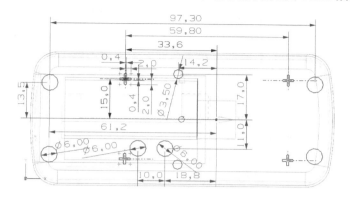

图 11.64 创建的草图

图 11.65 拉伸的效果

(9) 单击【特征】工具条中的【拉伸】按钮，打开【拉伸】对话框，在【曲线规则】下拉列表框中选择【相连曲线】选项，选择步骤(7)创建的草图中直径为 "3.5" 的两个圆弧，拉伸方向为正 ZC 轴，在【开始】文本框中输入 "-1"，在【结束】文本框中输入 "9.8"，在【布尔】下拉列表框中选择【求和】选项，选择主实体为求和体，在【拔模】下拉列表框中选择【从截面】选项，在【角度】文本框中输入 "-2.5"，其他按默认设置，单击【确定】按钮，效果如图 11.66 所示。

图 11.66 拉伸的效果

(10) 单击【特征】工具条中的【拉伸】按钮🔲，打开【拉伸】对话框，在【曲线规则】下拉列表框中选择【相连曲线】选项，选择草图中 4 个角落的直径为 "6" 的 "正 XC 轴" 方向上 2 个圆弧，拉伸方向为 "正 ZC 轴"，在【开始】文本框中输入 "2.5"，在【结束】文本框中输入 "11"，在【布尔】下拉列表框中选择【求和】选项，选择主实体为求和体，在【拔模】下拉列表框中选择【从截面】选项，在【角度】文本框中输入 "-2"，其他按默认设置，单击【确定】按钮。选择 "负 XC 轴" 方向上 2 个圆弧，拉伸方向为 "正 ZC 轴"，在【开始】文本框中输入 "2.5"，在【结束】文本框中输入 "8.1"，在【布尔】下拉列表框中选择【求和】选项，选择主实体为求和体，在【拔模】下拉列表框中选择【从截面】选项，在【角度】文本框中输入 "-2"，其他按默认设置，单击【确定】按钮，拉伸的效果如图 11.67 所示。

图 11.67　拉伸的效果

(11) 单击【特征】工具条中的【拉伸】按钮🔲，打开【拉伸】对话框。在【曲线规则】下拉列表框中选择【相连曲线】选项，选择草图中间的直径为 "6" 的两个圆弧，拉伸方向为正 ZC 轴，在【开始】文本框中输入 "5.4"，在【结束】文本框中输入 "9.5"，在【布尔】下拉列表框中选择【求和】选项，选择主实体为求和体，在【拔模】下拉列表框中选择【从截面】选项，在【角度】文本框中输入 "-2"，其他按默认设置，单击【确定】按钮，拉伸的效果如图 11.68 所示。

图 11.68　拉伸的效果

(12) 选择【插入】|【设计特征】|【圆锥】菜单命令，或单击【特征】工具条中的【圆锥】按钮△，打开【圆锥】对话框，如图 11.69 所示，在【类型】下拉列表框中选择【直径和高度】选项，指定矢量为 "正 ZC 轴"，单击【点构造器】按钮，打开【点】对话框，分别输入指定点为(-18.75, -11, 8)和(-28.75, -11, 8)，单击【确定】按钮，返回【圆锥】对话框，在【底

部直径】文本框中输入"6.56"，在【顶部直径】文本框中输入"10"，在【高度】文本框中输入"1.5"，在【布尔】下拉列表框中选择【求和】选项，选择主实体为求和体，单击【确定】按钮，创建的圆锥体效果如图 11.70 所示。

图 11.69 　【圆锥】对话框

图 11.70 　创建的圆锥体

(13) 选择【插入】|【组合体】|【求和】命令，或单击【特征操作】工具条中的【求和】按钮 ，打开【求和】对话框，选择主实体为目标体，选择所有实体为刀具体，如图 11.71 所示，单击【确定】按钮。

注　意

如果框选所有实体，有可能无法求和，可以分步进行。

图 11.71 　【求和】对话框

(14) 选择【插入】|【同步建模】|【替换面】命令，或单击【同步建模】工具条中的【替换面】按钮 ，打开【替换面】对话框，如图 11.72 所示，选择要替换的面，如图 11.73 所示，单击【确定】按钮，得到的效果如图 11.74 所示。

图 11.72　【替换面】对话框

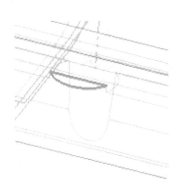

图 11.73　要替换的面

图 11.74　替换的效果

(15) 单击【同步建模】工具条中的【替换面】按钮，打开【替换面】对话框，选择要替换的面，如图 11.75 所示，单击【确定】按钮，得到的替换效果如图 11.76 所示。

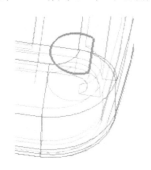

图 11.75　选择要替换的面

图 11.76　替换的效果

(16) 单击【特征】工具条中的【拉伸】按钮，打开【拉伸】对话框。在【曲线规则】下拉列表框中选择【相连曲线】选项，选择如图 11.77 所示的草图曲线，拉伸方向为"负 XC 轴"，在【开始】文本框中输入"0"，在【结束】文本框中输入"48.7"，在【布尔】下拉列表框中选择【求差】选项，选择主实体为求差体，其他按默认设置，单击【确定】按钮，效果如图 11.78 所示。

图 11.77　选择的草图曲线

图 11.78　拉伸的效果

(17) 单击【特征】工具条中的【拉伸】按钮，打开【拉伸】对话框。在【曲线规则】下拉列表框中选择【相连曲线】选项，选择如图 11.79 所示的草图曲线，拉伸方向为"正 XC 轴"，在【开始】文本框中输入"0"，在【结束】文本框中输入"4"，在【布尔】下拉列表框中选择【求差】选项，选择主实体为求差体，其他按默认设置，单击【确定】按钮，拉伸的效果如图 11.80 所示。

图 11.79　选择的草图曲线

图 11.80　拉伸的效果

步骤 3：创建电池盒的细节

(1)　单击【特征】工具条中的【草图】按钮，打开【创建草图】对话框，选择如图 11.81 所示的面作为草图平面，单击【确定】按钮，进入草图模式，创建如图 11.82 和图 11.83 所示的草图，单击【完成草图】按钮，退出草图界面，返回到主窗口。

图 11.81　选择的面

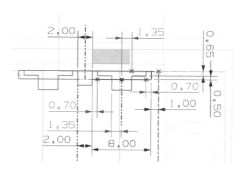

图 11.82　创建的草图(1)

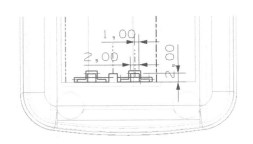

图 11.83　创建的草图(2)

(2)　单击【特征】工具条中的【拉伸】按钮，打开【拉伸】对话框。在【曲线规则】下拉列表框中选择【相连曲线】选项，选择如图 11.84 所示的草图曲线，拉伸方向为负 ZC 轴，在【开始】文本框中输入"2.5"，在【结束】文本框中输入"10.2"，在【布尔】下拉列表框中选择【无】选项，其他按默认设置，单击【确定】按钮，拉伸的效果如图 11.85 所示。

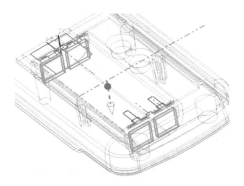

图 11.84　选择的草图曲线

图 11.85　拉伸的效果

(3)　单击【特征操作】工具条中的【边倒圆】按钮，打开【边倒圆】对话框，选择如图 11.86 所示的尖角，在【半径】文本框中输入"3"，单击【应用】按钮，边倒圆的效果如图 11.87 所示。

图 11.86　选择的尖角

图 11.87　边倒圆的效果

(4)　对实体进行求和操作。

(5)　单击【特征】工具条中的【拉伸】按钮，打开【拉伸】对话框。在【曲线规则】下拉列表框中选择【相连曲线】选项,选择如图 11.88 所示的草图曲线,拉伸方向为"负 ZC 轴",在【开始】文本框中输入"2.5",在【结束】文本框中输入"4.5",在【布尔】下拉列表框中选择【求差】选项,选择主实体为求差体,其他按默认设置,单击【确定】按钮,拉伸的效果如图 11.89 所示。

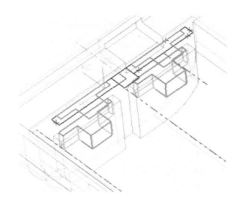

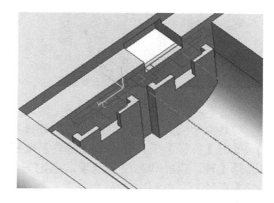

图 11.88　选择的草图曲线　　　　图 11.89　拉伸的效果

(6)　选择【插入】|【设计特征】|【圆柱体】命令,或单击【特征】工具条中的【圆柱】按钮,打开【圆柱】对话框,如图 11.90 所示,在【类型】下拉列表框中选择【轴、直径和高度】选项,指定矢量为"正 XC 轴",捕捉如图 11.91 所示的中点为指定点,在【直径】文本框中输入"2.7",在【高度】文本框中输入"0.5",在【布尔】下拉列表框中选择【求差】选项,选择主实体为求差体,单击【应用】按钮,创建的圆柱体效果如图 11.92 所示。

图 11.90　【圆柱】对话框

图 11.91　捕捉的指定点

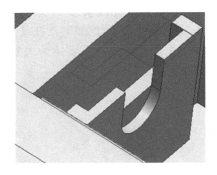

图 11.92　创建的圆柱体

（7）对其他相同的位置进行同样的创建圆柱体及求差操作。

（8）单击【特征】工具条中的【圆柱】按钮，打开【圆柱】对话框，在【类型】下拉列表框中选择【轴、直径和高度】选项，指定矢量为正 XC 轴，捕捉如图 11.93 所示的圆心为指定点，在【直径】文本框中输入"6.6"，在【高度】文本框中输入"0.65"，在【布尔】下拉列表框中选择【求差】选项，选择主实体为求差体，单击【应用】按钮，创建的圆柱体效果如图 11.94 所示。

图 11.93　捕捉的圆心

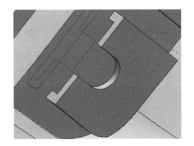

图 11.94　创建的圆柱体

（9）单击【特征】工具条中的【拉伸】按钮，打开【拉伸】对话框。在【曲线规则】下拉列表框中选择【相连曲线】选项，选择如图 11.95 所示的草图曲线，拉伸方向为负 ZC 轴，在【开始】文本框中输入"2.5"，在【结束】文本框中输入"14"，在【布尔】下拉列表框中选择【求差】选项，求差体选择主实体，其他按默认设置，单击【确定】按钮，拉伸的效果如图 11.96 所示。

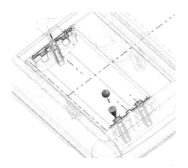

图 11.95　选择的草图曲线

图 11.96　拉伸的效果

(10) 单击【特征】工具条中的【拉伸】按钮 ，打开【拉伸】对话框。在【曲线规则】下拉列表框中选择【相连曲线】选项，选择如图 11.97 所示的草图曲线，拉伸方向为负 ZC 轴，在【开始】文本框中输入"-0.8"，在【结束】文本框中输入"0.7"，在【布尔】下拉列表框中选择【求和】选项，选择主实体为求和体，其他按默认设置，单击【确定】按钮，拉伸的效果如图 11.98 所示。

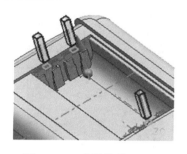

图 11.97　选择的草图曲线

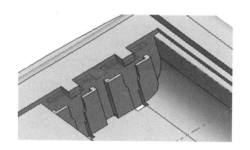

图 11.98　拉伸的效果

(11) 单击【同步建模】工具条中的【替换面】按钮 ，打开【替换面】对话框，如图 11.99 所示，选择要替换的面，单击【确定】按钮，得到的替换的效果如图 11.100 所示。

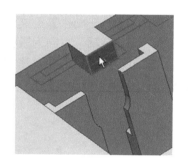

图 11.99　选择的面

图 11.100　替换的效果

(12) 选择【插入】|【基准/点】|【基准平面】命令，或单击【特征操作】工具条中的【基准平面】按钮 ，打开【基准平面】对话框，如图 11.101 所示，在【类型】下拉列表框中选择【XC-YC 平面】选项，在【距离】文本框中输入"9.8"，单击【确定】按钮。

图 11.101　【基准平面】对话框

(13) 选择【插入】|【修剪】|【分割面】命令，或单击【特征操作】工具条中的【分割面】按钮◇，打开【分割面】对话框，如图 11.102 所示。选择如图 11.103 所示相似的两个面为要分割的面，选择第(12)步创建的基准平面为分割对象，单击【确定】按钮。

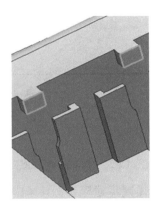

图 11.102　【分割面】对话框　　　　　图 11.103　选择的分割的面

(14) 选择【插入】|【细节特征】|【拔模】命令，或单击【特征操作】工具条中的【拔模】按钮◇，打开【拔模】对话框，如图 11.104 所示，选择"正 ZC 轴"方向为脱模方向，选择第(13)步创建的基准平面为固定面，选择如图 11.105 所示的面为要拔模的面，注意方向，在【角度】文本框中输入"35"，单击【确定】按钮，拔模的效果如图 11.106 所示。

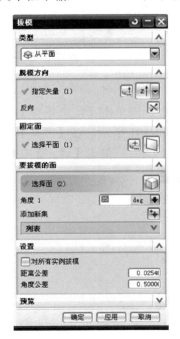

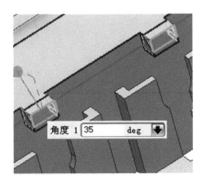

图 11.104　【拔模】对话框　　　　　图 11.105　要拔模的面

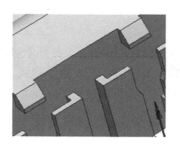

图 11.106　拔模的效果

(15) 单击【特征】工具条中的【草图】按钮，打开【创建草图】对话框。在【草图平面】选项组中的【平面选项】下拉列表框中选择【创建平面】选项，单击【完整平面工具】按钮，在打开的【平面】对话框中选择【YC-ZC 平面】选项，选择任何与"YC 轴"平行的边缘为水平参考，单击【确定】按钮，创建如图 11.107 所示的草图，单击【完成草图】按钮，退出草图界面，返回到主窗口。

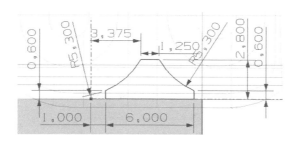

图 11.107　创建的草图

(16) 单击【特征】工具条中的【拉伸】按钮，打开【拉伸】对话框。在【曲线规则】下拉列表框中选择【相连曲线】选项，选择第(15)步创建的草图曲线，拉伸方向为"负 XC 轴"，在【开始】文本框中输入"14.95"，在【结束】文本框中输入"15.7"，在【布尔】下拉列表框中选择【求和】选项，选择主实体为求和体，其他按默认设置，单击【确定】按钮。重新拉伸草图曲线，拉伸方向为"负 XC 轴"，在【开始】文本框中输入"48.75"，在【结束】文本框中输入"49.5"，在【布尔】下拉列表框中选择【求和】选项，选择主实体为求和体，其他按默认设置，单击【确定】按钮，效果如图 11.108 所示。

图 11.108　拉伸的效果

步骤 4：创建电池标示

(1) 单击【特征】工具条中的【草图】按钮![icon]，打开【创建草图】对话框，选择如图 11.109 所示的面作为草图平面，单击【确定】按钮，进入草图模式，创建如图 11.110 所示的草图，单击【完成草图】按钮，退出草图界面，返回到主窗口。

图 11.109　选择的面

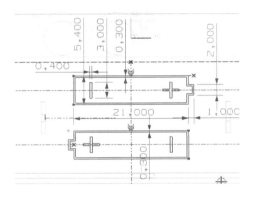

图 11.110　创建的草图

(2) 单击【特征】工具条中的【拉伸】按钮![icon]，打开【拉伸】对话框。在【曲线规则】下拉列表框中选择【相连曲线】选项，选择第(1)步创建的草图曲线，拉伸方向为负 ZC 轴，在【开始】文本框中输入"5"，在【结束】文本框中输入"12"，在【布尔】下拉列表框中选择【无】选项，其他按默认设置，单击【确定】按钮，拉伸的效果如图 11.111 所示。

图 11.111　拉伸的效果

(3) 选择【插入】|【修剪】|【修剪体】菜单命令，或单击【特征操作】工具条中的【修剪体】按钮，打开【修剪体】对话框，如图 11.112 所示，选择拉伸体为目标体，在【刀具】选项组中单击【面或平面】按钮，选择如图 11.113 所示的曲面，注意修剪方向，单击【确定】按钮，最终修剪效果如图 11.14 所示。

图 11.112 【修剪体】对话框

图 11.113 选择的曲面

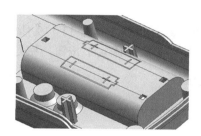

图 11.114 最终修剪效果

(4) 选择【插入】|【关联复制】|【抽取】命令，或单击【特征操作】工具条中的【抽取】按钮，打开【抽取】对话框，如图 11.115 所示，选择如图 11.116 所示的 3 个面，单击【确定】按钮，完成抽取操作。

图 11.115 【抽取】对话框

图 11.116 选择的面

(5) 选择【插入】|【组合体】|【缝合】命令，或单击【特征操作】工具条中的【缝合】按钮 📖，打开【缝合】对话框，如图 11.117 所示，选择其中的 1 个抽取面为目标片体，选择另外的抽取面为刀具片体，单击【确定】按钮，缝合效果如图 11.118 所示。

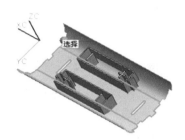

图 11.117　【缝合】对话框　　　　　　　图 11.118　缝合的效果

(6) 选择【插入】|【偏置/缩放】|【偏置曲面】命令，或单击【曲面】工具条中的【偏置曲面】按钮 🔧，打开【偏置曲面】对话框，如图 11.119 所示，选择第(5)步创建的缝合面，在【偏置 1】文本框中输入 "0.2"，单击【确定】按钮，偏置的效果如图 11.120 所示。

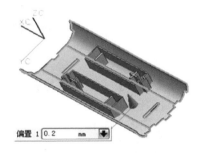

图 11.119　【偏置曲面】对话框　　　　　　图 11.120　偏置的效果

(7) 单击【特征操作】工具条中的【修剪体】按钮 🔲，打开【修剪体】对话框，选择拉伸体为目标体，在【刀具】选项组中单击【面或平面】按钮 🔲，选择偏置的曲面，注意修剪方向，单击【确定】按钮，最终修剪效果如图 11.121 所示。最后再对所有实体进行求和操作。

图 11.121　最终修剪效果

步骤 5：创建孔

(1) 选择【插入】｜【设计特征】｜【孔】命令，或单击【特征】工具条中的【孔】按钮 ，打开【孔】对话框，如图 11.122 所示，在【类型】下拉列表框中选择【常规孔】选项，在【成形】下拉列表框中选择【简单】选项，捕捉如图 11.123 所示的圆心，在【直径】文本框中输入"1.5"，在【深度限制】下拉列表框中选择【值】选项，在【深度】文本框中输入"8"，在【尖角】文本框中输入"0"，单击【确定】按钮，再对另一个相似的特征进行同样的孔特征操作，创建的孔特征效果如图 11.124 所示。

图 11.122　【孔】对话框

图 11.123　捕捉的圆心

图 11.124　创建的孔特征(1)

(2) 单击【特征】工具条中的【孔】按钮 ，打开【孔】对话框，如图 11.125 所示，在【类型】下拉列表框中选择【常规孔】选项，在【成形】下拉列表框中选择【埋头孔】选项，在【埋头孔直径】文本框中输入"7"，在【埋头孔角度】文本框中输入"90"，在【直径】文本框中输入"4.1"，在【深度限制】下拉列表框中选择【贯通体】选项。

图 11.125　【孔】对话框

(3)　单击如图 11.126 所示的【点构造器】按钮，打开【点】对话框，输入坐标为(-18.75, -11, 10.1)，如图 11.127 所示，单击【确定】按钮，单击【孔】对话框中的【确定】按钮，创建的孔特征效果如图 11.128 所示。

图 11.126　单击【点构造器】按钮

图 11.127　【点】对话框

图 11.128　创建的孔特征(2)

(4) 再对另一个孔进行同样的孔特征操作，坐标为(-28.75, -11, 10.1)，另一孔特征效果如图 11.129 所示。

图 11.129　创建的另一孔特征(1)

(5) 单击【特征】工具条中的【孔】按钮，打开【孔】对话框，如图 11.130 所示，在【类型】下拉列表框中选择【常规孔】选项，在【成形】下拉列表框中选择【沉头孔】选项，在【沉头孔直径】文本框中输入"4.1"，在【沉头孔深度】文本框中输入"6.5"，在【直径】文本框中输入"2.2"，在【深度限制】下拉列表框中选择【贯通体】选项，单击【点构造器】按钮，打开【点】对话框，输入坐标为(-61.25, -13.5, 10.9)，单击【确定】按钮，返回【孔】对话框，单击【确定】按钮，孔特征效果如图 11.131 所示。

图 11.130　【孔】对话框

图 11.131　创建的孔特征(3)

(6) 再对另一个孔进行同样的孔特征操作，坐标为(-61.25, 13.5, 10.9)，另一孔特征效果如图 11.132 所示。

图 11.132 创建的另一个孔特征(2)

(7) 单击【特征】工具条中的【孔】按钮 ![icon]，打开【孔】对话框，在【类型】下拉列表框中选择【常规孔】选项，在【成形】下拉列表框中选择【沉头孔】选项，在【沉头孔直径】文本框中输入"4.1"，在【沉头孔深度】文本框中输入"8"，在【直径】文本框中输入"2.2"，在【深度限制】下拉列表框中选择【贯通体】选项，单击【点构造器】按钮，打开【点】对话框，输入坐标为(36.05, −13.5, 12.5)，单击【确定】按钮，返回【孔】对话框，单击【确定】按钮，孔特征效果如图 11.133 所示。

图 11.133 创建的孔特征(4)

(8) 对另一个相似的特征进行同样的孔特征操作，坐标为(36.05, 13.5, 12.5)，另一孔特征效果如图 11.134 所示。

图 11.134 创建的另一孔特征(3)

12.2.3 创建其他细节特征

步骤 1：创建头部细节特征

(1) 选择【插入】|【基准/点】|【基准平面】命令，或单击【特征操作】工具条中的【基准平面】按钮□·，打开【基准平面】对话框，在【类型】下拉列表框中选择【YC-ZC 平面】选项，在【距离】文本框中输入"-69.5"，单击【确定】按钮。

(2) 单击【特征】工具条中的【草图】按钮圙，打开【创建草图】对话框，选择第(1)步创建的基准平面作为草图平面，单击【确定】按钮，进入草图模式，创建如图 11.135 所示的草图，单击【完成草图】按钮，退出草图界面，返回到主窗口。

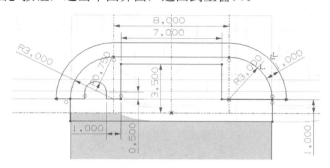

图 11.135　创建的草图

(3) 单击【特征】工具条中的【拉伸】按钮▥，打开【拉伸】对话框，在【曲线规则】下拉列表框中选择【单条曲线】选项，选择第(2)步创建的如图 11.136 所示的草图曲线，拉伸方向为正 XC 轴，在【开始】文本框中输入"0"，在【结束】文本框中输入"2"，在【布尔】下拉列表框中选择【求差】选项，选择主实体为求差体，其他按默认设置，单击【确定】按钮，拉伸的效果如图 11.137 所示。

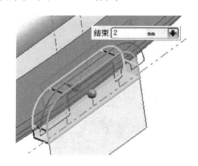

图 11.136　选择的草图曲线

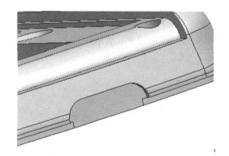

图 11.137　拉伸的效果(1)

(4) 单击【特征】工具条中的【拉伸】按钮▥，打开【拉伸】对话框，在【曲线规则】下拉列表框中选择【单条曲线】选项，选择第(3)步创建的如图 11.138 所示的草图曲线，拉伸方向为 XC 轴负方向，在【开始】文本框中输入"0"，在【结束】文本框中输入"5"，在【布尔】下拉列表框中选择【求差】选项，选择主实体为求差体，其他按默认设置，单击【确定】按钮，拉伸的效果如图 11.139 所示。

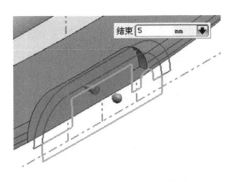

图 11.138　选择的草图曲线

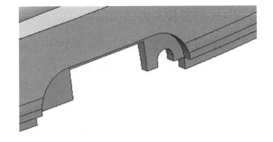

图 11.139　拉伸的效果

(5)　单击【特征】工具条中的【拉伸】按钮，打开【拉伸】对话框，在【曲线规则】下拉列表框中选择【单条曲线】选项，选择第(4)步创建的如图 11.140 所示的草图曲线，拉伸方向为 XC 轴负方向，在【开始】文本框中输入"0"，在【结束】文本框中输入"2.2"，在【布尔】下拉列表框中选择【求和】选项，选择主实体为求和体，其他按默认设置，单击【确定】按钮。

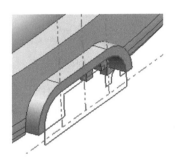

图 11.140　选择的草图曲线

(6)　单击【特征操作】工具条中的【边倒圆】按钮，打开【边倒圆】对话框，选择如图 11.141 和图 12.142 所示的边缘，输入半径分别为图 11.141 和图 12.142 所示，单击【应用】按钮。

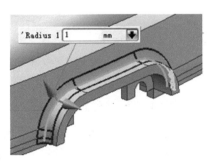

图 11.141　选择的半径为 1 边缘

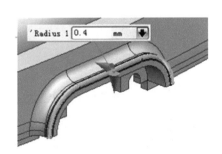

图 11.142　选择的半径为 0.4 边缘

步骤 2：完成产品设计

(1)　在如图 11.143 所示的面上创建如图 11.144 所示的草图。

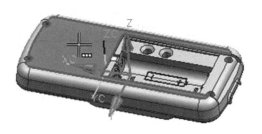

图 11.143　选择的面　　　　　　　　图 11.144　创建的草图

（2）　单击【特征】工具条中的【拉伸】按钮▥，打开【拉伸】对话框。在【曲线规则】下拉列表框中选择【相连曲线】选项，选择第(1)步创建的草图曲线，拉伸方向为 ZC 轴负方向，在【开始】文本框中输入 "0"，在【结束】文本框中输入 "0.4"，在【布尔】下拉列表框中选择【求差】选项，选择主实体为求差体，其他按默认设置，单击【确定】按钮，拉伸的效果如图 11.145 所示。

图 11.145　拉伸的效果

（3）　选择【插入】｜【设计特征】｜【球】菜单命令，或单击【特征】工具条中的【球】按钮◯，打开【球】对话框，在【类型】下拉列表框中选择【中心点和直径】选项，如图 11.146 所示，单击【点构造器】按钮，打开【点】对话框，指定点分别为(28.25, 17.5, 11.9)、(28.25, −17.5, 11.9)、(−52.25, −17.5, 11.9)和(−52.25, 17.5, 11.9)，单击【确定】按钮，返回【球】对话框，在【直径】文本框中输入 "2"，在【布尔】下拉列表框中选择【求和】选项，选择主实体为求和体，单击【确定】按钮，创建的求和体效果如图 11.147 所示。

图 11.146　【球】对话框　　　　　　图 11.147　创建的求和体

(4) 选择产品体,单击【实用工具】工具条中的【编辑对象显示】按钮 ,打开【编辑对象显示】对话框,单击【颜色条】按钮,从中选择颜色进行改变,如图 11.148 所示,单击【确定】按钮,完成产品的最终设计。这样,这个范例就制作完成了。

图 11.148   改变颜色

11.3 本 章 小 结

本章对一个零件和曲面造型综合设计的范例——电器产品设计进行了详细的介绍。这个设计范例操作命令包含了本书大部分章节所讲述的内容,包括 UG 基本操作、实体建模技术、特征操作与特征编辑、草图设计和曲面设计等,通过这个综合范例的详细介绍,使读者对 UG NX 6.0 软件的设计内容有了一个较全面的认识,读者在实际学习本范例的时候,还可以参考本书所配多媒体光盘中的范例制作视频讲解,全面细致地进行学习和掌握。